W0254502

Teubner Studienbücher

Elektrotechnik/Maschinenbau

Eckhardt: **Grundzüge der elektrischen Maschinen.** DM 32,–

Elsner: **Nachrichtentheorie**
Band 1: Grundlagen. DM 18,80
Band 2: Der Übertragungskanal. DM 18,80

Heinlein: **Grundlagen der faseroptischen Übertragungstechnik.** DM 28,80

Heumann: **Grundlagen der Leistungselektronik.** 2. Aufl. DM 28,80

Klein: **Finite Systemtheorie.** DM 26,80

Lautz: **Elektromagnetische Felder.** 2. Aufl. DM 29,80

Leonhard: **Regelung in der elektrischen Antriebstechnik.** DM 29,80

Leonhard: **Regelung in der elektrischen Energieversorgung.** DM 28,–

Leonhard: **Statistische Analyse linearer Regelsysteme.** DM 26,80

Michel: **Zweitor-Analyse mit Leistungswellen.** DM 26,80

Profos: **Einführung in die Systemdynamik.** DM 28,80

Profos: **Meßfehler.** DM 26,80

Physik/Chemie

Becher/Böhm/Joos: **Eichtheorien der starken und elektroschwachen Wechselwirkung.** 2. Aufl. DM 36,–

Bourne/Kendall: **Vektoranalysis.** DM 23,80

Daniel: **Beschleuniger.** DM 25,80

Engelke: **Aufbau der Moleküle.** DM 36,–

Großer: **Einführung in die Teilchenoptik.** DM 21,80

Großmann: **Mathematischer Einführungskurs für die Physik.** 4. Aufl. DM 32,–

Heil/Kitzka: **Grundkurs Theoretische Mechanik.** DM 39,–

Heinloth: **Energie.** DM 38,–

Kamke/Krämer: **Physikalische Grundlagen der Maßeinheiten.** DM 19,80

Kleinknecht: **Detektoren für Teilchenstrahlung.** DM 26,80

Kneubühl: **Repetitorium der Physik.** 2. Aufl. DM 44,–

Lautz: **Elektromagnetische Felder.** 2. Aufl. DM 29,80

Lindner: **Drehimpulse in der Quantenmechanik.** DM 26,80

Lohrmann: **Einführung in die Elementarteilchenphysik.** DM 24,80

Lohrmann: **Hochenergiephysik.** 2. Aufl DM 32,–

Mayer-Kuckuk: **Atomphysik.** 2. Aufl. DM 32.–

Mayer-Kuckuk: **Kernphysik.** 4. Aufl. DM 34.–

Fortsetzung auf Textseite 164

Grundlagen der faseroptischen Übertragungstechnik

Von Dr.-Ing. Walter Heinlein
Professor an der Universität Kaiserslautern

Mit 118 Figuren

B. G. Teubner Stuttgart 1985

Prof. Dr.-Ing. Walter Heinlein

Studium an der Universität Tübingen (Physik) und an der Technischen Hochschule Stuttgart (elektrische Nachrichtentechnik). 1955 Dipl.-Ing., 1958 Promotion zum Dr.-Ing. Von 1957 bis 1975 Entwicklungsingenieur, wissenschaftlicher Mitarbeiter und Laborleiter im Zentrallaboratorium für Nachrichtentechnik der Siemens AG in München. Arbeitsgebiete: Hochfrequenz- und Mikrowellentechnik, aktive Filter und optische Nachrichtentechnik. Seit 1975 Inhaber des Lehrstuhls für Theoretische Elektrotechnik der Universität Kaiserslautern.

CIP-Kurztitelaufnahme der Deutschen Bibliothek

Heinlein, Walter E.:
Grundlagen der faseroptischen Übertragungstechnik /
von Walter Heinlein –
Stuttgart : Teubner, 1985.
(Teubner Studienbücher : Elektrotechnik)

ISBN 978-3-519-06117-5 ISBN 978-3-322-94910-3 (eBook)
DOI 10.1007/978-3-322-94910-3

Satz: Elsner & Behrens GmbH, Oftersheim
Umschlaggestaltung: W. Koch, Sindelfingen

Vorwort

Die Technik der Nachrichtenübertragung über optische Kabel hat seit dem Beginn der 70er Jahre dank einer weltweiten Forschungs- und Entwicklungsarbeit sehr große Fortschritte gemacht. Triebfeder für die starken Aktivitäten auf diesem Gebiete sind die vielen technischen und betrieblichen Vorteile, die optische Kabel gegenüber herkömmlichen Übertragungsmedien, wie Kupferkabel aller Art, Richtfunk- und Satellitenfunkstrecken, haben. Optische Kabel treten heute nicht nur in erfolgreiche Konkurrenz zu allen bisher üblichen Übertragungsmedien, sondern bieten darüber hinaus die Möglichkeit zum Aufbau weltweiter Breitbandkommunikationsnetze, die auf wirtschaftliche Weise mit herkömmlicher Technik überhaupt nicht zu realisieren wären. Einigen wissenschaftlichen Grundlagen dieser besonders zukunftsträchtigen optischen Nachrichtenübertragungstechnik ist das vorliegende Studienbuch gewidmet.

Seit den grundlegenden Arbeiten von J. C. Maxwell ist die Optik als ein wichtiges Anwendungsgebiet der Theorie elektromagnetischer Felder und Wellen zu betrachten und darüber hinaus auch als ein legitimes Arbeitsgebiet eines Elektroingenieurs. Das vorliegende Studienbuch ist in diesem Sinne von einem Elektrotechniker für angehende Elektroingenieure geschrieben. Es ist aus Vorlesungen hervorgegangen, die die faseroptische Übertragungstechnik als ein modernes und hochaktuelles Anwendungsfeld für die Maxwellsche Feldtheorie behandeln. Aus diesem Grunde stehen die Ausbreitungsvorgänge optischer Wellen in Lichtwellenleitern im Mittelpunkt der Erörterungen (Kap. 4). Den grundlegenden theoretischen Konzepten der Wellenoptik und der Strahlenoptik, die als wichtigste Werkzeuge für diese Erörterungen verwendet werden, ist je ein eigenes Kapitel (Kap. 2 bzw. 3) gewidmet. Diese Kapitel unterstreichen den Lehrbuchcharakter des für Studenten geschriebenen Werkes und unterscheiden es von manchen anderen Publikationen. Nichtsdestoweniger glaubt der Autor, daß auch der theoretisch interessierte Praktiker seinen Nutzen aus der Lektüre des Buches ziehen kann. Allerdings kommen z. B. die praktisch so wichtigen Fragen der optischen Sender und Empfänger sowie der Übertragungssysteme nur im einführenden Kap. 1 in knappster Form zur Sprache. Anwendungen der Theorie auf die Fasermeßtechnik sind an etlichen Stellen eingearbeitet.

Figuren und Gleichungen sind kapitelweise numeriert und sind innerhalb des gleichen Kapitels durch Angabe der bloßen Nummer zitiert. Figuren und Gleichungen anderer Kapitel sind durch Vorsatz der Kapitelnummer zitiert, die ihrerseits ebenso wie die Abschnittnummer am Kopf einer jeden Seite erscheint. Zum Beispiel bedeutet Fig. 4.7 die siebte Figur in Kap. 4, aber Fig. 7 bedeutet die siebte Figur im laufenden Kapitel. Entsprechend bedeutet Gl. (4.7) die siebte Gleichung in Kap. 4, während die siebte Gleichung im laufenden Kapitel einfach durch Gl. (7) bezeichnet ist. Dem Lehrbuchcharakter entsprechend ist auf Zitate der Originalliteratur verzichtet. Das Literaturverzeichnis beschränkt sich auf einige Monographien und weiterführende Bücher.

Meinen derzeitigen bzw. gewesenen Mitarbeitern, den Herren Dr.-Ing. K.-F. Klein, Dr.-Ing. O. Georg, Dr.-Ing. T. Müller, Dipl.-Ing. W. Lieber und Dipl.-Phys. H. Etzkorn danke ich für ihre meßtechnischen bzw. theoretischen Beiträge, die ihren Niederschlag insbesondere in verschiedenen Figuren gefunden haben, sowie für die kritische Durchsicht des

Manuskripts. Die (im Zeitpunkt der Niederschrift) als ein Ausblick dienende letzte Figur dieses Studienbuches verdanke ich Herrn Dipl.-Phys. H. Etzkorn. Der Deutschen Forschungsgemeinschaft sei auch an dieser Stelle für ihre Sachbeihilfen gedankt. Dieser Förderung verdanke ich es wesentlich, daß ich im Rahmen meines Lehrstuhls an der Universität Kaiserslautern eine auf dem Gebiet der optischen Übertragungstechnik arbeitende Forschungsgruppe aufbauen konnte. Ich danke ferner Frau D. Edel für Ihre Mühe bei der tadellosen Reinschrift des Manuskripts. Dem Verlag danke ich für die ansprechend gute Ausführung dieses Studienbuches.

Dem Leser wünsche ich bei der Lektüre auch das gleiche Vergnügen, das mir die Abfassung gemacht hat.

Kaiserslautern, den 10. Januar 1985 W. Heinlein

Inhalt

1 Prinzipien und Komponenten der optischen Nachrichtenübertragung

2 Wellenoptik

Verzeichnis benutzter Symbole und Abkürzungen

A	Fläche; reelle Amplitude
$\underline{A}$	komplexe, skalare Amplitude (Abschn. 2.11)
A_N	numerische Apertur (Gl. 4.6)
$A_N(r)$	lokale numerische Apertur (Gl. 4.42)
APD	Lawinenphotodiode (avalanche photo diode)
A_s	scheinbare Fläche
a	Kernradius; reelle skalare Wellengröße (Gl. 2.11)
$a(\lambda)$	spektrale Dämpfung einer Glasfaser (in dB/km; Abschn. 1.7.1)
C	Kapazität
$C(\lambda)$	chromatische Dispersion (Gl. 4.91)
c	Lichtgeschwindigkeit im Vakuum ($2{,}998 \cdot 10^8$ m/s)
D	äußerer Faserdurchmesser
E	Empfindlichkeit einer Photodiode (Abschn. 1.6.1)
$\underline{\vec{E}}$	komplexe Vektoramplitude der elektrischen Feldstärke (Abschn. 2.11)
e	Elementarladung ($1{,}602 \cdot 10^{-19}$ As)
$\vec{e}$	reeller, vektorieller Momentanwert der elektrischen Feldstärke
$\vec{e}_x, \vec{e}_y, \vec{e}_z$	Einheitsvektoren bei kartesischen Koordinaten
$\vec{e}_r, \vec{e}_\phi, \vec{e}_z$	Einheitsvektoren bei Zylinderkoordinaten
F	Rauschfaktor
FET	Feldeffekt-Transistor (Abschn. 1.6.2)
f	Frequenz
f_g	elektrische Grenzfrequenz (Abschn. 1.6.2)
$\underline{\vec{H}}$	komplexe Vektoramplitude der magnetischen Feldstärke (Abschn. 2.11)
$\underline{h}$	Plancksches Wirkungsquantum ($6{,}626 \cdot 10^{-34}$ Ws^2)
$\vec{h}$	reeller, vektorieller Momentanwert der magnetischen Feldstärke
I	Strahlstärke, gemessen in W/ster (Gl. 4.47)
IR	infraroter Wellenlängenbereich
i	elektrische Stromstärke
i_D	Dunkelstrom einer Photodiode
i_1	Treiberstrom elektro-optischer Wandler
i_2	Photostrom
i_s	Schwellstrom
k	Wellenzahl eines Stoffes (Abschn. 2.8)
$k = 2\pi/\lambda$	Wellenzahl im Vakuum (ab Abschn. 2.16)
$\underline{k} = k' - jk''$	komplexe skalare Ausbreitungskonstante (Abschn. 2.13)
$\vec{k}$	Ausbreitungsvektor (Gl. 2.13)
$k_a = kn_a$	Wellenzahl des Mantelmaterials einer Faser (Abschn. 2.16)
$\vec{k}_n, k_n$	lokaler Ausbreitungsvektor bzw. Betrag des lokalen Ausbreitungsvektors am Ort der Brechzahl n
$k_0 = kn_0$	Wellenzahl des Kernachsenmaterials einer Faser (Abschn. 2.16)
k_z	z-Komponente (axiale Komponente) des Ausbreitungsvektors

k_ϕ, k_r, k_z	azimutale, radiale bzw. transversale Komponenten des Ausbreitungsvektors (Gl. 4.17 und 4.25)
L	Faserlänge; Strahldichte, gemessen in $W/(ster \cdot m^2)$ (Gl. 4.49)
LED	lichtemittierende Diode
LD	Laserdiode
M	Faktor der Lawinenverstärkung in einer Lawinenphotodiode; Gesamtzahl der geführten Moden (Abschn. 4.7.6); Materialdispersion (Gl. 2.30)
$M_0(\lambda)$	Materialdispersion des Kernachsenmaterials (Gl. 4.41a)
m	Hauptmodenkennzahl (Gl. 4.34)
N	Gruppenbrechzahl bzw. Gruppenindex (Gl. 2.27)
N_{eff}	effektiver Gruppenindex (Gl. 4.37g)
N_0	Gruppenindex des Kernachsenmaterials
n	Brechzahl
$\vec{n}$	Einheitsvektor
$\underline{n} = n' - jn''$	komplexe Brechzahl (Abschn. 2.13)
n_a	Brechzahl des Fasermantels
n_e	Elektronenteilchenstrom (in Anzahl/sec)
n_{eff}	effektive Brechzahl eines Modus (Abschn. 4.7.7)
n_0	maximale Brechzahl im Kern (meist in der Faserachse) einer Glasfaser
n_Q	Quantenteilchenstrom (in Anzahl/sec)
P	Strahlungsleistung (allg., in Watt); Profildispersion (Gl. 4.16)
p	wellenoptische, radiale Modenkennzahl (Gl. 4.76)
p, p_z	Periode eines geführten Lichtstrahls (Gl. 3.20 bzw. Gl. 3.31)
p_1	optische Sendeleistung
p_{1F}	optische Sendeleistung, eingekoppelt in eine Faser
p_2	im Empfänger absorbierte optische Leistung
p_{2F}	aus einer Faserendfläche austretende optische Leistung
p_λ	spektrale Leistungsdichte (in Watt/nm)
R	elektrischer Widerstand
R(r)	radiale Feldfunktion (Gl. 4.60)
r	radiale Koordinate
$\vec{r}$	Ortsvektor
$\underline{r}$	komplexer (elektrischer) Reflexionsfaktor (Abschn. 2.19)
$\underline{r}_e, \underline{r}_m$	komplexer elektrischer bzw. magnetischer Reflexionsfaktor (Abschn. 2.19)
r_H	Radius eines Helixstrahls (Abschn. 4.7.4)
r_M	Amplitude der Bahnkurve eines geführten Meridionalstrahls (Abschn. 3.8)
$\underline{r}_{TE}, \underline{r}_{TM}$	komplexer Reflexionsfaktor bei transversal elektrischer bzw. transversal magnetischer Polarisation (Gl. 2.52b bzw. 2.54c)
r_1, r_2, r_3	Kaustikradien in vielwelligen Glasfasern (Abschn. 4.1)
S	Eikonal, Phasenfunktion (Abschn. 3.1)
s	Koordinate längs eines Lichtstrahls (Abschn. 3.2)
T	Periodendauer (Abschn. 2.9); absolute Temperatur
TE, TM	transversal elektrisch bzw. magnetisch (Abschn. 2.22)

T_0	charakteristische Temperatur für die Temperaturabhängigkeit des Schwellstroms (Abschn. 1.5.2)
ΔT	Temperaturerhöhung
t	Zeitkoordinate; absolute Laufzeit (Abschn. 4.2.3)
$\vec{t}$	Tangenteneinheitsvektor (Abschn. 3.2)
t_A	Anstiegszeit
$\underline{t}_e, \underline{t}_m$	komplexer elektrischer bzw. magnetischer Transmissionsfaktor (Abschn. 2.19)
t_g	absolute Gruppenlaufzeit
U	Vorspannung einer Photodiode
V	Faserparameter (Gl. 4.11)
v	Phasengeschwindigkeit des Lichts in einem Stoff (Abschn. 2.6)
w_0	Fleckgröße, d. i. Fleckradius (Gl. 4.72)
$W(\lambda)$	Wellenleiterdispersion (Gl. 4.41b)
x, y, z	kartesische Koordinaten
x	Rauschkennzahl von Lawinenphotodioden (Abschn. 1.6.2)
z	Koordinate längs der optischen Achse
α	Exponent des Potenzprofils der Brechzahl (Gl. 4.8); Winkelvariable (Abschn. 2.17)
α_{opt}	optimaler Exponent im Potenzprofil (Gl. 4.15)
α_r	radialer Dämpfungsfaktor (Gl. 4.28)
α_{2x}	transversaler Dämpfungsfaktor bei der frustrierten Brechung (Abschn. 2.20)
β	Ausbreitungskonstante einer Welle (Abschn. 2.16)
β_M	Ausbreitungskonstante eines Meridionalstrahls (Gl. 3.22)
γ	Neigungswinkel eines geführten Strahls gegenüber der Faserachse
γ_c	Grenzwinkel der Totalreflexion (kritischer Neigungswinkel zur Faserachse)
Δ	Differenzoperator (z. B. ΔT); Laplacescher Differentialoperator (z. B. Abschn. 2.3); relative Brechzahldifferenz (Gl. 3.15 und Gl. 4.1)
$\Delta\lambda$	spektrale Halbwertsbreite von optischen Sendern (Abschn. 1.5.3)
ϵ	Permittivität eines Dielektrikums (in F/m)
$\underline{\epsilon} = \epsilon' - j\epsilon''$	komplexe Dielektrizitätszahl (Abschn. 2.13)
ϵ_0	Permittivität des Vakuums ($8{,}854 \cdot 10^{-12}$ F/m)
ϵ_r	Dielektrizitätszahl (Abschn. 1.7.2)
$\eta, \underline{\eta}$	reeller bzw. komplexer Feldwellenwiderstand (Gl. 2.21 bzw. Abschn. 2.19)
η	Wirkungsgrad der Einkopplung optischer Leistung in eine Faser (Abschn. 4.9.2); Quantenwirkungsgrad einer Photodiode (Abschn. 1.6.1)
η_{diff}	differentielle Quantenausbeute (Abschn. 1.5.4)
η_{ext}	externe Quantenausbeute (Abschn. 1.5.4)
η_0	Feldwellenwiderstand des Vakuums (Gl. 2.21a)
Θ	Winkelvariable (Abschn. 2.18); Neigungswinkel gegenüber einer Achse; halber Öffnungswinkel eines Strahlenkegels
Θ_A	Akzeptanzwinkel (Abschn. 4.4)
$\Theta_1, \Theta_2, \Theta_r$	Einfallswinkel, Brechungswinkel bzw. Reflexionswinkel (Abschn. 2.20)
Θ_{1B}, Θ_{2B}	Einfallswinkel bzw. Brechungswinkel beim Brewstereffekt (Abschn. 2.23)

Θ_{1c}	kritischer Einfallswinkel (Abschn. 2.20)
λ	Wellenlänge im Vakuum
λ_g	Grenzwellenlänge eines Modus (Abschn. 4.10.3)
λ_m	mittlere Wellenlänge (Fig. 1.8)
λ_n	Wellenlänge im Stoff der Brechzahl n
λ_{0M}	Wellenlänge der Nullstelle der Materialdispersion (Abschn. 4.10.4)
λ_z	Wellenlänge in z-Richtung (Abschn. 2.21)
μ	radiale Modenkennzahl (Gl. 4.22); Permeabilität eines Stoffes
μ_0	Permeabilität des Vakuums ($4\pi \cdot 10^{-7}$ H/m)
ν	azimutale Modenkennzahl (Gl. 4.19)
ρ	Raumladungsdichte
σ	elektrische Leitfähigkeit
τ	normierte Gruppenlaufzeit der Grundwelle (Gl. 4.37f)
τ_g	spezifische Gruppenlaufzeit (in μs/km; Abschn. 2.14)
τ_ϕ	spezifische Phasenlaufzeit (in μs/km; Abschn. 2.14)
$\omega = 2\pi f$	Kreisfrequenz
Ω	Raumwinkel
Ω_A	Raumwinkel des Akzeptanzkegels (Abschn. 4.4)
$\vec{\nabla}$	Nablaoperator der Vektoranalysis

1 Prinzipien und Komponenten der optischen Nachrichtenübertragung

Bei der Verständigung von Menschen über größere Entfernungen sind seit dem Altertum optische Signale in Gebrauch gewesen. Die einfachen Sender erzeugten Blinkzeichen und Rauchsignale, als Empfänger fungierte der Mensch. Die optischen Signale wurden als nicht geführte Wellen durch die Atmosphäre übertragen.

Mit der Entwicklung des Lasers (1960) als Quelle kohärenten Lichts nahm die moderne optische Nachrichtentechnik ihren Aufschwung. Als Sender dienen heute Laser- oder Lumineszenzdioden, als Empfänger meist Photodioden. Als wichtigstes Übertragungsmedium haben sich Lichtwellenleiter in der Form von Glasfasern bewährt. Im Jahre 1970 gelang es erstmals, die optische Dämpfung von Glasfasern auf den brauchbaren Wert von unter 20 dB/km zu senken (von früher 1 dB/m!) und damit den praktischen Einsatz der Faser als dielektrischer Wellenleiter für die Nachrichtenübertragung zu ermöglichen.

Optische Kabel mit Glasfasern haben im Vergleich zu metallischen Wellenleitern (Kupferleitungen verschiedenen Querschnitts) folgende Vorteile:

- Geringeres Gewicht
- kleinere Querschnittsflächen
- größere Flexibilität, d. h. leichtere Verlegbarkeit
- größere Unempfindlichkeit gegen elektromagnetische Störungen
- praktisch kein Nebensprechen
- geringere Dämpfung
- größere Übertragungskapazität.

Den weniger zahlreichen Nachteilen, wie z. B. den hohen Anforderungen an die Toleranzgenauigkeiten der Komponenten, wird durch systematische Entwicklungsarbeit erfolgreich begegnet werden können.

Die Produktentwicklung ist inzwischen soweit fortgeschritten, daß optische Glasfaser-Übertragungsstrecken mit großen betrieblichen und technischen Vorteilen in praktisch allen Anwendungsbereichen eingesetzt werden können, die bisher mit konventionellen leitungsgebundenen Übertragungssystemen ausgeführt werden bzw. worden sind. Dazu gehören z. B. Fernsprechverbindungen ebenso wie Datenleitungen zwischen Rechnern oder Fernwirkleitungen in elektromagnetisch störungsverseuchter Umgebung. Aber auch interkontinentale Funkverbindungen über Fernmeldesatelliten können erfolgreich durch optische Unterseekabelsysteme ersetzt werden, die sich nicht nur durch größere Übertragungskapazität auszeichnen werden, sondern auch noch durch wirtschaftliche Vorteile.

1.1 Das elektromagnetische Spektrum

Der für die optische Nachrichtenübertragung bevorzugte Bereich der Trägerwellenlängen liegt im nahen Infraroten (IR) des Spektrums der elektromagnetischen Wellen bei 1 μm.

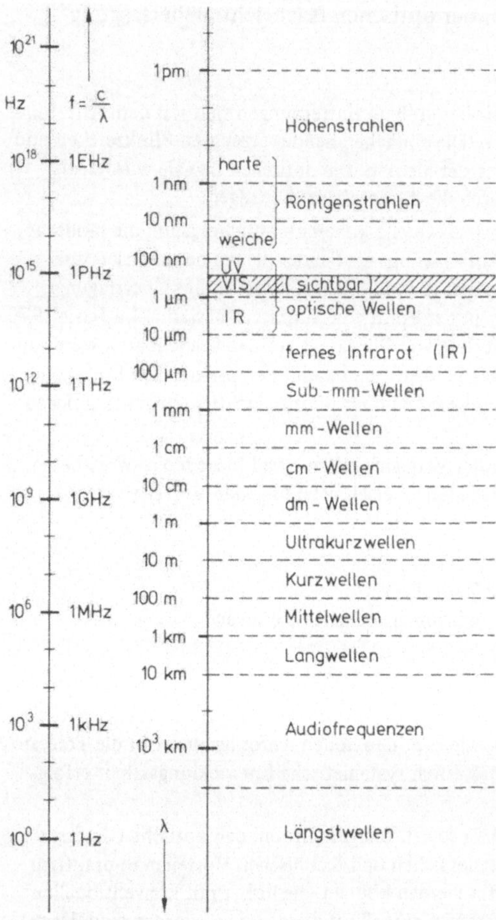

Fig. 1
Schema des Spektrums der elektromagnetischen Wellen. f Frequenz, λ Wellenlänge im Vakuum, $c = f \cdot \lambda = 2.9979$ 10^8 m/s Lichtgeschwindigkeit im Vakuum

Eine Übersicht über dieses Spektrum vermittelt Fig. 1 anhand einer Frequenz- bzw. Wellenlängenskala.

Zur Charakterisierung des optischen Spektralbereichs mögen für unsere Zwecke die folgenden Hinweise genügen:

1) Der Bereich der sichtbaren Strahlung (VIS) erstreckt sich von rund 400 nm bis 750 nm Wellenlänge bzw. von rund 750 THz bis 400 THz.

2) Ein schwarzer Strahler emittiert maximale Leistung bei einer Wellenlänge λ_s, die mit seiner absoluten Temperatur T nach dem Wienschen Verschiebungsgesetz wie folgt zusammenhängt:

$$\lambda_s \cdot T \approx 3 \text{ mmK}$$

Bei T = 300 K ist $\lambda_s \approx 10\ \mu m$.

Bei T = 6000 K, entsprechend etwa der Oberflächentemperatur der Sonne, ist $\lambda_s \approx 0{,}5\ \mu m$. Diese Wellenlänge liegt im Bereich größter Empfindlichkeit des menschlichen Auges, im Grünen.

3) Die Quantenstruktur der Strahlung macht sich im optischen Spektralbereich bereits häufig bemerkbar. Die Energie eines Lichtquantes beträgt $hf = \frac{hc}{\lambda}$, mit dem Planckschen Wirkungsquantum $h = 6{,}63 \cdot 10^{-34}$ Ws/Hz = 4,1 eV/PHz und $hc = 1{,}99 \cdot 10^{-25}$ Wsm.

Beispiel: Eine bei λ = 850 nm (f = 353 THz) strahlende Laserdiode der Strahlungsleistung P = 1 mW liefert Lichtquanten der Energie $hf = 2{,}34 \cdot 10^{-19}$ Ws = 1,45 eV und sendet einen Quantenstrom von $n_Q = p/(hf) = 4{,}27 \cdot 10^{15}$ Quanten/sec aus.

1.2 Optische Übertragungssysteme

Wie konventionelle Übertragungssysteme bestehen auch optische aus den drei Grundeinheiten Sender, Übertragungsmedium und Empfänger. Im entsprechenden Blockschaltbild der Fig. 2 bedeuten:

LG den Trägerwellengenerator (Lichtgenerator), vorzugsweise Laserdiode LD oder Lumineszenzdiode LED;

LM den Lichtmodulator (entfällt bei sog. direkter Modulation mit Hilfe des Diodenstroms);

ÜM das Übertragungsmedium (Faser, verkabelt);

LD den Lichtdemodulator, vorzugsweise Photodiode;

NQ die Nachrichtenquelle für das modulierende Signal;

NS die Nachrichtensenke.

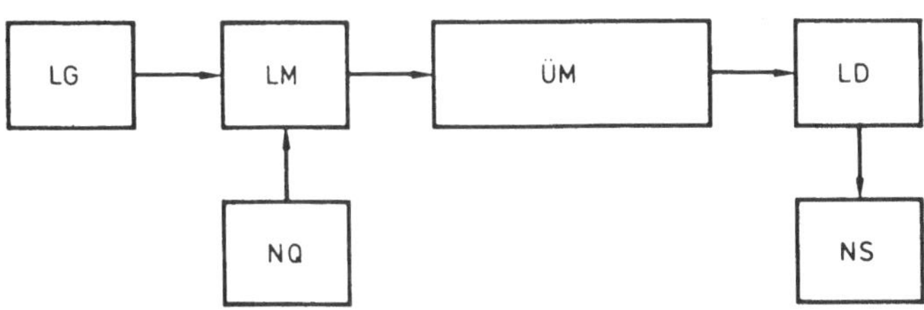

Fig. 2 Blockschaltbild eines optischen Übertragungssystems. Erläuterung im Text

Die Fig. 3 zeigt schematisch eine speziellere Ausführung eines Übertragungssystems mit direkter Modulation. In diesem Falle ist die Laser- oder Lumineszenzdiode als elektrooptischer Wandler dargestellt, der eine vom Eingangsstrom $i_1(t)$ gesteuerte Lichtleistung $p_1(t)$ abgibt. Das entspricht der vorzugsweise angewendeten Intensitätsmodulation. Allerdings ist der Zeitverlauf $p_1(t)$ der optischen Sendeleistung im allgemeinen im Vergleich

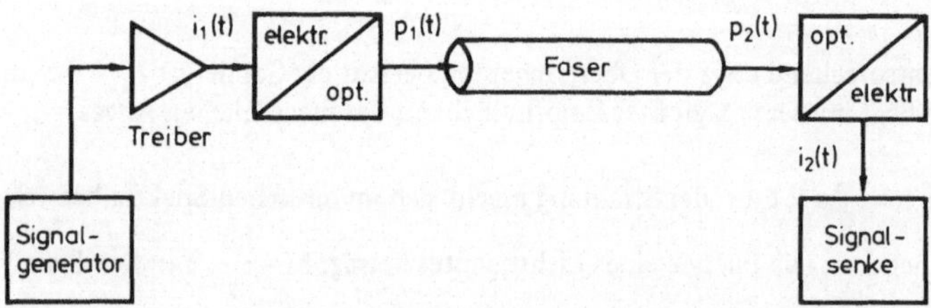

Fig. 3 Bevorzugte spezielle Ausführung eines optischen Übertragungssystems (Blockschaltbild) mit Intensitätsmodulation. Erklärung im Text

zum Treiberstrom $i_1(t)$ mehr oder weniger verzerrt, was sich aber bei Impulsmodulation nur im Falle sehr hoher Impulsraten störend bemerkbar macht. Von der Sendeleistung $p_1(t)$ gelangt nur ein gewisser Bruchteil $p_{1F}(t) = k_1 \cdot p_1(t)$ $(0 < k_1 < 1)$ als geführte Leistung in den Faserkern. Der Faktor k_1 beschreibt den Einkoppelwirkungsgrad (s. Abschn. 4.9).

Die als Empfangselement vorzugsweise verwendete Photodiode ist in entsprechender Weise als optisch-elektrischer Wandler dargestellt. Die absorbierte optische Leistung $p_2(t)$ ist im Falle guter Anpassung der Faserendfläche an die aktive Fläche der Photodiode praktisch gleich der Ausgangsleistung $p_{2F}(t)$ der Faser. Der entstehende Photostrom $i_2(t)$ wird im allgemeinen rauscharm verstärkt und dann weiter verarbeitet, was durch die Signalsenke angedeutet ist.

1.3 Modulationsverfahren

Zur Informationsübertragung kann die kohärente Trägerschwingung einer Laserdiode z. B. in der Amplitude oder in der Phase bzw. Frequenz moduliert werden. Optische Phasen- und Frequenzmodulation erfordern optische Überlagerungsempfänger, die zwar eine große Signalempfindlichkeit haben, aber andererseits auch sehr aufwendig sind. Für kostengünstige Anwendungen kommt jedoch vor allem die Intensitätsmodulation in Frage, bei der anstatt der Amplitude das Amplitudenquadrat, also die Intensität oder Leistung des Lichts, im Takte und nach Größe des Signals geändert wird, vorzugsweise impulsförmig (insbesondere für impulscodierte Nachrichten). Die Intensitätsmodulation (IM) ist auch auf die inkohärente Strahlung von LED anwendbar.

1.4 Senderelemente

Als Senderelemente verwendet man elektro-optische Wandler, vorzugsweise in Form von Halbleiterdioden, wie Lumineszenzdioden, auch lichtemittierende Dioden (LED) genannt, und Laserdioden (LD). In Fig. 4 ist das Prinzipschaltbild eines optischen Senders dargestellt. Der erforderliche Stromtreiber ist als Stromquelle idealisiert. Die strahlenden Dio-

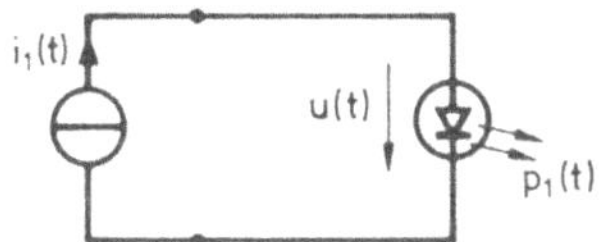

Fig. 4
Prinzipschaltbild eines optischen Senders, bestehend aus Halbleiterdiode mit Impulsstromquelle

den werden im Durchlaßbereich betrieben. Der Diodenstrom $i_1(t)$ wird vorzugsweise impulsförmig gewählt, so daß auch die optische Strahlungsleistung $p_1(t)$ impulsförmig verläuft. Ein Beispiel für die ausgeführte Schaltung eines optischen Senders ist in Abschn. 1.5.7 gegeben.

1.4.1 Lichtemittierende Dioden (LED)

LED sind Halbleiterdioden (s. Fig. 5), die elektromagnetische Strahlung aussenden, wenn sie in Durchlaßrichtung betrieben werden. Durch den fließenden Strom gelangen frei bewegliche Elektronen über den pn-Übergang ins p-Gebiet, wo sie mit den dort vorhandenen Defektelektronen rekombinieren. Bei diesem Rekombinationsvorgang wird Energie in Form von Strahlungsquanten $hf = hc/\lambda$ in einem engen Spektralbereich $\Delta\lambda$ abgegeben.

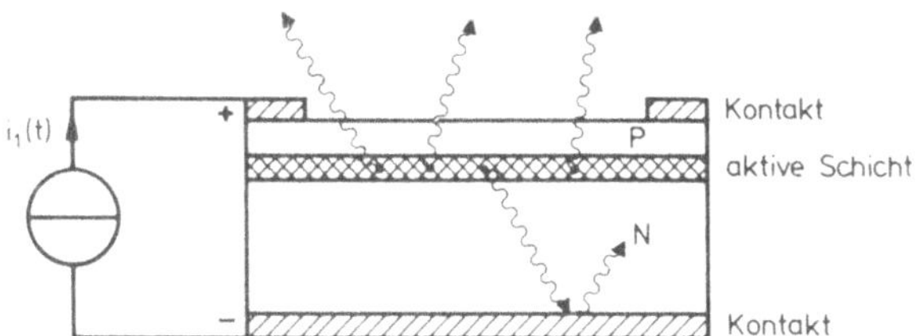

Fig. 5
Aufbau einer lichtemittierenden Diode (schematisch)

Die mittlere Wellenlänge λ_m der emittierten Strahlung ist abhängig vom verwendeten Halbleitermaterial und dessen Dotierung. Die auf diese Weise emittierte Strahlung ist inkohärent, d. h. mit einer stochastischen (regellosen) Amplituden- und Phasenmodulation behaftet, da die Erzeugung von Lichtquanten hier ein zufälliger, spontaner Vorgang ist. Man spricht von spontaner Emission. Im allgemeinen verläßt nur ein geringer Bruchteil der erzeugten Lichtquanten den Halbleiterkristall als optische Nutzleistung. LED heißen auch Lumineszenzdioden.

1.4.2 Laserdioden (LD)

Wie in der Lumineszenzdiode entstehen auch in der Laserdiode Lichtquanten hf bei der Rekombination von Ladungsträgern. Aber nur unterhalb eines gewissen Schwellstroms i_s entstehen die Lichtquanten spontan. Oberhalb des Schwellstroms geschieht die Quantenerzeugung vorwiegend stimuliert, d. h. infolge der Auslösung der Erzeugungsprozesse durch eine starke optische stehende Welle ist die entstehende Strahlung nur noch mit geringen Phasenschwankungen behaftet. Solche Strahlung nennt man kohärent.

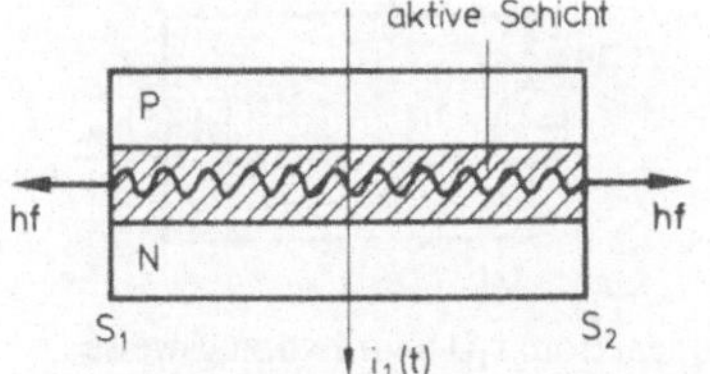

Fig. 6
Schema einer Laserdiode. Der Diodenstrom $i_1(t)$ fließt gleichmäßig verteilt über die Sperrschicht, die sich senkrecht zu den teildurchlässigen Spiegelflächen S_1, S_2 erstreckt. Eine stehende Welle ist angedeutet

Die Laserdiode ist als optischer Resonator ausgebildet, s. Fig. 6. Zwischen zwei kristallographischen Flächen, die als teildurchlässige Spiegel wirken ($\approx$ 30% Reflexion), kann sich aus erzeugten Lichtquanten eine stehende Welle für solche Lichtwellen ausbilden, für die ein ganzzahliges Vielfaches ihrer halben Wellenlänge mit der Resonatorlänge (etwa L = 0,4 mm) übereinstimmt. Häufig entstehen mehrere solcher Stehwellen mit etwas (z. B. um 0,1 nm) unterschiedlicher Wellenlänge. Das sind die longitudinalen Moden der Laserdiode. Das aus den Spiegeln austretende infrarote Licht ist als optische Sendeleistung verfügbar. Damit der Wirkungsgrad der Laserdiode hinreichend groß ist, wird der Bereich der stehenden optischen Welle zwischen den Spiegeln als streifenförmiger optischer Wellenleiter ausgebildet und der Stromfluß auf diesen Bereich konzentriert (sog. Doppelhetero-Strukturen).

1.5 Charakteristische Daten und Eigenschaften von Sendedioden

1.5.1 Verwendete Materialien

Die für den optischen Kurzwellenbereich zwischen 0,8 μm und 0,9 μm Wellenlänge verwendeten Sendedioden (LED und LD) bestehen aus den Verbundhalbleitern GaAs (Gallium-Arsenid) mit Zusatz von Al (Aluminium). Mit zunehmendem Al-Gehalt nimmt die Wellenlänge λ der Strahlung ab und die Frequenz f zu; entsprechend dem folgenden Schema:

Al: wachsender Gehalt $\rightarrow$
λ: 0,94 μm $\longrightarrow$ 0,78 μm
f: 320 THz $\longrightarrow$ 375 THz

Für Anwendungen im Bereich größerer Wellenlängen zwischen 1,1 μm und 1,7 μm (optischer Langwellenbereich), in dem die Dämpfung und die Materialdispersion von Quarzglasfasern minimal ist, hat sich als günstigstes Material für LD und LED der quaternäre Halbleiter InGaAsP (Indium-Gallium-Arsenid-Phosphid) erwiesen. Je nach Zusammensetzung des Halbleiters in der aktiven Schicht, in der die Lichtquanten erzeugt werden, liegt die Wellenlänge der erzeugten Strahlung zwischen 1,2 μm und 1,7 μm.

1.5.2 Kennlinien

Die Kennlinien $p_1(i_1)$ von LED zeigen gemäß Fig. 7a weitgehende Proportionalität zwischen Strom i_1 und Lichtleistung p_1. Die Kennlinie einer LD dagegen zeigt beim Übergang

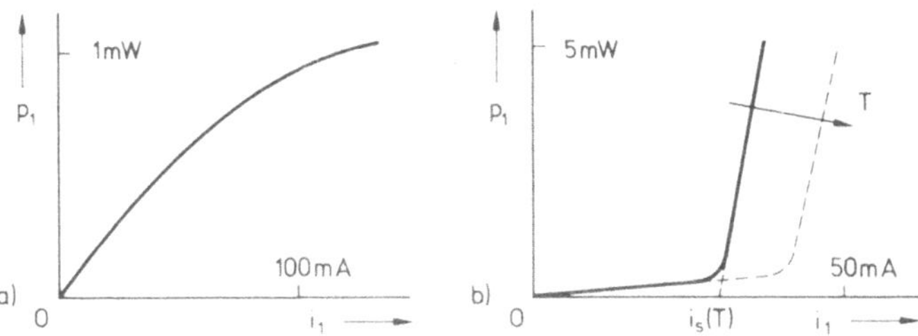

Fig. 7 Kennlinien einer Lumineszenzdiode (a) und Laserdiode (b). i_1 Diodenstrom, p_1 optische Strahlungsleistung, $i_s(T)$ temperaturabhängiger Schwellstrom

von der inkohärenten zur kohärenten Strahlung einen deutlichen Knick, charakterisiert durch den Schwellstrom i_s (z. B. 50 mA, bei neuen Dioden auch weniger, s. Fig. 7b).
Der Schwellstrom steigt mit der Temperaturerhöhung ΔT über die Umgebungstemperatur (vgl. Fig. 7b) entsprechend dem exponentiellen Gesetz

$$i_s(\Delta T) = i_s(0) \cdot e^{\Delta T/T_0}.$$

Dabei bedeutet T_0 eine charakteristische Temperatur, die für gute GaAlAs-Laserdioden über 200 K betragen kann, jedoch für quaternäre langwellige Laserdioden leider erheblich geringer ist (etwa 70 K). Infolge verschiedener Alterungseffekte kann bei Laserdioden die Steigung der Kennlinie oberhalb des Schwellstroms abnehmen. Gute Laserdioden haben jedoch Lebensdauern von wenigstens 10^5 h, während der die optische Ausgangsleistung bei konstantem Strom auf 50% der Anfangsleistung zurückgeht. Die totalen Ausgangsleistungen der Sendedioden betragen bei LED etwa 1 mW, bei LD einige mW je Spiegelfläche des optischen Resonators (s. Abschn. 1.4.2). In übliche Fasern einkoppelbar sind bei LED etwa 50 μW bis 100 μW (je nach der numerischen Apertur der Vielwellenfaser, s. Abschn. 4.4 und 4.8) und bei LD etwa 1 mW (ziemlich unabhängig vom Fasertyp).

1.5.3 Spektrale Leistungsdichte

Unter der spektralen Leistungsdichte p_λ einer Sendediode versteht man die abgestrahlte Leistung dp pro Wellenlängenintervall $d\lambda$, $p_\lambda := dp/d\lambda$. Die Gesamtleistung p_1 ergibt sich durch Summation über das gesamte Spektrum,

$$p_1 = \int_0^\infty p_\lambda d\lambda$$

Fig. 8 zeigt schematisch den typischen glockenförmigen Verlauf der Leistungsdichtespektren. Das Spektrum $p_\lambda(\lambda)$ von Lumineszenzdioden LED ist kontinuierlich, während das Laserdiodenspektrum meistens eine Linien-

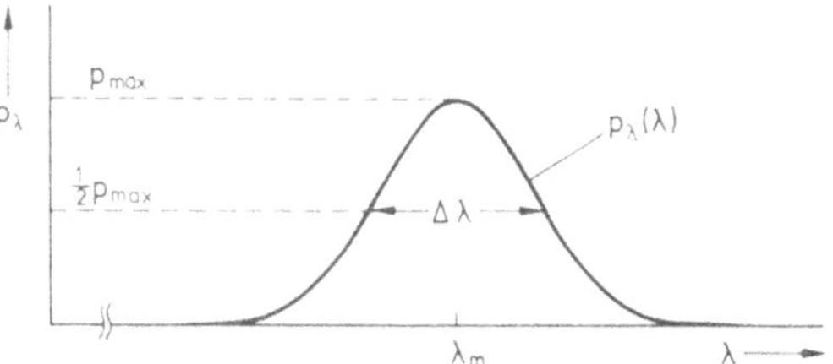

Fig. 8 Leistungsdichtespektrum von Halbleiter-Sendedioden (schematisch). λ_m mittlere Wellenlänge, $\Delta\lambda$ spektrale Halbwertsbreite

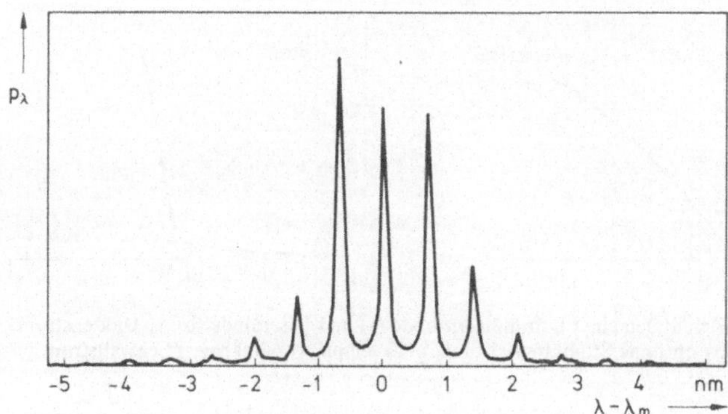

Fig. 9 Leistungsdichtespektrum einer InGaAsP-Heterostruktur-Laserdiode. λ_m = 1,300 μm, Diodengleichstrom I = 28,8 mA. Man erkennt verschiedene diskrete Moden

struktur erkennen läßt (s. Fig. 9). Jede Linie entspricht einer Eigenschwingung (Modus) des optischen Resonators der Laserdiode LD.

Die mittlere Wellenlänge λ_m liegt etwa bei 850 nm im Falle von Dioden aus GaAlAs. Laserdioden haben einen wesentlich engeren Spektralbereich als LED. Eine charakteristische Größe ist die sog. spektrale Halbwertsbreite $\Delta\lambda$, die ein Maß ist für den Grad der Konzentration der Strahlungsleistung um die mittlere Wellenlänge λ_m. Sie wird auch als ein Gütekriterium verwendet. Typische Werte der Halbwertsbreite $\Delta\lambda$ sind 40 nm für LED bei 850 nm, 100 nm für LED bei 1,3 μm und 1 nm für LD.

1.5.4 Übertragungsfaktor und Quantenwirkungsgrad

Eine Sendediode fassen wir gemäß Fig. 10 als elektrisch-optischen Wandler auf. Am Eingang und Ausgang treten die Teilchenströme n_e bzw. n_Q auf. Definitionsgemäß bedeuten:

$$n_e := \frac{\text{Anzahl der Teilchen (= Ladungsträger)}}{\text{Zeiteinheit}} \quad \text{bzw.}$$

$$n_Q := \frac{\text{Anzahl der Teilchen (= Quanten)}}{\text{Zeiteinheit}}$$

Damit erhalten wir für den Eingangsstrom $i_1 = n_e \cdot e$, wo $e = 1{,}60 \cdot 10^{-19}$ As die Elementarladung bedeutet. Und für die optische Ausgangsleistung folgt $p_1 = n_Q \cdot hf$, wo hf die Energie eines Ausgangslichtquants ist und $h = 6{,}63 \cdot 10^{-34}$ Ws/Hz das Plancksche Wirkungsquantum bedeutet.

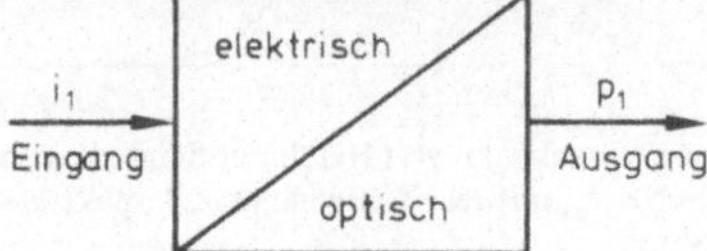

Fig. 10
Optische Sendediode als elektrisch-optischer Wandler

Wir definieren als Übertragungsfaktor das Verhältnis:

$$\frac{\text{Ausgangsleistung}}{\text{Eingangsstrom}} = \frac{p_1}{i_1} .$$

Es ist

$$\frac{p_1}{i_1} = \left(\frac{n_Q}{n_e}\right) \cdot \frac{hf}{e} \quad \text{mit} \quad \frac{h}{e} = 4{,}14 \frac{W}{A \cdot PHz}$$

Das Verhältnis n_Q/n_e gibt die Anzahl der Photonen (Lichtquanten) an, die im Mittel pro injiziertem Ladungsträger nach außen gelangen. Man bezeichnet den Quotienten als externe Quantenausbeute η_{ext}:

$$\eta_{ext} := \frac{n_Q}{n_e}$$

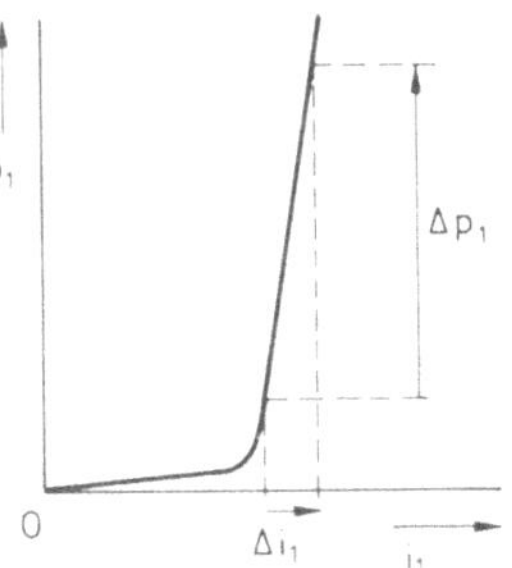

Fig. 11 Zur Definition des differentiellen Quantenwirkungsgrades bei Laserdioden: $\eta_{diff} = \Delta p_1/\Delta i_1$

Zahlenmäßig gilt für LED: $\eta_{ext} \approx 1\%$. Die interne Quantenausbeute ist erheblich größer. Nur wenige der erzeugten Quanten können nämlich aus dem Halbleiter durch Brechung austreten und nur wenige haben die erforderliche Richtung, um als Nutzsignal in Erscheinung zu treten.

Im Falle einer Laserdiode ist die sog. differentielle Quantenausbeute η_{diff} im Bereich der kohärenten Emission (für $i > i_s$) noch interessanter. Gemäß Fig. 11 ist sie wie folgt definiert:

$$\eta_{diff} := \frac{\Delta n_Q}{\Delta n_e} .$$

Typische Werte hierfür sind bei guten Laserdioden 20% bis 40% je Spiegelfläche.

1.5.5 Strahlungscharakteristik

Die Strahlungscharakteristik einer Sendediode zeigt die Ahhängigkeit der S t r a h l - s t ä r k e I von der Strahlungsrichtung, die vorzugsweise durch den Winkel Θ angegeben wird, der die Abweichung von der Flächennormalen bezeichnet, s. Fig. 12. Die Ein-

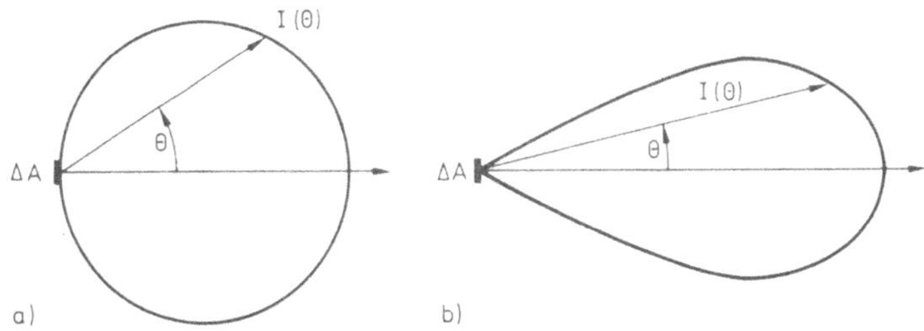

Fig. 12 Strahlungscharakteristiken (räumlich) von LED (a) und LD (b); ΔA = strahlendes Flächenelement

heit der Strahlstärke ist (Genaueres s. Abschn. 4.9.1):

$$\frac{\text{Leistung}}{\text{räumliche Winkeleinheit}} = \frac{\text{W}}{\text{ster}}$$

und demgemäß ist

$$I := \frac{\Delta P}{\Delta \Omega}$$

Die Lumineszenzdioden strahlen ihre Leistung in einem großen Raumwinkelbereich ab, während Laserdioden oberhalb des Schwellstroms eine schlanke Strahlungscharakteristik (s. Fig. 12b) besitzen, die den Übergang der Strahlung in den Kern einer Faser erleichtert. Typische Werte für die Größe der strahlenden Fläche A sind 0,1 mm x 0,1 mm bis 1 mm x 1 mm bei LED und 0,2 μm x 3 μm bei LD. Infolge ihrer kleineren Strahlungsfläche A und der stärkeren Bündelung ihrer Strahlung (s. Fig. 12b) ist eine LD besser als eine LED geeignet, optische Leistung verlustarm in eine Glasfaser einzukoppeln. Typische Werte für die halben Öffnungswinkel $\Theta_{\|}$ und $\Theta_{\perp}$ beim halben Maximum der Strahldichte $I(\Theta)$ parallel bzw. senkrecht zur aktiven Schicht einer LD sind 5° bzw. 20°. Typische Werte für die Einkoppelverluste sind 17 dB bei LED, 3 dB oder weniger bei LD.

Unter der S t r a h l d i c h t e L versteht man die Strahlstärke ΔI, bezogen auf die scheinbare strahlende Fläche ΔA_s. Die scheinbare strahlende Fläche ist definiert als die Projektion der tatsächlichen strahlenden Fläche ΔA auf eine Normalebene zur Strahlungsrichtung (vgl. Fig. 4.29).

Demgemäß ist

$$L := \frac{\Delta I}{\Delta A_s} = \frac{\Delta\left(\frac{\Delta P}{\Delta \Omega}\right)}{\Delta A_s} = \frac{\Delta^2 P}{\Delta \Omega \cdot \Delta A_s}$$

Ihre Größenordnung beträgt bei optischen Sendedioden etwa

$$L = 10 \ldots 100 \frac{\text{mW}}{\text{ster cm}^2}$$

1.5.6 Modulationsgeschwindigkeit

Die optische Ausgangsleistung $p_1(t)$ der Sendediode folgt dem elektrischen Strom $i_1(t)$ nicht beliebig rasch. Ein Maß für die größte Geschwindigkeit der direkten Modulation ist die Anstiegszeit t_A der Lichtleistung $p_1(t)$ nach der Erregung durch einen Stromsprung (s. Fig. 13).

Infolge der in der Halbleiterdiode und ihren Zuleitungen wirksamen sekundären Effekte (wie Laufzeiten, Bahnwiderstand, Diffusions- und Sperrschichtkapazität) kommt es zu dem verzögerten Zeitverhalten der Leistung $p_1(t)$ als Antwort auf einen Stromsprung $i_1(t)$. Typische Werte für die Anstiegszeit t_A, die nach weitverbreiteter Definition zwi-

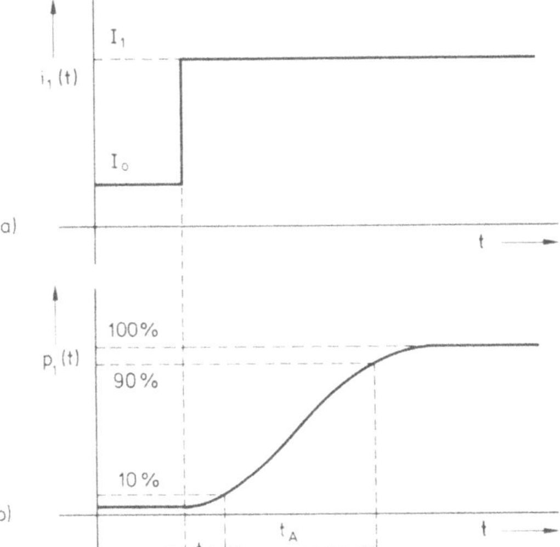

Fig. 13
Zur Modulationsgeschwindigkeit von Sendedioden:
a) Sprunghaft vom Vorstrom I_0 auf I_1 ansteigender Diodenstrom $i_1(t)$,
b) Antwort der Ausgangsleistung $p_1(t)$ mit Verzögerungszeit t_d und Anstiegszeit t_A

schen dem 10%- und dem 90%-Wert des Anstiegs gemessen wird (s. Fig. 13b), sind im Falle von Lumineszenzdioden 5 ns bis 100 ns, und im Falle von Laserdioden 0,1 ns bis 1 ns. Bemerkenswert ist die Tatsache, daß Laserdioden im kohärenten Bereich ($i > i_s$) im allgemeinen erheblich schneller sind als LED.

1.5.7 Schaltungsbeispiel für eine optische Senderstufe

Der elektronische Teil des Senders muß den impulsförmigen Strom $i_1(t)$ für die Sendediode liefern. Das Schaltbild eines einfachen Treibers mit bipolaren Transistoren zeigt Fig. 14. Insbesondere bei Laserdioden ist es wegen ihrer starken Temperaturabhängigkeit erforderlich, sowohl den Vorstrom I_0 als auch den impulsförmigen Datenstrom $i_d(t)$ in ihrer Größe derart zu regeln, daß die optische Leistung der Impulsamplituden erhalten bleibt und der Vorstrom I_0 mit dem optimalen Arbeitspunktstrom in der Nähe des temperaturabhängigen Schwellstroms übereinstimmt. Dazu dienen entsprechend dem Block-

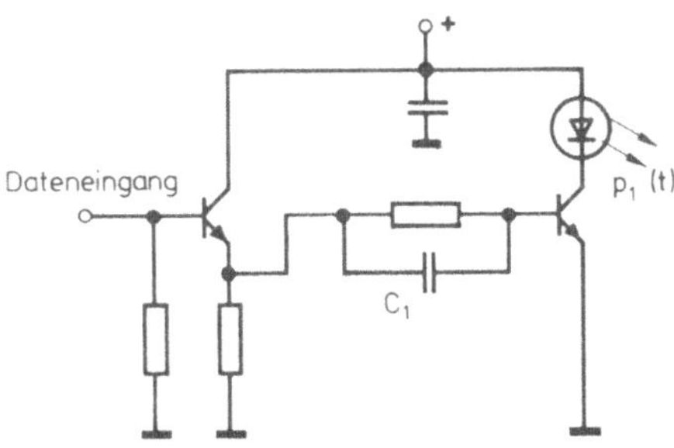

Fig. 14
Zweistufige einfache Treiberschaltung mit zwei Transistoren zur Ansteuerung einer optischen Sendediode (hier LED) mit der Ausgangsleistung $p_1(t)$. Der Kondensator C_1 beschleunigt die Impulsflanken

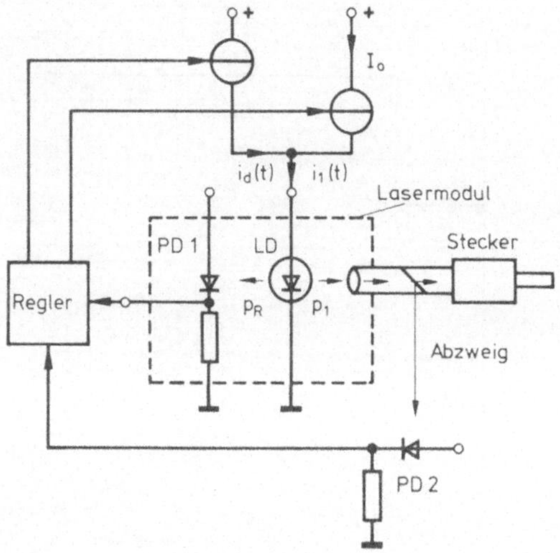

Fig. 15
Blockschaltbild einer optischen Senderschaltung mit Laserdiode LD. Der Laserdiodenstrom $i_1(t)$ setzt sich aus dem Vorstrom I_0 und dem Datenstrom (Impulsstrom) $i_d(t)$ zusammen. Beide werden derart geregelt, daß in der Faser die mittlere optische Sendeleistung und die Amplituden der optischen Impulse von der Temperatur und von evtl. Alterungseffekten weitgehend unabhängig sind. PD1,2 Monitorphotodioden, p_R optische Referenzleistung, dem zweiten Spiegel der Laserdiode entnommen

schaltbild der Fig. 15 geeignete Reglerschaltungen, die in der Praxis erheblich größeren Bauelementeaufwand bedingen als die eigentliche Treiberstufe.

1.6 Empfangselemente

Unter den Empfangselementen verstehen wir die optisch-elektrischen Wandler in den Empfängern der optischen Nachrichtentechnik. Als Wandler dienen Photodetektoren, die die modulierten Lichtwellen in elektrische Signale umwandeln. Beispiele für Photodetektoren sind Photodioden, Phototransistoren und Photowiderstände. Wegen ihrer günstigen Eigenschaften sind die Photodioden die bevorzugten Empfangselemente der optischen Übertragungstechnik.

1.6.1 Photodioden

Am gebräuchlichsten sind z. Z. Silizium-Photodioden für den optischen Kurzwellenbereich um 0,85 μm. Für den Langwellenbereich (λ = 1,2 μm bis etwa 1,6 μm) kommen Photodioden aus Germanium oder solche aus InGaAs bzw. InGaAsP in Betracht. Die letztgenannten ternären bzw. quaternären Verbundhalbleiter bieten gegenüber Ge den Vorteil eines geringeren Dunkelstroms.

Die Halbleiter-Photodioden haben ebenso wie Gleichrichterdioden als wesentliches Charakteristikum einen pn-Übergang, der durch Anlegen einer Spannung in Sperrichtung gepolt wird. Ohne Bestrahlung fließt nur ein geringer Dunkelstrom i_D, der von thermisch erzeugten Ladungsträgern herrührt (z. B. bei Si-Dioden $i_D \approx 1$ nA). Bei Bestrahlung werden Ladungsträgerpaare durch absorbierte Lichtquanten erzeugt. Dies bezeichnet man als inneren Photoeffekt. Zur Verbesserung des Quantenwirkungsgrades (s. unten) führt man in der Regel zwischen p- und n-Schicht eine eigenleitende sog. i-Schicht (i von englisch intrinsic) ein, in der der Großteil der einfallenden Strahlungsleistung absorbiert wird. Solche Photodioden sind als p i n - D i o d e n bekannt. Durch das in der Raumladungszone der Sperrschicht vorhandene elektrische Feld werden die erzeugten Ladungsträger beschleunigt. In guter Näherung ist der so entstehende Photostrom i_2 der einfallenden Lichtintensität p_2 über mehrere Dekaden proportional.

Das Prinzipschaltbild einer Photodiode als Wandler zeigt Fig. 16. Dabei bedeuten $p_2 = n_Q \cdot hf$ die Leistung des empfangenen Teilchenstroms n_Q der Lichtquanten und $i_2 = n_e \cdot e$ den elektrischen Photostrom, der aus dem Teilchenstrom n_e der Ladungsträger e besteht. R ist ein Lastwiderstand für den Photostrom i_2, der unmittelbar oder über die Spannung i_2R weiterverstärkt werden muß.

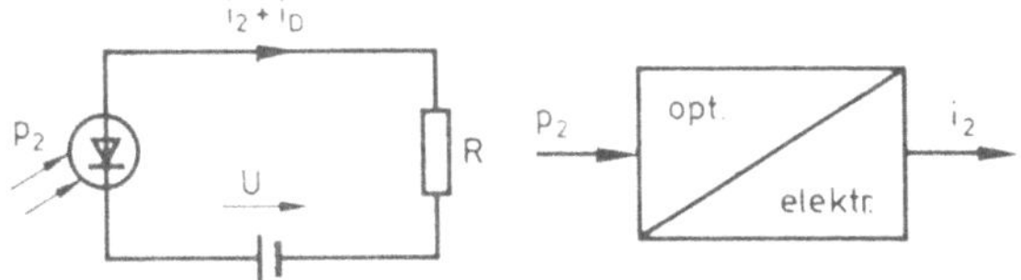

Fig. 16
Photodiode in Empfängerschaltung als optisch-elektrischer Wandler (Prinzipschaltung).
p_2 optische Empfangsleistung,
i_2 Photostrom, i_D Dunkelstrom,
U Vorspannung, R Lastwiderstand

Analog zu den Sendedioden (Abschn. 1.5.4) wird der Ü b e r t r a g u n g s f a k t o r definiert, der hier auch Empfängerempfindlichkeit E genannt wird:

$$E := \frac{i_2}{p_2} = \frac{n_e}{n_Q} \cdot \frac{e}{hf} = \eta \frac{e}{hc} \lambda$$

Dabei bedeutet das Verhältnis der Teilchenströme den Q u a n t e n w i r k u n g s g r a d :

$$\eta := \frac{n_e}{n_Q}$$

Er beträgt bei guten Photodioden z. B. 70% oder mehr. Im idealen Falle ($\eta = 1$) hat die Empfängerempfindlichkeit z. B. bei f = 350 THz (λ = 820 nm) den Wert

$$\frac{e}{hf} = 0{,}691 \frac{A}{W}$$

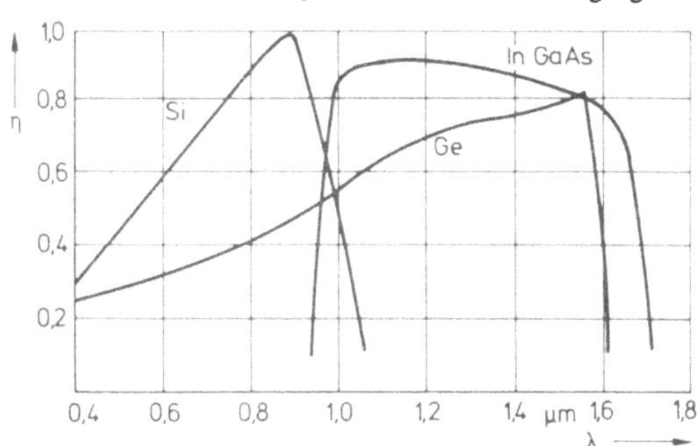

Fig. 17 Beispiele für die spektrale Abhängigkeit des Quantenwirkungsgrades η dreier industriell hergestellter Photodioden (ohne Lawinenverstärkung) aus Si (AEG-Telefunken), Ge (Fujitsu) und InGaAs/InP (SEL)

Weil zur Auslösung eines Ladungsträgers durch Photoeffekt nur ein Lichtquant erforderlich ist, steigt die ideale Empfindlichkeit mit zunehmender Wellenlänge λ (ein einzelnes Lichtquant wird energieärmer!).

Der Quantenwirkungsgrad η hat eine charakteristische Wellenlängenabhängigkeit, die vom Halbleitermaterial und von der Geometrie der Photodiode abhängt (s. Fig. 17). Sehr kurzwellige Strahlung wird zum großen Teil schon dicht an der Oberfläche des Halbleiterkristalls absorbiert, ohne zum Photostrom beizutragen. Sehr langwellige Strahlung hat zu geringe Quantenenergie, um den Photoeffekt auszulösen. So ergibt sich für jede Photodiode ein optimaler Wellenlängenbereich ihres Quantenwirkungsgrads.

1.6.2 Lawinen-Photodioden

Wenn die Photodiode so weit in Sperrichtung vorgespannt wird, daß sich das elektrische Feld in der Sperrschicht der Durchbruchfeldstärke nähert, erzeugen die durch Lichtquanten erzeugten Elektronen und Löcher durch Stoßionisation neue Ladungsträgerpaare. Auf diese Weise entsteht eine Lawinenverstärkung, die man erfolgreich zur Verstärkung des Photostroms ausnutzen kann. Allerdings erfordert das eine spezielle Ausbildung der Diode, um einen homogenen, stabilen und hinreichend rauscharmen Lawinendurchbruch zu gewährleisten. So entsteht eine Lawinenphotodiode, auch kurz APD genannt (von englisch avanlanche photodiode).

Silizium-Photodioden sind in dieser Hinsicht besonders günstig. Bei Lawinenphotodioden auf der Basis von InP für den langwelligen Spektralbereich muß man für die Absorption der Lichtquanten und die Ladungsträgermultiplikation getrennte Halbleiterschichten vorsehen (s. Fig. 18), um den Dunkelstrom hinreichend gering halten zu können.

In der Strom-Spannungskennlinie einer Photodiode lassen sich die Zusammenhänge zwischen Dunkelstrom i_D, Photostrom i_2 und lawinenverstärktem Photostrom Mi_2 anschaulich darstellen (s. Fig. 19). Die Durchbruchspannung ist temperaturabhängig. Deswegen muß die Vorspannung U entsprechend geregelt werden, wenn man die Lawinenverstärkung konstant halten will. In der Praxis verzichtet man darauf jedoch meistens, indem man die Vorspannung in Abhängigkeit vom Signalpegel steuert. Auf diese Weise erhält man eine automatische Verstärkungsregelung, die die Auswirkungen von Temperaturschwankungen mit ausgleicht.

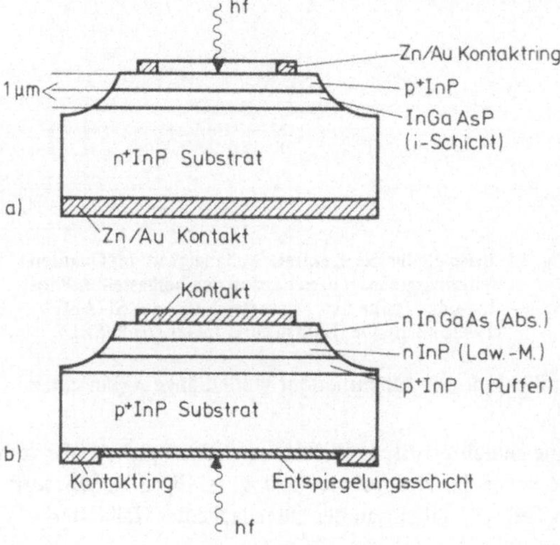

Fig. 18
Querschnitt durch zwei Photodioden in Mesa-Struktur mit InP-Substrat für den optischen Langwellenbereich
a) pin-Diode mit schwachdotierter i-Schicht, in der die wesentliche Lichtquantenabsorption stattfindet
b) Lawinenphotodiode (APD) mit getrennten Schichten für die Absorption und Lawinenmultiplikation. Die Bestrahlung geschieht hier durch die transparenten InP-Schichten. Die Pufferschicht hat nur eine technologische Funktion

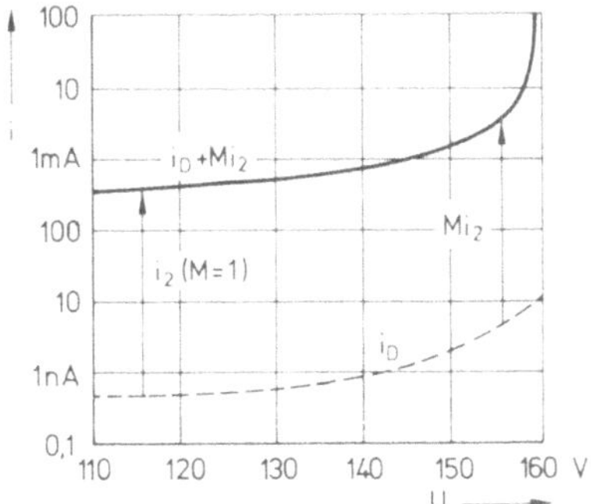

Fig. 19 Gemessene Kennlinien einer InGaAs-Lawinenphotodiode; U Sperrspannung, i gesamter Diodenstrom
– – – Kennlinie des Dunkelstroms i_D;
—— Kennlinie mit Belichtung;
i_2 Photostrom, Mi_2 verstärkter Photostrom

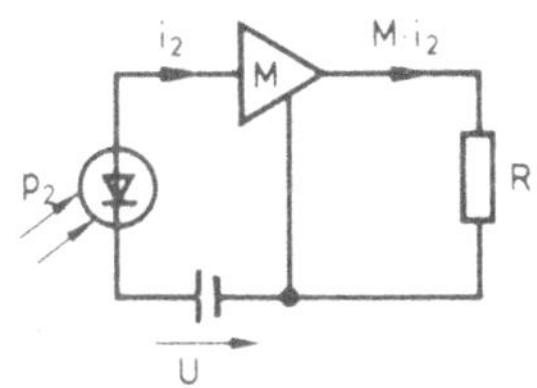

Fig. 20 Prinzipschaltbild einer Photodiode mit Lawinenverstärkung M (dargestellt durch nachgeschalteten Stromverstärker) und verstärktem Photostrom Mi_2. Dunkelstrom vernachlässigt

Im Ersatzschaltbild läßt sich die Lawinenverstärkung entsprechend Fig. 20 durch einen nachgeschalteten Stromverstärker (Eingangswiderstand → 0, Ausgangswiderstand → ∞) darstellen. Wegen des Lawinenrauschens wird allerdings das Signal-Rauschverhältnis durch die Lawinenverstärkung um einen Faktor F verschlechtert, den man als Rauschfaktor der Lawinenverstärkung zuzuordnen hat. Für einen geringen Rauschfaktor ist es günstig, wenn eine der beiden Ladungsträgerarten (Elektronen oder Löcher) bei der Erzeugung neuer Ladungsträgerpaare durch Stoßionisation erheblich wirksamer ist als die andere und wenn die wirksameren Ladungsträger die Lawine auslösen. Näherungsweise läßt sich der Rauschfaktor durch die empirische Beziehung $F = M^x$ darstellen. Dabei bedeutet x einen material- und diodenspezifischen Exponenten. Bei guten Si-APD ist $x \approx 0{,}3$, bei Ge-APD jedoch ist bestenfalls $x \approx 0{,}9$ zu erreichen. Für APD auf InP-Basis ist etwa $x \approx 0{,}7$ erreichbar.

Der Einsatz einer APD lohnt sich umso eher, je mehr das Nachverstärker-Rauschen ins Gewicht fällt. Das ist im allgemeinen der Fall, je breitbandiger die Übertragungssysteme sind. Allerdings überwiegt der Einfluß des Lawinenrauschens bei größeren Verstärkungen, so daß es je nach Anwendungsfall eine optimale Lawinenverstärkung M_{opt} gibt, die zur größten Empfindlichkeit eines Empfängers führt. Der Bereich der optimalen Multiplikationsfaktoren M_{opt} liegt im Falle von Si-APD bei 100 und im Falle von Ge-APD wegen des größeren Lawinenrauschens nur bei 10. InP-APD nehmen eine Zwischenstellung ein.

Die G e s c h w i n d i g k e i t der Photodioden wird im allgemeinen durch die Anstiegszeit t_A des Photostroms i_2 nach einer sprungförmig einsetzenden optischen Eingangsleistung p_2 gekennzeichnet (vgl. die entsprechende Fig. 13).

Typische Werte für die Anstiegszeit des Photostroms sind bei pin-Photodioden, die mit einem 50-Ω-Widerstand abgeschlossen sind, t_A = 1 ns und weniger bis etwa 0,1 ns. Begrenzende Effekte sind der Einfluß der Sperrschichtkapazität und der Gehäusekapazität (z. B. < 1 pF), die zusammen mit dem Lastwiderstand einen RC-Tiefpaß bilden, sowie die Laufzeit in der Feldzone. Bei Lawinenphotodioden nimmt die Anstiegszeit wegen der endlichen Aufbauzeit für die Lawinen mit zunehmender Verstärkung zu. Mit geeigneten Photodioden lassen sich Bitraten bis zu 1 Gbit/s und mehr einwandfrei detektieren.

Für die Schaltungstechnik optischer Empfänger ist ein wesentlicher Gesichtspunkt die Rauscharmut. Die einzige prinzipiell unvermeidliche Rauschquelle in einem optischen Empfänger ist das Schrotrauschen des Photostroms. Da der Dunkelstrom auch mit Schrotrauschen behaftet ist, sollte er so klein wie möglich sein. Auch das thermische Rauschen des Lastwiderstandes R der Photodiode (s. Fig. 16 und 20) beeinträchtigt die Empfindlichkeit. Um es herabzusetzen, verwendet man sehr häufig als Photostromverstärker einen Transimpedanzverstärker gemäß Fig. 21a. Hierbei fungiert der Lastwiderstand R als Gegenkopplungswiderstand eines invertierenden Breitbandverstärkers. Dadurch wird erreicht, daß der thermische Rauschstrom von R nur im Verhältnis zum Ausgangsstrom des Verstärkers, und nicht im Verhältnis zum Photostrom, in Erscheinung

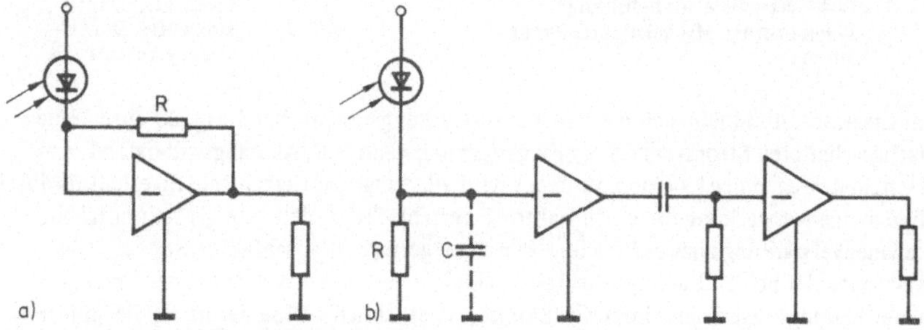

Fig. 21 Prinzipschaltungen optischer Empfänger
a) mit Transimpedanzverstärker für den Photostrom
b) mit hochohmigem Lastwiderstand R und integrierendem Spannungsverstärker

tritt, also entsprechend geringeren Einfluß hat. Oder man verwendet unmittelbar einen möglichst hochohmigen Lastwiderstand R, um sein thermisches Stromrauschen herabzusetzen. Dieser große Lastwiderstand R liefert bei gegebenem Photostrom i_2 eine entsprechend große Spannung Ri_2. Unvermeidliche parasitäre, parallel liegende Kapazitäten C (s. Fig. 21b) führen jedoch dann zu einer relativ geringen Grenzfrequenz $f_g = 1/(2\pi RC)$, die durch die Wirkung eines nachfolgenden Integrierverstärkers kompensiert werden muß. Solche Empfänger sind als pin-FET-Empfänger bekannt, da hierin vorzugsweise pin-Photodioden und Feldeffektransistoren in der ersten Verstärkerstufe eingesetzt werden.

1.6.3 Phototransistoren

Prinzipiell entspricht die Wirkungsweise eines Phototransistors der einer Photodiode mit anschließendem Transistor-Verstärker. Die steuernden Ladungsträger werden durch inneren Photoeffekt in der Basis erzeugt, s. Fig. 22. Vorteilhaft ist die gute Verstärkung. Nachteilig wirkt sich aus, daß das Licht nur mit relativ schlechtem Wirkungsgrad in die

Basis eingekoppelt werden kann. Außerdem ist der Phototransistor relativ langsam. Da die Verstärkung stromabhängig ist, besteht im Gegensatz zur Photodiode zwischen einfallender Strahlungsintensität p_2 und dem Photo-Kollektorstrom i_c nur in einem relativ kleinen Bereich ein linearer Zusammenhang.

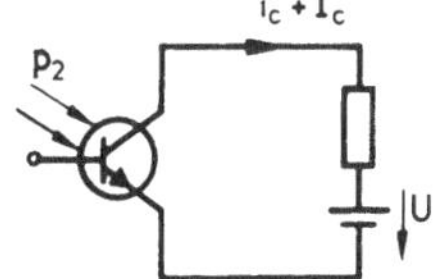

Fig. 22
Prinzipschaltung eines Phototransistors
i_c, I_c Photo- bzw. Arbeitspunktstrom des Kollektors

Die Anstiegszeit des Kollektorstroms beträgt etwa $t_A = 0{,}1 \ldots 1\ \mu s$. Wegen seiner vergleichsweise beschränkten Empfindlichkeit und Bandbreite findet der Phototransistor für die Zwecke der Nachrichtenübertragung nur eine untergeordnete Anwendung.

1.7 Das optische Übertragungsmedium: Lichtwellenleiter

In der optischen Nachrichtentechnik bilden Lichtwellenleiter in der Form von Glasfasern das wichtigste Übertragungsmedium. In der Faser werden unter geeigneten Bedingungen elektromagnetische Wellenfelder fortgeleitet. Diese Bedingungen sind an dielektrische Materialien gebunden, deshalb sind die Glasfasern dielektrische Wellenleiter (im Unterschied zu metallischen Wellenleitern).

In dem Frequenz- bzw. Wellenlängenbereich, der für optische Anwendungen in Frage kommt, scheiden metallische Wellenleiter wegen der zu hohen Verluste aus. Das meist verwendete Grundmaterial zur Herstellung von dämpfungsarmen Fasern ist geschmolzener Quarz (Quarzglas), chemisch SiO_2.

1.7.1 Optische Dämpfung

Eine der wichtigsten Eigenschaften der Glasfasern ist die optische Dämpfung a(λ) und ihr spektraler Verlauf. Sie wird in dB angegeben und auf die Längeneinheit von 1 km bezogen. Definitionsgemäß ist

$$a(\lambda) := \frac{1}{L}\, 10 \log \frac{\bar{p}_{1F}}{\bar{p}_{2F}} \quad \text{(in dB/km)}$$

wo $\bar{p}_{1F}$ und $\bar{p}_{2F}$ die als mittlere Nutzleistung in den Faserkern eingekoppelte optische Leistung bzw. die an der Faserendfläche aus dem Kern austretende mittlere optische Leistung bedeuten und L die Länge der Faser ist. Die Messung geschieht zum Beispiel mit Hilfe einer starken Halogenlampe, aus deren Strahlung man mit einem Monochromator einen sehr schmalen Wellenlängenbereich ausblendet und auf die Frontfläche der Faser fokussiert. Gemessen wird $\bar{p}_{2F}$ in Abhängigkeit von λ am Ende der Faser; die Eingangsleistung $\bar{p}_{1F}$ wird anschließend am Ende eines kurzen Faserstücks gemessen, das man von der langen Faser abschneidet (Rückschneidemethode).

Fig. 23 zeigt Beispiele für den Dämpfungsverlauf. Idealerweise folgt er bei kurzen Wellenlängen der Rayleigh-Streuung, die an mikroskopischen Inhomogenitäten (Brechzahlschwankungen) auftritt und proportional zu $1/\lambda^4$ verläuft. Oberhalb 1,7 μm Wellenlänge tritt starke Absorption durch Eigenschwingungen der tetraedrisch angeordneten Atome in den SiO_2-Molekül-Verbänden auf. Aus dem Zusammenspiel dieser IR-Absorption mit der Rayleigh-Streuung ergibt sich ein absolutes Minimum der Faserdämpfung bei etwa 1,6 μm. Die genaue Lage und der Wert des Minimums hängen noch von der Kerndotierung ab. Beste gemessene Dämpfungswerte betragen etwa 0,20 dB/km. Dämpfungsspitzen sind durch Absorption infolge Verunreinigungen (oder durch Leckwellen; vgl. Abschn. 4.10.3) bedingt. Eine bei vielen Fasern auftretende Dämpfungsspitze bei etwa 1,4 μm wird durch Resonanzen von OH-Ionen hervorgerufen, die u. a. bei der Faserherstellung entstehen können.

Die Faserdämpfung bestimmt zu einem wesentlichen Teil die bei gegebener Senderleistung und Empfängerempfindlichkeit erreichbare maximale Streckenlänge (Verstärkerfeldlänge), die ohne Zwischenverstärker überbrückt werden kann. Für Weitverkehrsstrecken, z. B. mit Hilfe von Seekabeln, strebt man Verstärkerfeldlängen von 50 km, 100 km und mehr an. Für solche Anwendungen sind deshalb die optischen Langwellen (1,3 μm bis 1,6 μm) erheblich günstiger als die optischen Kurzwellen (um 0,85 μm).

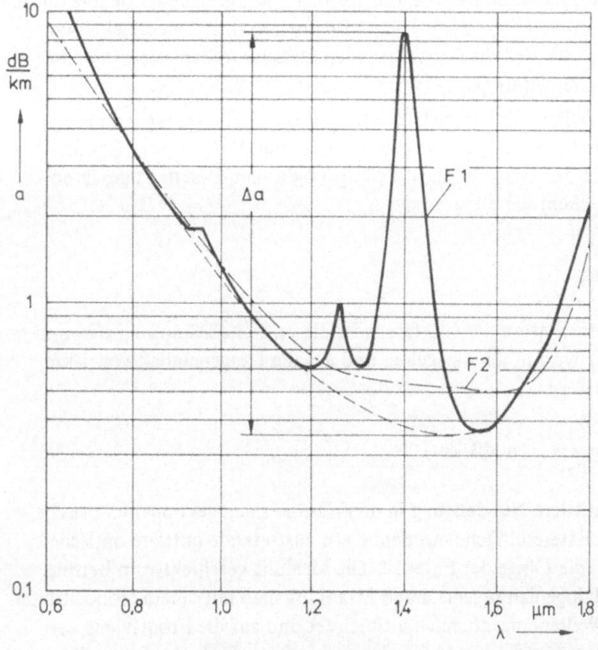

Fig. 23 Charakteristische spektrale Dämpfungsverläufe zweier Quarzglasfasern F1 und F2. Die häufig auftretende Dämpfungserhöhung bei 1,4 μm (und weniger stark bei 1,24 μm) rührt von parasitären OH-Ionen her. Es gilt ungefähr $\Delta a \approx 1$ dB/km je 10^{-9} Molgehalt OH-Ionen

1.7.2 Fasertypen: Brechzahlprofile und Impulsdispersion

Grundsätzlich unterscheidet man bei allen Fasern für die Nachrichtentechnik den Kern und den Mantel (s. Fig. 24). Ein international genormter Wert für den Durchmesser ist $D = 125\ \mu m$.

Ein wesentliches Merkmal der Glasfaser ist die Verschiedenheit der Dielektrizitätszahl ϵ_r bzw. der Brechzahl $n = \sqrt{\epsilon_r}$ im Mantel und Kern. Die Brechzahl soll im allgemeinen nur vom Achsenabstand r abhängig sein. Die Funktion n(r) heißt Brechzahlprofil.

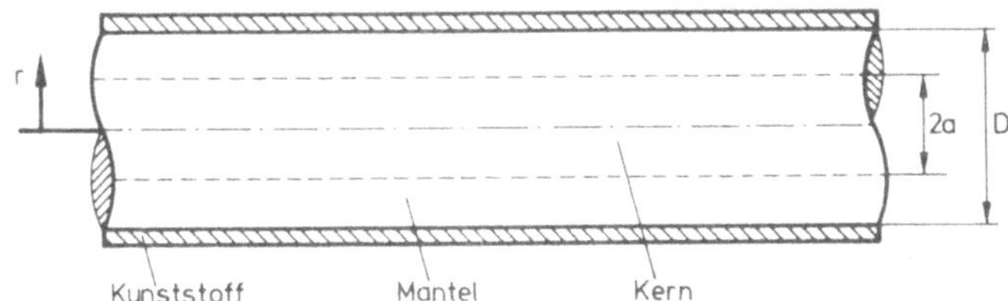

Fig. 24 Längsschnitt durch eine Glasfaser mit Durchmesser D und Kernradius a. Eine Kunststoffschicht wird unmittelbar beim Ziehen der Faser als Schutz aufgebracht

Die Brechzahl muß im Kern größere Werte annehmen als im Mantel, wenn optische Wellen geführt werden sollen. Die Mantelbrechzahl n_a ist im allgemeinen konstant. Ein wichtiger Parameter des Brechzahlprofils ist die relative Brechzahldifferenz $(n_0 - n_a)/n_0$, wo n_0 die maximale Kernbrechzahl (meist Faserachsenbrechzahl) bedeutet (s. Gl. 4.1). Zur sicheren Wellenführung genügen hierfür Werte von etwa 1%, d. h. es genügt eine schwache Führung. Je nach Brechzahlprofil unterscheidet man verschiedene Typen von Glasfasern. Wenn der Kerndurchmesser 2a groß gegen die Freiraumwellenlänge λ des optischen Senders ist, sind sehr viele elektromagnetische Wellenformen (auch Moden genannt) als geführte Wellen ausbreitungsfähig. Solche Fasern heißen Vielwellenfasern (Multimodenfasern). Ein bevorzugter, international genormter Wert ihres Kerndurchmessers ist $2a = 50\ \mu m$. Demgegenüber müssen Einwellenfasern, die nur einen einzigen Modus zu übertragen gestatten (die sog. Grundwelle), einen Kerndurchmesser haben, der höchstens ein geringes Vielfaches von λ sein darf.

Für die Theorie der Übertragungseigenschaften der Fasern ist der genaue Verlauf des Brechzahlprofils von großer Bedeutung. Für einen Anwender der Fasern, der schnelle Folgen optischer Impulse über große Strecken übertragen möchte, ist jedoch die Kenntnis der Impulsdispersion wichtiger. Damit meint man das „Auseinanderlaufen", d. h. die Vergrößerung der mittleren Impulsdauer mit zunehmender Faserlänge, auch Impulsaufweitung oder Impulsverbreiterung genannt. Häufig ist die Impulsaufweitung der Faserstrecke direkt proportional. Dann wird sie in ns/km oder ps/km gemessen. Die Impulsdispersion kommt dadurch zustande, daß sowohl verschiedene Moden als auch spektral verschiedene, vom optischen Sender gleichzeitig abgestrahlte Energieanteile im allgemeinen verschiedene Laufzeiten haben. Werden die Laufzeitunterschiede und damit die Impulsbreite am Empfangsort größer als die Dauer des für einen Impuls vorgesehenen Zeitschlitzes, dann ist die Grenze der Übertragungskapazität einer gegebenen Faserstrecke bei der gewählten Wellenlänge λ erreicht. Ein solches System ist hinsichtlich der Streckenlänge dispersionsbegrenzt. Falls die Streckenlänge andererseits im wesentlichen durch die Faserdämpfung gegeben ist, ist das Übertragungssystem dämpfungsbegrenzt (s. den vorangegangenen Abschnitt).

Den Grundlagen der quantitativen Theorie der Ausbreitung optischer Wellen in Glasfasern in Abhängigkeit vom Brechzahlprofil sind die folgenden Kapitel gewidmet. In diesem einleitenden Kapitel werden wir nur versuchen, den Zusammenhang zwischen Impulsdispersion und Brechzahlprofil qualitativ verständlich zu machen.

1.7.3 Stufenprofilfasern

Stufenprofilfasern haben einen homogenen Kern der Brechzahl n_0, der vom Mantel mit der Brechzahl n_a umgeben ist. Ihr Brechzahlprofil (s. Fig. 25) ist durch eine Stufe an der Grenzfläche zwischen Kern und Mantel gekennzeichnet. Beispielsweise ist $n_a = 1.45$ und $n_0 = 1{,}46$. Übliche Stufenprofilfasern haben den Kerndurchmesser $2a = 50\ \mu m$. Nur bei Fasern für Kurzstreckenanwendungen sind größere Kerndurchmesser im Gebrauch. Wegen $2a \gg \lambda \approx 1\ \mu m$ sind diese Stufenprofilfasern vielwellig und viele Ausbreitungsphänomene lassen sich mit Hilfe der anschaulichen Strahlenoptik (s. Kap. 3) erklären.

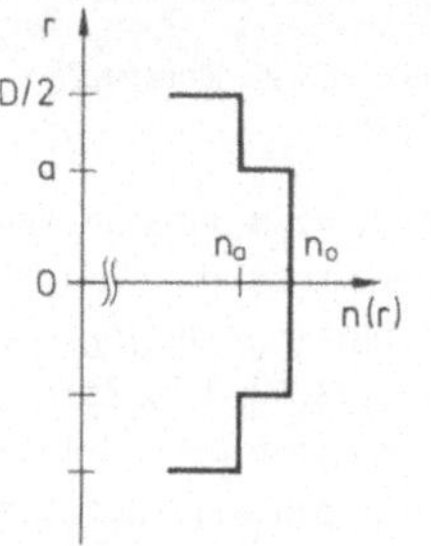

Fig. 25 Brechzahlprofil n(r) einer Stufenprofilfaser (schematisch). a Kernradius, D Faserdurchmesser, n_0 und n_a Brechzahlen vom Kern bzw. Mantel

Die Lichtführung geschieht gemäß Fig. 26 durch Totalreflexion (s. Abschn. 2.20 und 4.2) der im Kern geradlinig verlaufenden Lichtstrahlen an der Grenzfläche zwischen Kern und Mantel. Zu jedem geführten Lichtstrahl gehört ein bestimmter Neigungswinkel γ, der die Lage zur Faserachse angibt. Wellenoptisch (Kap. 2) entspricht einem Bündel paralleler Lichtstrahlen mit gleichem Neigungswinkel ein Modus. Ist γ_c der Grenzwinkel der Totalreflexion (s. Abschn. 2.20), dann lautet die Bedingung für geführte Lichtstrahlen $|\gamma| < \gamma_c$.

Vorteile der Stufenprofilfaser sind: Sie besitzt einen großen Kerndurchmesser. Deswegen ist eine leichte Lichteinkopplung mit billigen LED möglich, und Toleranzprobleme an Verbindungsstellen (Spleiße, Stecker) sind gering. Nachteilig ist jedoch folgender Umstand (vgl. Fig. 26): Abhängig vom Neigungswinkel γ ergeben sich verschieden lange Lichtwege, die unterschiedliche Laufzeiten der Lichtstrahlen, auch Moden genannt, mit sich bringen. Man spricht von Modenlaufzeitdispersion, die zur Impulsaufweitung längs der Faser führt. Zur qualitativen Veranschaulichung der Modenlaufzeitdispersion betrachte man die Impulsübertragung über eine Stufenprofilfaser, z. B. der Länge L = 1 km.

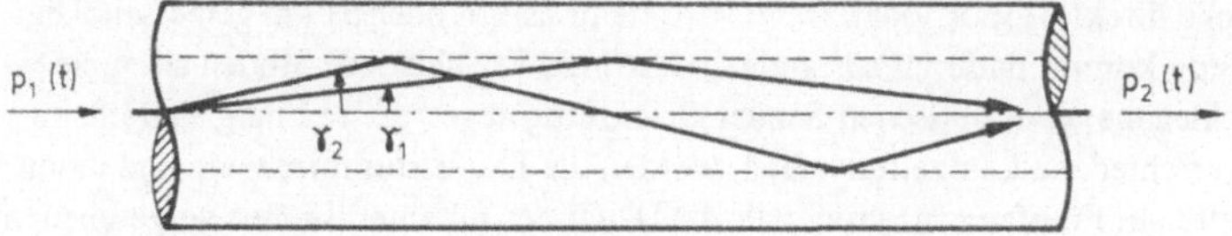

Fig. 26 Strahlengang zweier geführter Lichtstrahlen im Kern einer Stufenprofilfaser. γ_1, γ_2 sind die Neigungswinkel der Strahlen bezüglich der Faserachse

Der sehr kurzzeitige Eingangslichtleistungsimpuls $p_1(t)$, der gemäß Fig. 26 von einem punktförmigen, auf der Faserachse befindlichen Sender ausgeht, regt gleichzeitig verschiedene geführte Moden oder Strahlen an (in der Praxis sind es einige Hundert); deren Energieanteile haben aber unterschiedliche Laufzeiten, so daß eine Impulsaufweitung entsteht, die der größten Differenz zwischen den Modenlaufzeiten entspricht. Quantitativ findet man für Stufenprofilfasern für die Impulsverbreiterung je Längeneinheit z. B. 30 ... 50 ns/km. Dabei werden meistens die Halbwertsbreiten der Impulse angegeben.

1.7.4 Gradientenfasern

Übliche Gradientenfasern haben auch einen Kerndurchmesser 2a = 50 μm und sind deshalb vielwellige Fasern. Im Gegensatz zu Stufenprofilfasern haben sie ein Brechzahlprofil n(r), das durch einen allmählichen Übergang von der erhöhten Brechzahl n_0 im Bereich der Faserachse auf die etwas geringere Mantelbrechzahl n_a gekennzeichnet ist.

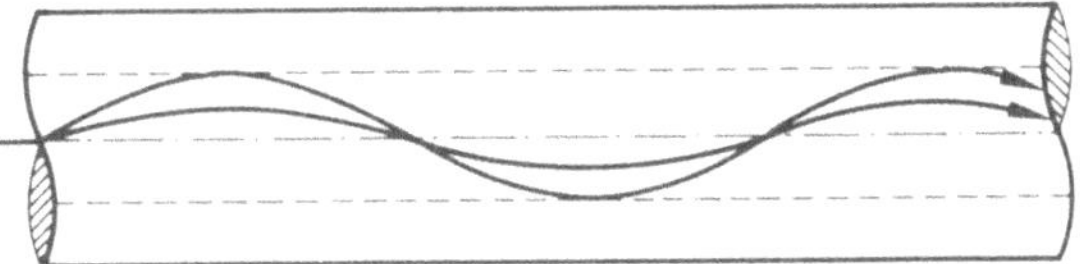

Fig. 27
Vielwellige Gradientenprofil-Faser mit zwei Strahlen, die im Kern geführt werden

Dadurch erreicht man eine Egalisierung der Laufzeiten unterschiedlicher Lichtstrahlen, die in diesem Falle gemäß Fig. 27 stetig gekrümmt sind und um die Faserachse herum pendeln. Die Totalreflexion der geführten Lichtstrahlen geschieht hier also auf stetige Weise. Je weiter sich ein Lichtstrahl von der Achse entfernt, um so größere Geschwindigkeit erhält er, so daß im günstigsten Falle die resultierende Laufzeit trotz des vergrößerten geometrischen Wegs (gegenüber dem in der Kernachse verlaufenden Strahl) die gleiche bleibt. Auf diese Weise kann die Modenlaufzeitdispersion gegenüber der Stufenprofilfaser erheblich reduziert werden. Zu diesem Zwecke haben sich annähernd parabolisch verlaufende Brechzahlprofile bewährt (s. Fig. 28). Mit theoretisch optimierten Brechzahlprofilen könnte man resultierende Modenlaufzeitdifferenzen von etwa 10 ps/km erreichen. Praktisch sind jedoch nur etwa 0,1 ... 1,0 ns/km bisher erreicht worden.

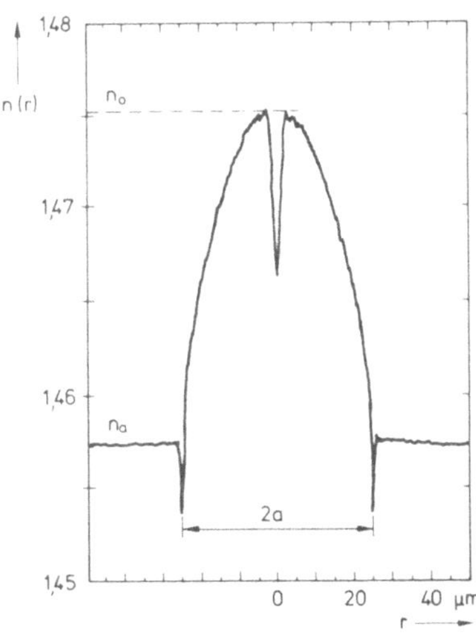

Fig. 28
Bei 0,63 μm Wellenlänge gemessenes Brechzahlprofil einer Gradientenfaser. Der zentrale Brechzahleinbruch (Dip) ist eine herstellungsbedingte Störung (s. Abschn. 1.8). Der Brechzahleinbruch an der Grenze zwischen Kern und Mantel unterdrückt höhere Moden mit stark abweichender Laufzeit. Am Brechzahlverlauf in der Nähe des Dips erkennt man die Schichtstruktur des Kerns

1.7.5 Einwellige Fasern

Bei der einwelligen Faser oder Monomodenfaser ist nur noch eine Wellenform ausbreitungsfähig. Damit entfallen die Probleme mit den Laufzeitdifferenzen zwischen verschiedenen Moden. Der Kernradius a muß in diesem Falle allerdings in der Größenordnung der Wellenlänge λ liegen. Deshalb kann die Ausbreitung der Grundwelle nur mit Hilfe der Wellenoptik studiert werden. Fig. 29 zeigt als Beispiel ein gemessenes Brechzahlprofil. Wegen des geringen Kerndurchmessers kommen bei einwelligen Fasern nur Laserdioden als Senderelemente in Betracht.

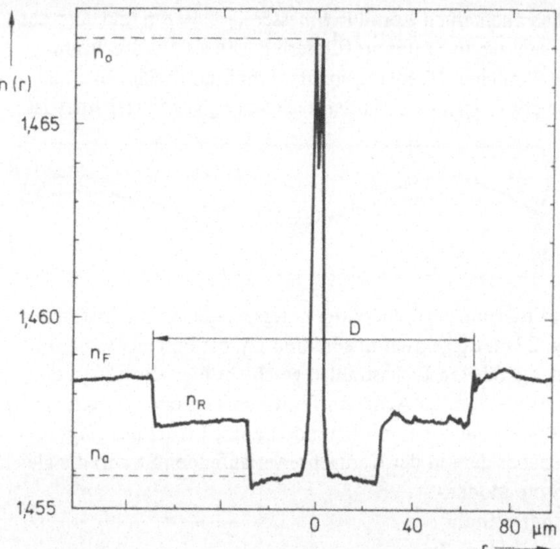

Fig. 29
Bei 0,63 μm gemessenes Brechzahlprofil einer einwelligen Faser. n_a Brechzahl des synthetisch hergestellten fluor-dotierten SiO_2-Mantels (s. Abschn. 1.8); n_R Brechzahl des ursprünglichen SiO_2-Quarzrohrs; n_F Brechzahl der für die Messung erforderlichen Anpassungsflüssigkeit; D Faserdurchmesser

Einwellige Fasern haben sehr geringe Impulsaufweitung, so daß sie zur Übertragung von Lichtimpulsen sehr hoher Folgefrequenzen geeignet sind. Eine Modenlaufzeitdispersion tritt nur noch als störender Effekt ein, wenn die beiden orthogonal polarisierten Teilwellen des Grundmodus etwas unterschiedliche Laufzeiten haben, was z. B. bei elliptisch deformiertem Kern eintritt. Abgesehen hiervon ist die Impulsaufweitung durch die sog. c h r o m a t i s c h e (Laufzeit-) D i s p e r s i o n gegeben. Diese beruht auf der Wellenlängenabhängigkeit der Gruppenlaufzeit $\tau_g(\lambda)$. Da die optische Sendeleistung stets auf einen endlichen Wellenlängenbereich $\Delta\lambda$ verteilt ist (s. Abschnitt 1.5.3), resultieren entsprechende Laufzeitunterschiede $\Delta\tau_g = \frac{d\tau_g}{d\lambda} \cdot \Delta\lambda$, die die Impulsaufweitung bestimmen. Der Differentialquotient $d\tau_g/d\lambda$ heißt schlechthin chromatische Dispersion und wird in ps/(km · nm) angegeben. Die chromatische Dispersion eines jeden Modus spielt auch in Gradientenfasern eine nicht zu vernachlässigende Rolle, wenn die Modenlaufzeitdispersion sehr gering ist und wenn insbesondere Lumineszenzdioden als optische Sender verwendet werden.

Die chromatische Dispersion ist eine Folge der Materialdispersion und der Wellenleiterdispersion. Die M a t e r i a l d i s p e r s i o n beruht auf der Wellenlängenabhängigkeit der Brechzahl n(λ) des Fasermaterials. Hieraus folgt eine materialbedingte chromatische Dispersion des Quarzglases von etwa 100 ps/(km · nm) bei $\lambda = 850\ \mu$m. Von großer Bedeutung ist die Tatsache, daß bei $\lambda_0 = 1{,}273\ \mu$m die chromatische Dispersion des Quarzglases verschwindet. Die Umgebung dieser Wellenlänge ist deshalb besonders attraktiv für die optische Übertragungstechnik, zumal auch die Dämpfung der Quarzglasfasern bei etwa 1,5 μm ihr absolutes Minimum erreicht (vgl. Fig. 23). Der Bereich von etwa 1,3 μm bis 1,6 μm definiert den Langwellenbereich der optischen Übertragungstechnik mit Quarzglasfasern.

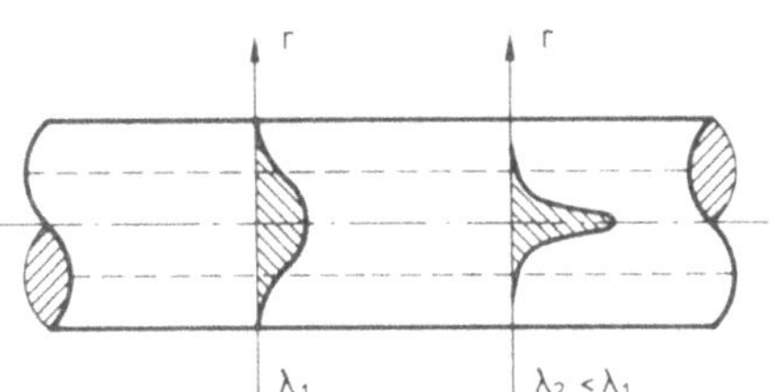

Fig. 30
Energieverteilung des Grundmodus bei zwei verschiedenen Wellenlängen. Die Verteilungen folgen annähernd Gaußschen Glockenfunktionen

Die W e l l e n l e i t e r d i s p e r s i o n beruht auf der Wellenlängenabhängigkeit der Verteilung der Modenenergie auf Kern und Mantel. Gemäß Fig. 30 breitet sich ein Teil der Grundwellenenergie im Mantel der Faser aus. Dieser Anteil wächst mit größer werdenden Wellenlängen. Wegen der kleineren Mantelbrechzahl n_a hat die Energie im Mantel die Tendenz, sich schneller auszubreiten als die im Kern sich ausbreitende Energie. Daraus folgt, daß die resultierende Gruppenlaufzeit der Welle bei λ_2 größer ist als bei $\lambda_1 > \lambda_2$. Aus diesen Laufzeitunterschieden folgt eine Impulsaufweitung in der Größenordnung von etwa 10 ps je km Faserlange und je nm spektraler Breite des optischen Sendespektrums. Von besonderem Interesse ist der Umstand, daß man die materialbedingte chromatische Dispersion durch Optimierung des Brechzahlprofils mit Hilfe der Wellenleiterdispersion mehr oder weniger kompensieren kann, so daß optisch sehr breitbandige Fasern entstehen (s. Abschn. 4.10.4).

1.8 Zur Herstellung von Quarzglasfasern

Wegen der erforderlichen Dämpfungsarmut hat man bei der Herstellung hochqualitativer Fasern auf größte chemische Reinheit des verwendeten Quarzglases (SiO_2) zu achten. Deshalb kommt für den entscheidenden Kern- und anschließenden Mantelbereich der Fasern, in dem sich die optischen Wellen ausbreiten, nur synthetisch erzeugtes Quarzglas in Frage. Grundlage des synthetischen Verfahrens ist der chemische Niederschlag aus der Dampfphase (abgekürzt CVD von chemical vapour deposition). Ausgangsstoffe sind gasförmiges Siliziumtetrachlorid und Sauerstoff, die bei Erhitzung wie folgt reagieren:

$$SiCl_4 + O_2 \rightarrow SiO_2 \downarrow + 2Cl_2 \uparrow$$

Festes SiO_2 schlägt sich als amorphe Substanz an kühleren Oberflächen nieder und verglast schließlich bei geeigneten Temperaturen. Gasförmiges Chlor entweicht. Die Ausgangsstoffe müssen äußerst rein sein. Insbesondere darf im Ausgangsgas kein unvollständig chloriertes Silizium auftreten, da dieses Anlaß zur Bildung von OH-Ionen gibt, wodurch die Dämpfung der Faser selektiv steigt (vgl. Fig. 23):

$$2SiCl_3H + 3O_2 \rightarrow 2SiO_2\downarrow + 3Cl_2\uparrow + 2OH^-$$

Es hat sich bewährt, den parasitären OH^--Ionen-Gehalt des SiO_2-Niederschlags vor der Verglasung durch Dehydrieren in einer Chloratmosphäre herabzusetzen.

Die notwendige Dotierung des Quarzglases zum Zweck der Erhöhung der Brechzahl (z. B. durch Dotierung mit GeO_2 oder P_2O_5 im Kernbereich) oder Erniedrigung der Brechzahl (z. B. durch Dotierung mit Fluor im Mantelbereich) geschieht ebenfalls durch geeigneten Niederschlag aus der Dampfphase. Dies geschieht z. B. im Falle von GeO_2 durch eine zur Erzeugung von SiO_2 analoge Reaktion:

$$GeCl_4 + O_2 \rightarrow GeO_2\downarrow + 2Cl_2\uparrow$$

Die für den Niederschlag erforderlichen hohen Temperaturen werden entweder mit Hilfe von Gasbrennern oder durch Anwendung von Hochfrequenzfeldern (sog. Plasmaaktivierung) erzeugt. Der Niederschlag wird schichtweise aufgebracht; dabei läßt sich der Dotierungsgrad und damit die Brechzahl der Schicht durch die Regelung der Zusammensetzung der Ausgangsgase steuern. Ein Gehalt von 1 Mol-% GeO_2 im Quarzglas erhöht die Brechzahl um etwa 0,1%. Auf diese Weise entsteht (mit gewissen unvermeidlichen Abweichungen) ein gewünschtes Gradienten-Brechzahlprofil aus einer Folge von z. B. 100 Schichten.

Der Herstellungsprozeß von Fasern geschieht in zwei Schritten. Zunächst erzeugt man eine sog. Vorform, die etwa 1 m lang ist und einen Durchmesser von z. B. 1,5 cm hat. Diese Vorform enthält bereits (bis auf einen linearen Maßstabsfaktor) das gewünschte Brechzahlprofil. Im zweiten Schritt wird aus der Vorform in großer Geschwindigkeit die Faser gezogen. Beim Ziehvorgang ändern sich praktisch nur die radialen Abmessungen des Querschnitts; das Brechzahlprofil bleibt erhalten. Die entstehenden Fasern haben Fertigungslängen von 1 km bis 10 oder mehr Kilometern. Während des Ziehens werden die Fasern schon mit einer Kunststoffschicht versehen, die der Sprödigkeit entgegenwirkt, indem sie einen Schutz z. B. gegen das schädliche Eindringen von Feuchtigkeit in Oberflächenmikrorisse bildet.

Ein weit verbreitetes Verfahren zur Herstellung von Vorformen geht von einem Quarzrohr aus, das, während es auf einer Glasdrehbank rotiert, im Innern mit hinreichend vielen verschieden dotierten Schichten von Quarzglas beschichtet wird (s. Fig. 31). Anschließend läßt man das Rohr kollabieren, indem es auf die Schmelztemperatur des Quarzglases (ca. 2000 °C) erhitzt wird. Dabei verdampft häufig etwas vom Dotierstoff GeO_2, was sich später als Brechzahleinbruch in der Faserachse bemerkbar macht (s. Fig. 28). Ein anderes Verfahren geht von einem Quarzglasdorn aus, der außen beschichtet wird und schließlich wieder entfernt wird, so daß ein synthetisches Rohr zurückbleibt, das nach dem Kollabieren die Vorform abgibt. Ein weiteres Verfahren geht von einem rotierenden Quarzglaskern aus, auf den in axialer Richtung das synthetische Material niedergeschlagen wird.

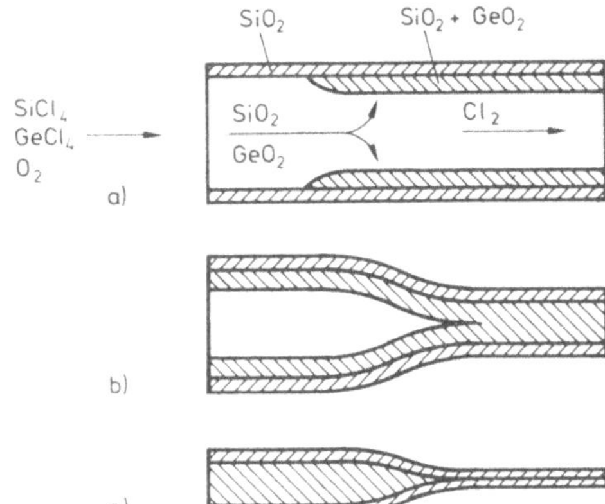

Fig. 31
Prozesse bei der Herstellung von Quarzglasfasern nach dem Verfahren der Innenbeschichtung
a) Niederschlag einer GeO_2-haltigen SiO_2-Schicht im Innern eines Quarzglasrohres bei 1600 °C (Größenordnung der Schichtdicke < 1 μm)
b) Kollabieren des Rohres zur Vorform bei 2000 °C
c) Ziehen der Fasern aus der Vorform bei 2000 °C

Dieses Verfahren ist unter dem Namen VAD (von vapour axial depostion) bekannt. Die Ausbildung eines gewünschten Brechzahlprofils geschieht hierbei durch geeignete Wahl der Temperaturverteilung in der Niederschlagszone.

1.9 Optische Kabel und Faserverbindungen

Eine oder mehrere Fasern werden zu optischen Kabeln verarbeitet. Sowohl bei der Verkabelung als auch bei der Verlegung und im Betrieb der Kabel dürfen die Fasern keinen größeren mechanischen Belastungen ausgesetzt werden, da sonst infolge Umwandlung geführter Wellen in nicht geführte die Dämpfung ansteigt. Es hat sich z. B. bewährt, die Fasern gemäß Fig. 32 mit Kunststoffröhren zu umgeben, die den Fasern genügend Spielraum lassen, und anschließend diese Röhren zu verkabeln. Die mechanischen Kräfte muß ein gesondertes Kabelelement (z. B. aus dem zähen Kunststoff Kevlar) aufnehmen. Eine andere verbreitete Herstellungsmethode erfordert anstelle der Röhren thermisch und mechanisch angepaßte weichplastische Kunststoffhüllen.

Für die nichtlösbare Verbindung (Spleiß) von Glasfasern hat sich das Lichtbogenschweißen bewährt. Es ermöglicht Spleißdämpfungen von 0,5 dB bis 0,05 dB. An optische Stecker

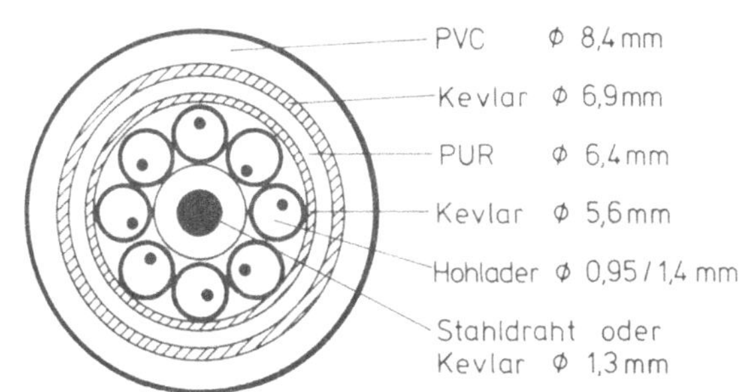

Fig. 32
Querschnitt durch ein optisches Kabel mit 8 Fasern. PUR Polyurethan, PVC Polyvinylchlorid

sind hohe mechanische Toleranzanforderungen zu stellen, um geringe Durchlaßdämpfungen (< 1 dB, z. B. 0,6 dB) zu gewährleisten (s. Abschn. 4.9.2). Sender- und Empfängerdioden für die optische Übertragungstechnik werden zur Vereinfachung der Handhabung mit fertig montierten Faserschwänzen geliefert, die einerseits geringe Kopplungsdämpfungen zu den Dioden garantieren sollen und andererseits mit Hilfe eines Steckers einen leichten Anschluß an ein Faserkabel ermöglichen. Für eine geringe Dämpfung bei einer Faserverbindung ist es wichtig, daß die Faserendflächen optisch einwandfreie Oberflächen darstellen. Dies erreicht man entweder durch sachgemäßes Brechen der Faser oder durch Polieren.

1.10 Anwendungen

Faseroptische Übertragungsstrecken haben wegen ihrer günstigen technischen und betrieblichen Eigenschaften einen außerordentlich großen Anwendungsbereich. Ihre Einführung in die Praxis hat in den vergangenen Jahren rasche Fortschritte gemacht. Auf längere Sicht ist zu erwarten, daß faseroptische Kabel sich für viele Anwendungen zum bevorzugten Übertragungsmedium der Nachrichtentechnik entwickeln und damit die heute bevorzugt verwendeten Kupferkabel auf den zweiten Platz verweisen werden. Dies gilt insbesondere deswegen, weil die vergleichsweise Verzerrungsarmut optischer Kabelstrecken bei der Übertragung digitaler Signale der weltweiten Tendenz zur Digitalisierung der Nachrichtentechnik sehr entgegen kommt. Allein optische Kabel werden auf lange Sicht in der Lage sein, die große Übertragungskapazität wirtschaftlich bereitzustellen, die ein wachsendes weltweites Nachrichtennetz erfordert.

In öffentlichen Netzen sind optische Übertragungsstrecken für den Bezirksverkehr (z. B. mit 34 Mbit/s über Gradientenfasern) und für den Weitverkehr (z. B. 140 Mbit/s über Einwellenfasern) bereits erfolgreich im Einsatz. Die Einführung von höheren Bitraten, wie 565 Mbit/s, steht im Weitverkehr bevor. Im Interkontinentalverkehr ist zu erwarten, daß z. B. mit transatlantischen optischen Kabeln die Kosten für ein Ferngespräch zwischen Europa und Amerika erheblich geringer sein werden als heute mit Hilfe von Nachrichtensatelliten. Im Ortsbereich werden sich allerdings optische Teilnehmeranschlußleistungen erst beim Übergang zu breitbandigen Kommunikationsdiensten, wie z. B. bei der Fernsprech- sowie Datenübertragung mit 64 kbit/s und erst recht bei Bildfernsprechdiensten, wirtschaftlich einsetzen lassen.

Die heutigen Koaxialnetze für die Verteilung von Fernsehprogrammen werden mit Sicherheit auch durch optische Netze mit einem erhöhten Angebot von Dienstleistungen abgelöst werden.

Für Datennetze aller Art und aller Bitraten, im öffentlichen, privaten und natürlich auch im militärischen Bereich, bieten sich optische Übertragungsstrecken als flexible und störsichere Ausführungen an.

Auch für private Netze, z. B. Nebenstellenanlagen für breitbandige Kommunikationsdienste, werden sich optische Lösungen einführen. Bewährt haben sich optische Kabel bereits in den Fernsprechnetzen von Energieversorgungsunternehmen. Als Freileitungskabel parallel laufend mit Hochspannungsleitungen sind optische Kabel wegen ihrer Störunempfindlichkeit hervorragend geeignet.

Ferner sind geschlossene Netze, wie Bordnetze von Fahrzeugen, Schiffen und Flugzeugen, ein weiter Anwendungsbereich von optischen Übertragungsstrecken. Dies gilt insbesondere angesichts der zunehmenden Ausrüstung vieler Fahrzeuge mit elektronischen Einrichtungen aller Art. Bei Flugzeugen ist die mögliche Gewichtsersparnis beim Übergang zur optischen Übertragung ein wesentlicher Gesichtspunkt.

Zum Abschluß seien Fernwirkleitungen und Meßwertübertragungsstrecken als Anwendungsbereiche optischer Kabel genannt. Optische Kabel sind sehr unempfindlich gegen elektromagnetische Störungen aller Art. Deshalb ist ihre Anwendung für die genannten Zwecke in störverseuchter Umgebung, wie z. B. in U-Bahn-Schächten, besonders attraktiv.

2 Wellenoptik

Gegenstand der folgenden Ausführungen wird vorzugsweise eine ebene elektromagnetische Welle, kurz Planwelle genannt, sein. Wenn die Wellenlängen der betrachteten harmonischen Wellen hinreichend klein sind, handelt es sich um optische Wellen (s. Abschn. 1.1). Anhand der harmonischen Planwelle werden wir einige wichtige Erscheinungen, wie Brechung, Reflexion, Totalreflexion, Phasengeschwindigkeit, Gruppengeschwindigkeit und Materialdispersion, quantitativ erläutern. Diese Erscheinungen spielen in optischen Wellenleitern, insbesondere in Glasfasern für die optische Übertragungstechnik, eine entscheidende Rolle.

2.1 Übertragungsmedium

Als Übertragungsmedium für die Wellenausbreitung diene hier ein unendlich ausgedehntes Dielektrikum. Die Eigenschaften des Dielektrikums seien wie folgt idealisiert:

a) $\sigma \equiv 0$; d. h. das Dielektrikum besitzt keine galvanische Leitfähigkeit, ist also verlustfrei (auch von dielektrischen Verlusten wird zunächst abgesehen, vgl. aber Abschn. 2.13).

b) $\rho \equiv 0$; d. h. es existieren keine Raumladungen.

c) $\mu \equiv \mu_0$; d. h. das Dielektrikum ist unmagnetisch, $\mu_r \equiv 1$.

d) $\epsilon(x, y, z) = \epsilon_0 \epsilon_r(x, y, z)$; d. h. die Permittivität sei eine skalare Ortsfunktion. Das Dielektrikum sei also inhomogen (wegen der Ortsabhängigkeit von ϵ) und ferner isotrop (wegen der Richtungsunabhängigkeit von ϵ).

Im optischen Bereich wird anstelle der Dielektrizitätszahl ϵ_r häufiger der Begriff der Brechzahl n verwendet. Es gilt nach Maxwell folgender Zusammenhang:

$$n(x, y, z) = \sqrt{\epsilon_r(x, y, z)} \tag{0}$$

Das so definierte Übertragungsmedium betrachten wir zunächst als Grundlage für die spätere Diskussion von Glasfasern. Die vorausgesetzten Eigenschaften a) bis d) treffen auf Quarzglas, das für Glasfasern verwendet wird, näherungsweise recht gut zu.

2.2 Ableitung der Wellengleichung für die Momentanwerte $\vec{e}$ der elektrischen Feldstärke

Die Wellengleichung ist eine Differentialgleichung, die den Ausbreitungsvorgang der Wellen im betrachteten Medium beschreibt. Ausgangspunkt sind die Maxwellschen Gleichungen, die den Zusammenhang zwischen elektrischer und magnetischer Feldstärke wiedergeben. Für den Momentanwert der elektrischen Feldstärke schreiben wir $\vec{e}$ und für den Momentanwert der magnetischen Feldstärke $\vec{h}$.

Die 1. Maxwellsche Gleichung beschreibt das Durchflutungsgesetz. Mit den Zählpfeilen nach Fig. 1 gilt

$$\epsilon \frac{\partial \vec{e}}{\partial t} = \text{rot}\, \vec{h} \tag{1}$$

Im Durchflutungsgesetz tritt nur der Verschiebungsstrom auf, da der Leitungsstrom wegen der Voraussetzung $\sigma \equiv 0$ (s. Abschn. 2.1) verschwindet.

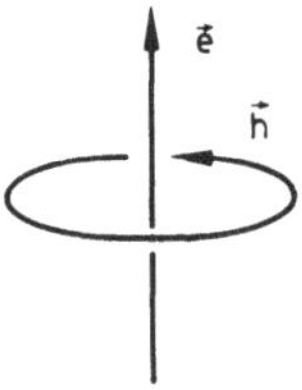

Fig. 1 Zählpfeilsystem zum Durchflutungsgesetz (Rechtsschraube). Wenn $\dot{e} > 0$, dann $h > 0$

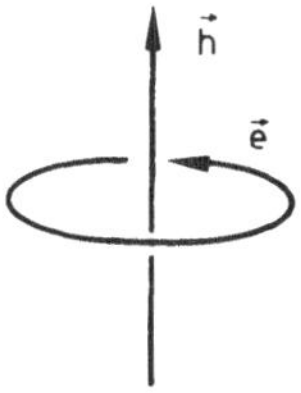

Fig. 2 Zählpfeilsystem zum Induktionsgesetz (Rechtsschraube). Wenn $h > 0$, dann $e < 0$

Die 2. Maxwellsche Gleichung beschreibt das Induktionsgesetz. Mit den Zählpfeilen nach Fig. 2 gilt

$$\mu_0 \frac{\partial \vec{h}}{\partial t} = -\,\text{rot}\, \vec{e} \tag{2}$$

Ferner gelten die beiden weiteren Gleichungen:

$$\text{div}\, \vec{h} = 0 \qquad (\text{weil } \mu \equiv \text{const}) \tag{3}$$

$$\text{div}\, (\epsilon \vec{e}) = 0 \qquad (\text{weil } \rho \equiv 0) \tag{4}$$

Wir eliminieren zunächst $\vec{h}$ aus Gl. (1) und (2), um eine Differentialgleichung für $\vec{e}$ zu gewinnen. Aus Gl. (2) folgt nach nochmaliger Rotationsbildung:

$$-\,\text{rot rot}\, \vec{e} = \text{rot} \left(\mu_0 \frac{\partial \vec{h}}{\partial t} \right) = \mu_0\, \text{rot} \left(\frac{\partial \vec{h}}{\partial t} \right)$$

Unter der Voraussetzung der Vertauschbarkeit von räumlicher und zeitlicher Differentiation folgt:

$$-\,\text{rot rot}\, \vec{e} = \mu_0 \frac{\partial}{\partial t} (\text{rot}\, \vec{h})$$

Drückt man rot $\vec{h}$ durch Gl. (1) aus, so folgt:

$$-\,\text{rot rot}\, \vec{e} = \mu_0 \frac{\partial}{\partial t} \left(\epsilon \frac{\partial \vec{e}}{\partial t} \right) = \mu_0 \epsilon \frac{\partial^2 \vec{e}}{\partial t^2}$$

Um die linke Seite weiter auszuwerten, benutzt man den Nabla-Operator (die Indizes dienen der bloßen Unterscheidung):

$$\text{rot rot}\, \vec{e} = \vec{\nabla}_1 \times (\vec{\nabla}_2 \times \vec{e})$$

Mittels des Graßmannschen Entwicklungssatzes

$$\vec{\nabla}_1 \times (\vec{\nabla}_2 \times \vec{e}) = \vec{\nabla}_2 \cdot (\vec{\nabla}_1 \vec{e}) - (\vec{\nabla}_1 \vec{\nabla}_2)\vec{e}$$

folgt schließlich:

$$\vec{\nabla}_2(\vec{\nabla}_1\vec{e}) - (\vec{\nabla}_1\vec{\nabla}_2)\vec{e} = -\mu_0\epsilon \frac{\partial^2 \vec{e}}{\partial t^2} \quad \text{bzw.}$$

$$\text{grad}\,(\text{div}\,\vec{e}) - \Delta\vec{e} = -\mu_0\epsilon \cdot \ddot{\vec{e}} \tag{5}$$

Dabei bedeutet Δ den Laplaceschen Differentialoperator. (Nicht zu verwechseln mit der ebenfalls mit Δ bezeichneten relativen Brechzahldifferenz von Glasfasern nach Gl. (4.1).) Nun läßt sich div ($\vec{e}$) mittels Gl. (4) durch $\vec{e}$ und den Gradienten von ϵ ausdrücken:

$$\vec{\nabla}(\epsilon\vec{e}) = \vec{\nabla}\epsilon \cdot \vec{e} + \epsilon\vec{\nabla}\vec{e} = 0$$

Also gilt:

$$\text{div}\,\vec{e} = -\frac{\text{grad}\,\epsilon}{\epsilon} \cdot \vec{e}$$

Setzt man diesen Ausdruck in Gl. (5) ein, erhält man

$$\Delta\vec{e} = \mu_0\epsilon \frac{\partial^2\vec{e}}{\partial t^2} - \text{grad}\left(\frac{\text{grad}\,\epsilon}{\epsilon}\vec{e}\right) \tag{6}$$

Gl. (6) ist die exakte Wellengleichung für den reellen Momentanwert $\vec{e}$ der elektrischen Feldstärke in dielektrischen, inhomogenen, isotropen Medien mit den in Abschn. 2.1 definierten Eigenschaften. Gl. (6) ist zwar exakt, aber für praktische Rechnungen schwierig auszuwerten. Ohne den Term, der grad ϵ enthält, wäre Gl. (6) die gewöhnliche (für homogene Medien geltende) Wellengleichung, deren Lösung bekannt ist. Im folgenden schätzen wir den Einfluß dieses Terms ab.

2.3 Näherung der Wellengleichung für $\vec{e}$

Als erstes wird eine Abschätzung für $\frac{\text{grad}\,\epsilon}{\epsilon}$ angegeben. Der größte Wert von grad ϵ tritt an der Grenzfläche zwischen Kern und Mantel einer Stufenprofilfaser auf; s. Fig. 3. Die Stufe des Profils ist jedoch in der Praxis mehr oder weniger verschliffen. Zahlenmäßig gilt etwa:

$$\frac{\delta n}{n} \approx 1\%$$

$$\Delta r \gtrapprox 1\,\mu m \approx \lambda_n$$

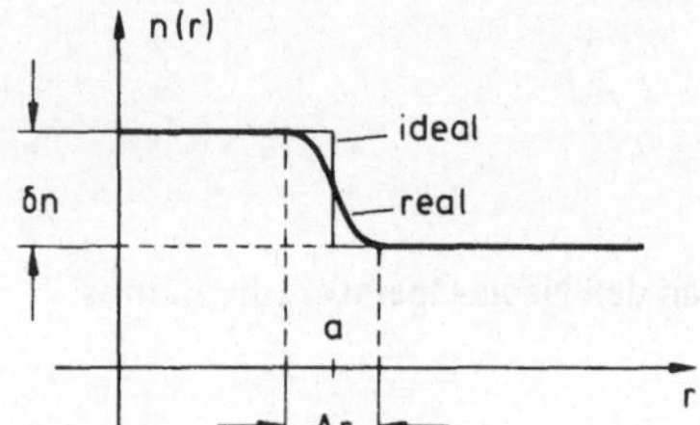

Fig. 3
Brechzahlverlauf zwischen Kern und Mantel einer Stufenprofilfaser

$\lambda_n \approx 1\ \mu m$ bedeutet die Betriebswellenlänge[1]). Für die relative Änderung von ϵ gilt demnach

$$\frac{|\text{grad}\ \epsilon|}{\epsilon} = \frac{|\text{grad}\ n^2|}{n^2} = \frac{2\,|\text{grad}\ n|}{n} = 2\frac{1}{n}\left|\frac{dn}{dr}\right| \approx 2\frac{\delta n}{n}\frac{1}{\Delta r} \lessapprox \frac{2\%}{\lambda_n}$$

Bei Gradientenfasern treten erheblich geringere maximale ϵ-Änderungen, bezogen auf λ_n, auf.

Weil die ϵ-Änderungen also relativ klein sind längs einer Wellenlänge λ_n (der natürlichen Längeneinheit bei Wellenproblemen), kann man folgern, daß der Einfluß des Terms mit grad ϵ in unseren Anwendungen vernachlässigbar klein ist (für eine strengere Begründung sei auf [7] verwiesen).

Somit lautet die Wellengleichung Gl. (6) für $\vec{e}$ in guter Näherung:

$$\Delta\vec{e} = \mu_0 \epsilon \frac{\partial^2 \vec{e}}{\partial t^2} \tag{7}$$

Gl. (7) besitzt also, bis auf die Ortsabhängigkeit von $\epsilon(x, y, z)$, dieselbe Form wie die Wellengleichung im homogenen Medium.

2.4 Ableitung der Wellengleichung für die Momentanwerte $\vec{h}$ der magnetischen Feldstärke

Wendet man den Operator rot nochmals auf Gl. (1) an, erhält man:

$$\text{rot rot}\ \vec{h} = \text{rot}\left(\epsilon \frac{\partial \vec{e}}{\partial t}\right) \tag{8}$$

Zur weiteren Auswertung verwendet man folgende Vektoridentitäten (s. a. die Ableitung von Gl. (5)).

a) $\text{rot rot}\ \vec{h} = \text{grad}\ (\text{div}\ \vec{h}) - \Delta\vec{h} = -\Delta\vec{h}$

da nach Gl. (3) div $\vec{h} \equiv 0$ ist;

b) $\text{rot}\left(\epsilon \frac{\partial \vec{e}}{\partial t}\right) = \epsilon\ \text{rot}\left(\frac{\partial \vec{e}}{\partial t}\right) + (\text{grad}\ \epsilon) \times \frac{\partial \vec{e}}{\partial t}$

Hieraus eliminieren wir $\vec{e}$ mit Hilfe der Beziehungen

c) $\text{rot}\left(\frac{\partial \vec{e}}{\partial t}\right) = -\mu_0 \frac{\partial^2 h}{\partial t^2}$

(dies folgt aus Gl. (2) nach zeitlicher Differentiation und Vertauschung von räumlicher und zeitlicher Differentiation) und

d) $\frac{\partial \vec{e}}{\partial t} = \frac{1}{\epsilon}\ \text{rot}\ \vec{h}$ (dies folgt aus Gl. (1))

[1]) Wir schreiben im folgenden λ und λ_n für die Wellenlänge im Freiraum bzw. in einem dielektrischen Medium der Brechzahl n.

Setzt man die Beziehungen a) bis d) in Gl. (8) ein, so ergibt sich:

$$\Delta\vec{h} = \epsilon\mu_0 \frac{\partial^2\vec{h}}{\partial t^2} - \frac{\text{grad}\,\epsilon}{\epsilon} \times \text{rot}\,\vec{h} \tag{9}$$

Gl. (9) ist die exakte Wellengleichung für den reellen Momentanwert $\vec{h}$ der magnetischen Feldstärke in dielektrischen, inhomogenen, isotropen Medien, wie sie in Abschn. 2.1 definiert worden sind.

2.5 Näherung der Wellengleichung für $\vec{h}$

Es gilt hier die gleiche Abschätzung für (grad ϵ)/ϵ, wie sie in Abschn. 2.4 durchgeführt wurde. Das bedeutet, daß der Term $\left(\frac{\text{grad}\,\epsilon}{\epsilon} \times \text{rot}\,\vec{h}\right)$ in Gl. (9) vernachlässigt werden kann. Somit lautet die Wellengleichung Gl. (9) für $\vec{h}$ in guter Näherung:

$$\Delta\vec{h} = \epsilon\mu_0 \cdot \frac{\partial^2\vec{h}}{\partial t^2} \tag{10}$$

Der Unterschied zwischen den exakten Wellengleichungen (6) und (9) und den genäherten Wellengleichungen (7) und (10) ist bei den meisten Anwendungen auf die Wellenausbreitung in schwach führenden Glasfasern vernachlässigbar klein.
Da die Gl. (7) und (10), mathematisch gesehen, formal völlig gleich sind, genügt es, eine Gleichung als Repräsentant zu lösen.
Unter der Voraussetzung kartesischer Koordinaten gilt:

$$\Delta\vec{e} = (\Delta e_x, \Delta e_y, \Delta e_z)$$

$$\Delta\vec{h} = (\Delta h_x, \Delta h_y, \Delta h_z)$$

Sei nun a(x, y, z, t) eine skalare Wellengröße. Dann läßt sich a(x, y, z, t) als eine der skalaren Komponenten von $\vec{e}$ oder $\vec{h}$ interpretieren und man hat statt Gl. (7) bzw. (10) folgende skalare Wellendifferentialgleichung zu lösen:

$$\Delta a = \epsilon\mu_0 \cdot \frac{\partial^2 a}{\partial t^2}$$

bzw. in kartesischen Koordinaten

$$\frac{\partial^2 a}{\partial x^2} + \frac{\partial^2 a}{\partial y^2} + \frac{\partial^2 a}{\partial z^2} = \epsilon\mu_0 \frac{\partial^2 a}{\partial t^2} \tag{11}$$

Zum Unterschied von Gl. (11) werden die Gl. (6), (7), (9) und (10) auch vektorielle Wellendifferentialgleichungen genannt.

2.6 Lösung der skalaren Wellengleichung

Wir setzen zunächst ein homogenes Medium voraus, betrachten also die Dielektrizitätszahl ϵ als räumlich konstant. Da in Gl. (11) nur zweite partielle Differentialquotienten auftreten, kann man folgern, daß eine jede Funktion f(u), deren Argument u als Linearkombination der Variablen x, y, z, t darstellbar ist, eine mögliche Lösung für a(x, y, z, t) ist. Wir setzen dabei voraus, daß a(x, y, z, t) =: f(u) zweimal stetig differenzierbar ist.

Setzen wir also z. B. $u = t - \frac{\vec{n}\vec{r}}{v}$, dann ist die Funktion $f(u) = f\left(t - \frac{\vec{n}\vec{r}}{v}\right)$ Lösung der Wellengleichung (11). Dabei bedeuten:

v eine Konstante (die sich als Lichtgeschwindigkeit herausstellen wird),

$\vec{r}$ den Ortsvektor des Punktes (x, y, z),

$\vec{n} := (\cos\alpha, \cos\beta, \cos\gamma)$ einen Einheitsvektor (der sich als Ausbreitungsrichtung der Welle erweisen wird).

B e w e i s : Es soll nach Ansatz

$$a(x, y, z, t) = f\left(t - \frac{\vec{n}\vec{r}}{v}\right) = f(u)$$

$$= f\left(t - \frac{1}{v}\cdot[x\cos\alpha + y\cos\beta + z\cos\gamma]\right) \qquad (11a)$$

eine Lösung von Gl. (11) sein. Für die rechte Seite von Gl. (11) erhält man aus Gl. (11a)

$$\frac{\partial a}{\partial t} = f'(u), \qquad \frac{\partial^2 a}{\partial t^2} = f''(u)$$

wo f'(u) und f''(u) die erste bzw. zweite Ableitung der Funktion f nach dem Argument u bedeuten. Entsprechend erhält man für die linke Seite von Gl. (11):

$$\Delta a = \vec{\nabla}(\vec{\nabla}a), \qquad \text{wobei}$$

$$\vec{\nabla}a = \vec{\nabla}f\left(t - \frac{\vec{n}\vec{r}}{v}\right) = f'(u)\cdot\vec{\nabla}\left(t - \frac{\vec{n}\vec{r}}{v}\right)$$

$$= f'(u)\cdot\left(-\frac{1}{v}\right)\vec{\nabla}(\vec{n}\vec{r}) = \left(-\frac{1}{v}\right)f'(u)\cdot\vec{n}$$

$$\vec{\nabla}(\vec{\nabla}a) = \Delta a = \left(-\frac{1}{v}\right)\vec{\nabla}[f'(u)\cdot\vec{n}] = \left(-\frac{1}{v}\right)\cdot\vec{n}\vec{\nabla}f'(u)$$

$$= \left(-\frac{1}{v}\right)\cdot\vec{n}\cdot f''(u)\cdot\vec{\nabla}\left(t - \frac{\vec{n}\vec{r}}{v}\right)$$

$$= \left(-\frac{1}{v}\right)\cdot\vec{n}\cdot f''(u)\cdot\left(-\frac{1}{v}\right)\cdot\vec{n}$$

$$= \frac{1}{v^2}\cdot f''(u)$$

Demnach muß gelten

$$\frac{1}{v^2} f''(u) = \mu_0 \epsilon \cdot f''(u)$$

f(u) erfüllt also die Wellengleichung (11), wenn für die Konstante v die Lichtgeschwindigkeit (genauer: Phasengeschwindigkeit des Lichts; s. Abschn. 2.7)

$$v = \frac{1}{\sqrt{\epsilon \mu_0}} = \frac{1}{n\sqrt{\epsilon_0 \mu_0}} = \frac{c}{n} \tag{11b}$$

im betrachteten Medium gewählt wird. In Gl. (11b) bedeuten c die Freiraum-Lichtgeschwindigkeit und n die Brechzahl.

2.7 Deutung der Lösung als homogene Planwelle

In Abschn. 2.6 wurde gezeigt, daß die Funktion $a = f(u) = f\left(t - \frac{\vec{n}\vec{r}}{v}\right)$ die Wellengleichung (11) erfüllt. Es soll nun näher auf die physikalische Interpretation der Funktion f(u) eingegangen werden. Das Argument u von f(u) beschreibt den engen Zusammenhang von zeitlicher und räumlicher Abhängigkeit, der für Wellen typisch ist. In der Tat stellt $f\left(t - \frac{\vec{n}\vec{r}}{v}\right)$ eine skalare Welle dar. Um diesen Sachverhalt näher zu zeigen, stellen wir folgende Frage: Wo findet man zur Zeit t die Punkte mit $a = \text{const} = a_1$? Gesucht sind also die Flächen konstanter a-Werte. Sei also $a = a_1 = \text{const}$, d. h. $u = \text{const}$. Da nun $t = \text{const}$ vorausgesetzt ist, gilt auch $\vec{n}\vec{r} = \text{const}$. Der Ausdruck $\vec{n}\vec{r} = \text{const}$ beschreibt gemäß Fig. 4 eine Ebene, denn $\vec{n}\vec{r}$ bedeutet die Projektion des Ortsvektors $\vec{r}$ auf den Einheitsvektor $\vec{n}$. Diese Projektion ist aber nur für alle Punkte einer Ebene konstant.

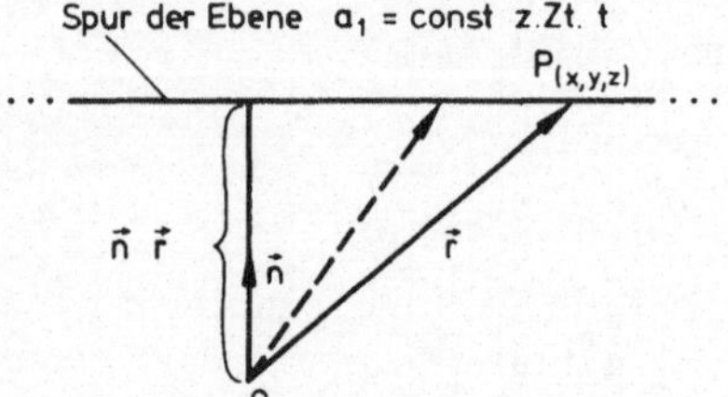

Fig. 4
Zur Deutung der Lösung (11a): Der geometrische Ort aller Punkte mit gleichem Momentanwert a_1 z. Zt. t ist eine Ebene

Als nächstes stellen und beantworten wir die Frage: Wo findet man zur etwas späteren Zeit $t + \Delta t$ die Punkte mit dem gleichen Wert der Wellengröße $a = \text{const} = a_1$? Offenbar an anderen Orten $\vec{r} + \Delta\vec{r}$, für die gelten muß:

$$a_1 = f\left(t - \frac{\vec{n}\vec{r}}{v}\right) \stackrel{!}{=} f\left(t + \Delta t - \frac{\vec{n}(\vec{r} + \Delta\vec{r})}{v}\right)$$

Hieraus folgt (wir nehmen eine umkehrbar eindeutige Funktion f(u) an):

$$t - \frac{\vec{n}\vec{r}}{v} = t + \Delta t - \frac{\vec{n}\vec{r}}{v} - \frac{\vec{n}\Delta\vec{r}}{v}$$

und nach Kürzen:

$$\Delta t = \frac{1}{v}\,\vec{n}\Delta\vec{r} \quad \text{oder}$$

$$\vec{n}\Delta\vec{r} = v\Delta t = \text{const}$$

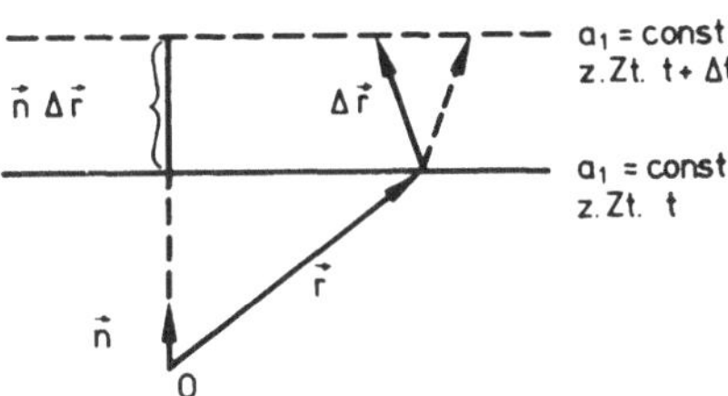

Fig. 5 Zur Deutung der Lösung (11a): Der geometrische Ort aller Punkte a_1 = const z. Zt $t + \Delta t$ ist eine parallel verschobene Ebene (gestrichelt)

Dieser Sachverhalt ist in Fig. 5 grafisch dargestellt.

Man erkennt, daß die Ebene a_1 = const im Zeitintervall $t \ldots t + \Delta t$ um das Stück $\vec{n}\Delta\vec{r}$ weiter gewandert ist, d. h. eine Parallelverschiebung in Richtung von $\vec{n}$ erfahren hat. Da $\vec{n}\Delta\vec{r} = v\Delta t = \text{const}$, muß die Konstante v eine Geschwindigkeit sein, nämlich die Phasengeschwindigkeit der Welle. Nach Gl. (11b) ist dies die Lichtgeschwindigkeit.

Also stellt $f\left(t - \frac{\vec{n}\vec{r}}{v}\right)$ eine ebene Welle oder Planwelle dar, die sich mit konstanter Phasengeschwindigkeit v in Richtung $\vec{n}$ ausbreitet. Man nennt

$u = t - \frac{\vec{n}\vec{r}}{v}$ die Phase der Welle;

$\vec{n}$ die Ausbreitungsrichtung der Welle;

$\vec{n}\vec{r}$ = const die Ebenen konstanter Phase (Wellenfronten) in einem festen Zeitpunkt; und

v die Phasengeschwindigkeit der Welle (s. Gl. (11b)).

Sind die Momentanwerte a(x, y, z, t) einer Planwelle in allen Punkten einer jeden Ebene konstanter Phase jeweils gleich, wie es hier der Fall ist (was aber nicht immer gilt!), so spricht man von einer homogenen Planwelle. Weil die Wellengröße a(x, y, z, t) hier eine skalare Größe ist, haben wir es mit einer skalaren homogenen Planwelle zu tun.

2.8 Die harmonische homogene Planwelle

Betrachten wir im Anschluß an Abschn. 2.7 eine harmonische homogene Planwelle, so gilt speziell:

$$a = f\left(t - \frac{\vec{n}\vec{r}}{v}\right) = A\cos\left[\omega\left(t - \frac{\vec{n}\vec{r}}{v}\right) + \varphi\right] \tag{12}$$

Dabei bedeuten

A die (reelle) Amplitude der Welle
$\omega = 2\pi f$ die Kreisfrequenz
φ den Nullphasenwinkel (im folgenden Null gesetzt)

Gl. (12) läßt sich auch wie folgt schreiben:

$$a(x, y, z, t) = A \cos(\omega t - \vec{k}\vec{r}) \tag{12a}$$

mit $$\vec{k} := \frac{\omega}{v}\vec{n} \tag{13}$$

Man bezeichnet $\vec{k}$ als den Ausbreitungsvektor der homogenen Planwelle. Seine kartesischen Komponenten bezeichnen wir mit k_x, k_y, k_z. Für seinen Betrag gilt

$$|\vec{k}| = k = \frac{\omega}{v} = \frac{\omega}{c} n = \omega\sqrt{\epsilon\mu_0} = \frac{2\pi}{\lambda_n} = \frac{2\pi}{\lambda} n \tag{14}$$

λ_n ist die räumliche Periode der Welle, d. h. die Wellenlänge im betrachteten Medium (s. Abschn. 2.9). Den Betrag $k = |\vec{k}|$ des Ausbreitungsvektors $\vec{k}$ einer harmonischen homogenen Planwelle nennt man auch Wellenzahl des Mediums. $k = 2\pi/\lambda_n$ gibt die Phasendrehung der Welle je Längeneinheit an ($360° \hat{=} 2\pi$ je Wellenlänge λ_n). Wählt man die Ausbreitungsrichtung als z-Achse,

$$\vec{k} = (0, 0, k_z) = (0, 0, k)$$

so gilt für die homogene Planwelle anstelle von Gl. (12a)

$$a(z, t) = A \cos(\omega t - kz) \tag{12b}$$

In diesem Falle besteht keine Abhängigkeit von den Koordinaten x, y und die Ebenen konstanter Phase sind durch z = const gegeben; sie breiten sich in positiver z-Richtung aus, s. Fig. 6.

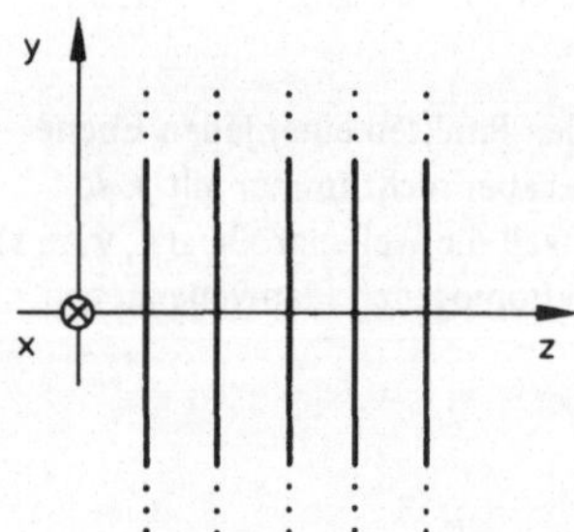

Fig. 6
Ebenen konstanter Phase der homogenen Planwelle nach Gl. (12b)

2.9 Graphische Darstellungen der harmonischen Planwelle

Aufgrund der zweifachen Abhängigkeit der Wellengröße a(z, t) vom Ort und von der Zeit gemäß Gl. (12b) lassen sich zwei Darstellungsformen angeben, die auch entsprechend bei anderen Wellenvorgängen angewandt werden können.

Das Momentanbild der Welle zeigt deren Verlauf in Abhängigkeit vom Ort zu einem festen Zeitpunkt. Wegen der Periodizität gilt für zwei beliebige Nullstellen z_1

und z_2 mit gleicher Steigung $\partial a/\partial z$ der Zusammenhang:

$$kz_2 = kz_1 \text{ modulo } 2\pi$$

Speziell gilt für zwei benachbarte Nullstellen mit gleicher Steigung $\partial a/\partial z$ (s. Fig. 7):

$$z_2 - z_1 = \frac{2\pi}{k} = \lambda_n$$

Die Größe λ_n ist die räumliche Periode der Welle, d. h. die Wellenlänge.

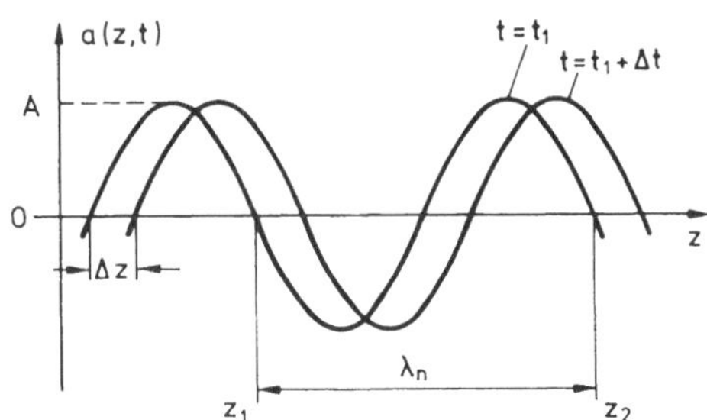

Fig. 7
Momentanbild der harmonischen Welle Gl. (12b) zu den Zeitpunkten t_1 und $(t_1 + \Delta t) > t_1$

Betrachtet man einen gegebenen Momentanwert $a(z, t) = a_1$ zu den zwei Zeitpunkten t_1 und $t_1 + \Delta t$, so gilt:

zur Zeit t_1: $\quad u_1 = \omega t_1 - kz_1$

zur Zeit $t_1 + \Delta t$: $\quad u_2 = \omega(t_1 + \Delta t) - k(z_1 + \Delta z)$

Wegen der Gleichphasigkeit

$u_1 = u_2$ gilt also

$\omega\Delta t = k\Delta z$ oder

$$\frac{\Delta z}{\Delta t} = \frac{\omega}{k} = \frac{2\pi}{T} \cdot \frac{\lambda_n}{2\pi} = \frac{\lambda_n}{T} = \frac{\lambda}{nT}$$

Die Verschiebung der Phasenfront um den Betrag Δz je Zeitintervall Δt ist also konstant. Das Verhältnis $\Delta z/\Delta t$ heißt Phasengeschwindigkeit. Der Kehrwert[1])

$$\tau_\phi = \frac{1}{v} = \frac{n}{c} = \frac{k}{\omega} = \frac{T}{\lambda_n} = \frac{T}{\lambda} n \tag{15}$$

ist die spezifische Phasenlaufzeit (je Längeneinheit) der homogenen Planwelle (häufig schlechtweg Phasenlaufzeit genannt).

---

[1]) In späteren Abschnitten (Abschn. 3 und 4) bezeichnen wir den Ausbreitungsvektor $\vec{k}$ an einem Ort mit der Brechzahl n durch den Index n; wir schreiben also später $k_n = 2\pi/\lambda_n = kn$, wo $k = 2\pi/\lambda = \omega/c$ die Wellenzahl des Freiraums ist (s. Fußnote in Abschn. 2.3).

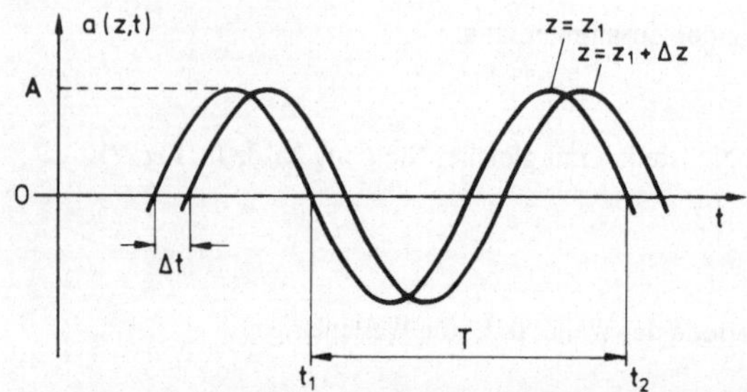

Fig. 8
Zeitverlauf der harmonischen Welle Gl. (12b) an zwei Orten z_1 und $z_1 + \Delta z$

Der Zeitverlauf der Welle gibt die Abhängigkeit der Wellengröße von der Zeit an einem bestimmten festen Ort wieder (s. Fig. 8). Zwei benachbarte Nullstellen mit gleicher Steigung $\partial a/\partial t$ haben den zeitlichen Abstand $T = 2\pi/\omega = 1/f$.

Eine harmonische Welle im homogenen Medium ist also durch ihre räumliche Periode λ_n und ihre zeitliche Periode $T = 1/f$ charakterisiert.

2.10 Polarisation

Die in den vorangegangenen Abschnitten betrachtete skalare Wellengröße a(z, t) nach Gl. (12b) können wir insbesondere mit einer der kartesischen Koordinaten der elektrischen Feldstärke einer elektromagnetischen Welle identifizieren. Man bezeichnet eine solche Welle als polarisiert, wenn der Vektor $\vec{e}(z, t)$ des elektrischen Feldes eine wohldefinierte Schwingungsrichtung besitzt.

Abhängig von der Bahn, die der Endpunkt des elektrischen Feldstärkevektors an einem Orte z = const mit der Zeit beschreibt, unterscheidet man verschiedene Polarisationsarten. Bei den folgenden Betrachtungen ist angenommen, daß die longitudinale Feldstärkekomponente $e_z(z, t) \equiv 0$ ist, wie es bei homogenen Planwellen der Fall ist.

Bei linear polarisierten Wellen schwingt die elektrische Feldstärke am betrachteten Ort z = const (s. Fig. 9a) in einer konstanten Richtung. Die Ebene, die von

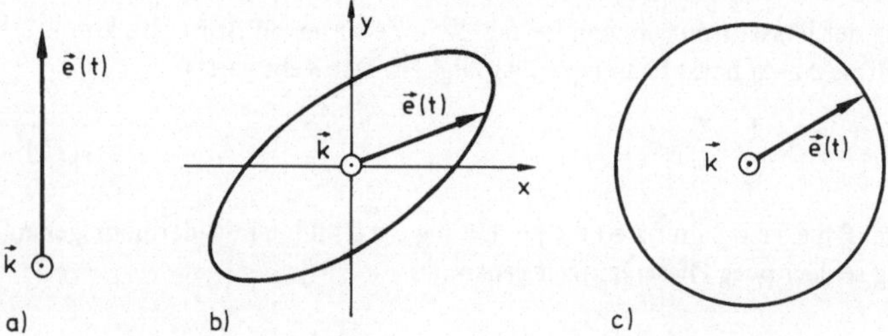

Fig. 9 Zur Polarisation einer harmonischen elektromagnetischen Welle: Dargestellt sind die Ortskurven der Spitze des elektrischen Feldstärkevektors $\vec{e}$ am Ort z = const. Der Ausbreitungsvektor $\vec{k}$ steht senkrecht auf der Papierebene, die Spitze dem Betrachter zugewandt
a) lineare, b) elliptische und c) zirkulare Polarisation

der Feldstärkerichtung und dem Ausbreitungsvektor $\vec{k}$ aufgespannt wird, heißt Polarisationsebene.

Ändert sich an einem festen Ort die Schwingungsrichtung des elektrischen Feldstärkevektors derart, daß die Vektorspitze eine Ellipse durchläuft, so spricht man von einer elliptisch polarisierten Welle (s. Fig. 9b). Eine solche kann enstanden gedacht werden durch die Überlagerung zweier gleichfrequenter linear polarisierter Wellen mit ungleichen Amplituden und orthogonalen Polarisationsebenen, wenn eine Phasenverschiebung ungleich Null vorliegt.

Die zirkulare Polarisation ist ein Spezialfall der elliptischen. Er tritt auf, wenn die Feldstärkeamplituden gleich sind und die Phasendifferenz $\pm\pi/2$ beträgt. $\vec{e}(t)$ läuft dann auf einem Kreis (s. Fig. 9c). Je nach dem Vorzeichen der Phasendifferenz unterscheidet man noch rechts- und linkszirkular polarisierte Wellen. Wird die Ortskurve in Fig. 9c im Uhrzeigersinn durchlaufen, heißt die Polarisation konventionellerweise rechtszirkular.

2.11 Komplexe Schreibweise harmonischer Wellen

Zur Vereinfachung vieler Rechnungen mit Wellengrößen, die eine harmonische Abhängigkeit von räumlichen und zeitlichen Koordinaten haben, bedient man sich der komplexen Rechnung. Am Beispiel der skalaren harmonischen homogenen Planwelle nach Gl. (12a, b) zeigen wir dies.

Den reellen Momentanwert

$$a(z, t) = A \cos(\omega t - kz) =: \text{Re}\, \underline{a}(z, t)$$

der betrachteten Planwelle schreibt man als Realteil eines komplexen Momentanwertes

$$\underline{a}(z, t) = A e^{j(\omega t - kz)}$$

Berücksichtigt man einen beliebigen Nullphasenwinkel φ, so ergibt sich für den reellen Momentanwert:

$$a(z, t) = A \cos(\omega t - kz + \varphi)$$

und für den komplexen Momentanwert:

$$\underline{a}(z, t) = A e^{j(\omega t - kz)} \cdot e^{j\varphi} = \underline{A}_0 e^{j(\omega t - kz)}$$

Der Faktor $\underline{A}_0 := A e^{j\varphi}$ heißt die komplexe Amplitude in der Nullebene $z = 0$ der Welle. Sie gibt die Schwingungsamplitude und die Nullphase der skalaren Wellengröße in der Nullebene $z = 0$ an. Allgemeiner gilt: $\underline{a}(z, t) = \underline{A}(z) e^{j\omega t}$, wobei $\underline{A}(z)$ die komplexe Amplitude in der Ebene $z = \text{const.}$ ist. Hier ist: $\underline{A}(z) = \underline{A}_0 e^{-jkz}$. Im Spezialfall der homogenen Planwelle gilt $\underline{A}_0 \equiv \text{const.}$ Den Term e^{-jkz} bezeichnet man als räumlichen harmonischen Phasenfaktor.

In einem elektromagnetischen Wellenfeld schwingen an jedem Ort die Feldstärken, die vektorielle Wellengrößen sind. Die Koordinaten der Feldstärken sind skalare Wellengrößen. Für den reellen Momentanwert der elektrischen Feldstärke gilt beispielsweise

$$\vec{e}(x, y, z, t) = (e_x, e_y, e_z) = \mathrm{Re}\,\{\underline{\vec{e}}\} \quad \text{mit} \quad \underline{\vec{e}} = \underline{\vec{E}}e^{j\omega t}$$

Dabei bedeutet $\underline{\vec{E}}$ die komplexe Vektoramplitude und

$$\underline{\vec{e}}(x, y, z, t) = \underline{\vec{E}}e^{j\omega t} = \underline{\vec{E}}_0 e^{-j\vec{k}\vec{r}} e^{j\omega t}$$

den vektoriellen komplexen Momentanwert mit der vektoriellen komplexen Nullebenen-Feldstärkeamplitude

$$\underline{\vec{E}}_0 = (\underline{E}_{0x}, \underline{E}_{0y}, \underline{E}_{0z})$$

Die Koordinaten $\underline{E}_{0x}, \underline{E}_{0y}, \underline{E}_{0z}$ sind die skalaren komplexen Amplituden der Schwingungen der Feldstärkekoordinaten in der Nullebene $\vec{k}\vec{r} = 0$.

Durch den Übergang zu komplexen Größen können die Maxwellschen Gleichungen (1) und (2) in zeitfreier Form geschrieben werden, die die entsprechenden Zusammenhänge zwischen den vektoriellen komplexen Feldstärkeamplituden wiedergibt. Mit dem allgemeinen Ansatz

$$\vec{e} = \mathrm{Re}\,[\underline{\vec{e}}] \quad \text{und} \quad \vec{h} = \mathrm{Re}\,[\underline{\vec{h}}]$$

erhält man aus Gl. (1) und (2) zunächst

$$\mathrm{Re}\,\{\epsilon\dot{\underline{\vec{e}}}\} \equiv \mathrm{Re}\,\{\mathrm{rot}\,\underline{\vec{h}}\} \tag{16}$$

$$\mathrm{Re}\,\{\mu\dot{\underline{\vec{h}}}\} \equiv \mathrm{Re}\,\{-\,\mathrm{rot}\,\underline{\vec{e}}\} \tag{17}$$

Diese Gleichungen müssen für alle Zeiten t identisch erfüllt sein. Deshalb müssen die komplexen Argumente der Realteil-Operatoren auf der linken und rechten Seite jeweils einander gleich sein.

Setzt man $\underline{\vec{e}} = \underline{\vec{E}}e^{j\omega t}$ und $\underline{\vec{h}} = \underline{\vec{H}}e^{j\omega t}$ in Gl. (16) und Gl. (17) ein, so erhält man:

$$j\omega\epsilon\underline{\vec{E}} \cdot e^{j\omega t} = \mathrm{rot}\,\underline{\vec{H}} \cdot e^{j\omega t}$$

$$j\omega\mu\underline{\vec{H}} \cdot e^{j\omega t} = -\mathrm{rot}\,\underline{\vec{E}} \cdot e^{j\omega t}$$

und nach Kürzen von $e^{j\omega t}$ schließlich die gesuchte zeitfreie Form der Maxwellschen Gleichungen

$$j\omega\epsilon\underline{\vec{E}} = \mathrm{rot}\,\underline{\vec{H}} \tag{18}$$

$$j\omega\mu\underline{\vec{H}} = -\mathrm{rot}\,\underline{\vec{E}} \tag{19}$$

In entsprechender Weise erhält man z. B. aus Gl. (7) eine zeitfreie Wellendifferentialgleichung für die komplexen Vektoramplituden der elektrischen Feldstärke,

$$\Delta\underline{\vec{E}} + \frac{\omega^2}{c^2} n^2 \underline{\vec{E}} = 0 \tag{20}$$

Diese zeitfreie Wellengleichung bezeichnet man auch als reduzierte Wellengleichung oder als Helmholtz-Gleichung. In Gl. (20) ist von Gl. (11b) Gebrauch gemacht.

2.12 Zusammenhang zwischen den Feldstärken der homogenen Planwelle und Orientierung der Feldstärken zum Ausbreitungsvektor

Wir beantworten folgende noch offen gebliebene Frage zur elektromagnetischen homogenen Planwelle: Wie hängen elektrische und magnetische Feldstärke zusammen und wie sind ihre Richtungen zur Ausbreitungsrichtung orientiert? Dazu machen wir für die vektoriellen komplexen Feldstärkeamplituden folgende Ansätze:

$$\vec{\underline{E}} = \vec{\underline{E}}_0 \cdot e^{-j\vec{k}\vec{r}} = \underline{E}_0 \cdot e^{-j\vec{k}\vec{r}} \cdot \vec{n}_e$$

$$\vec{\underline{H}} = \vec{\underline{H}}_0 \cdot e^{-j\vec{k}\vec{r}} = \underline{H}_0 \cdot e^{-j\vec{k}\vec{r}} \cdot \vec{n}_h$$

$\vec{n}_e$ und $\vec{n}_h$ seien Einheitsvektoren, die bezüglich Richtung und Betrag konstant sind, während $\underline{E}_0$ und $\underline{H}_0$ die konstanten skalaren komplexen Feldstärkeamplituden in der durch den Koordinatenursprung gehenden Ebene $\vec{k}\vec{r} = 0$ sind.

Wir setzen $\vec{\underline{E}}$ und $\vec{\underline{H}}$ in das Durchflutungsgesetz (18) ein und erhalten

$$\begin{aligned} \text{rot}\, \vec{\underline{H}} &= \vec{\nabla} \times (\underline{H}_0 e^{-j\vec{k}\vec{r}} \cdot \vec{n}_h) = \underline{H}_0(\vec{\nabla} e^{-j\vec{k}\vec{r}}) \times \vec{n}_h \\ &= \underline{H}_0[(-j)e^{-j\vec{k}\vec{r}}\underbrace{\vec{\nabla}(\vec{k}\vec{r})}_{(=\vec{k} = \omega\sqrt{\epsilon\mu_0}\vec{n})}] \times \vec{n}_h \\ &= \underline{H}_0(-j)e^{-j\vec{k}\vec{r}} \cdot \omega\sqrt{\epsilon\mu_0} \cdot (\vec{n} \times \vec{n}_h) \overset{!}{=} j\omega\epsilon\vec{\underline{E}}_0 e^{-j\vec{k}\vec{r}}\vec{n}_e \end{aligned}$$

Nach Vereinfachung (Kürzen) erhält man

$$\epsilon\underline{E}_0 \cdot \vec{n}_e = -\underline{H}_0\sqrt{\epsilon\mu_0} \cdot (\vec{n} \times \vec{n}_h) \quad \text{oder}$$

$$\sqrt{\frac{\epsilon}{\mu_0}} \cdot \frac{\underline{E}_0}{\underline{H}_0} \cdot \vec{n}_e = \vec{n}_h \times \vec{n}$$

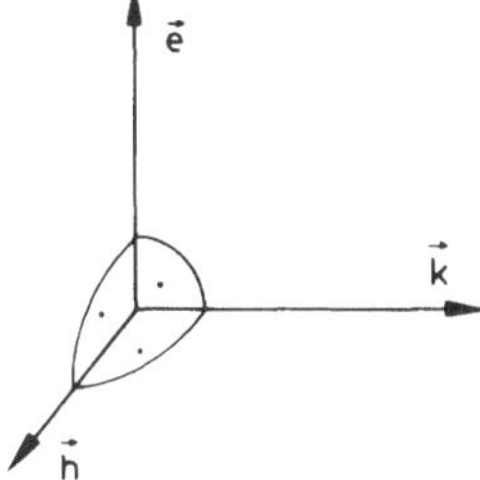

Fig. 10 Orientierung der Feldstärken der homogenen Planwellen

Die Ansätze für $\vec{\underline{E}}$ und $\vec{\underline{H}}$, in das Induktionsgesetz (19) eingesetzt, liefern auf entsprechende Weise das Ergebnis:

$$\sqrt{\frac{\mu_0}{\epsilon}} \cdot \frac{\underline{H}_0}{\underline{E}_0} \cdot \vec{n}_h = \vec{n} \times \vec{n}_e$$

Aus den beiden letzten Gleichungen läßt sich folgern:

1) $\vec{n}_e$ steht senkrecht auf $\vec{n}_h$
2) $\vec{n}_e$ steht senkrecht auf $\vec{n}$
3) $\vec{n}_h$ steht senkrecht auf $\vec{n}$

Diesen Sachverhalt drückt man dadurch aus, daß man sagt, die homogene Planwelle sei eine *transversale elektromagnetische Welle*, d. h. sowohl elektrische als auch magnetische Feldstärke haben nur Komponenten transversal, d. h. normal zur Ausbreitungsrichtung. Abgekürzt bezeichnet man eine solche Welle als *TEM-Welle*.

Als Quintessenz merke man sich die Eigenschaft der homogenen Planwelle (s. Fig. 10): *Die Vektoren* $\vec{e}$, $\vec{h}$, $\vec{k}$ (man beachte die alphabetische Reihenfolge!) *bilden* e i n o r t h o g o n a l e s R e c h t s s c h r a u b e n s y s t e m. Die Welle ist linear polarisiert.

Schließlich folgt aus den beiden letzten Gleichungen, wenn man beachtet, daß die Vektorprodukte Einheitsvektoren sind:

$$\frac{\underline{E}_0}{\underline{H}_0} = \sqrt{\frac{\mu_0}{\epsilon}} =: \eta \tag{21}$$

Also sind $\underline{E}_0$ und $\underline{H}_0$ phasengleich und ihr Verhältnis ist eine Materialkonstante des Dielektrikums, die F e l d w e l l e n w i d e r s t a n d genannt wird. Für den Freiraum erhält man mit μ_0 und ϵ_0

$$\eta_0 = \sqrt{\frac{\mu_0}{\epsilon_0}} = 120\,\pi\Omega = 377\,\Omega \tag{21a}$$

das ist der sog. Feldwellenwiderstand des Vakuums.

B e m e r k u n g : Im Falle komplexer Größen μ und ϵ (verlustbehaftete Medien, siehe nächsten Abschnitt) ist auch der Feldwellenwiderstand im allgemeinen komplex.

2.13 Komplexe Dielektrizitätszahl: dielektrische Verluste und Materialdispersion

Bisher haben wir das betrachtete dielektrische Medium als galvanisch verlustlos angenommen (s. Abschn. 2.1). Obwohl diese Voraussetzung für den reinen Faserwerkstoff Quarzglas recht gut erfüllt ist, treten dennoch sog. dielektrische Verluste auf. Diese lassen sich grob deuten als „Reibungsverluste" beim Mitschwingen von gebundenen Elektronen und Ionen in den elektrischen Wechselfeldern einer harmonischen Welle. Die dielektrischen Verluste treten besonders in der Umgebung der Resonanzfrequenzen der mitschwingenden Ladungsträger auf. Diese Frequenzbereiche werden deshalb für die optische Übertragungstechnik gemieden, so daß dielektrische Verluste in praktischen Glasfasern der optischen Übertragungstechnik keinen wesentlichen Beitrag zur Dämpfung liefern. Dennoch haben die dielektrischen Verluste die unangenehme Konsequenz, daß die Dielektrizitätszahl ϵ_r und damit auch die Brechzahl n frequenz- bzw. wellenlängenabhängig sind. Dieser Umstand hat für die Übertragungseigenschaften von Glasfasern folgenschwere Auswirkungen. Er ist die Ursache der Materialdispersion.

Die d i e l e k t r i s c h e n V e r l u s t e werden empirisch dadurch berücksichtigt, daß man eine komplexe Dielektrizitätszahl $\underline{\epsilon}$ einführt. Man setzt

$$\underline{\epsilon} := \epsilon' - j\epsilon''$$

mit $\epsilon'' > 0$ bei Anwesenheit von Verlustprozessen. Ebenso wird eine komplexe Brechzahl $\underline{n}$ definiert:

$$\underline{n} := n' - jn'' \quad \text{mit} \quad n'' > 0$$

die für brechende Materialien mit dielektrischen Verlusten gilt. Wie der Imaginärteil ϵ'' mit den Verlusten zusammenhängt, erläutern wir am Beispiel des Plattenkondensators, der ein entsprechendes Dielektrikum enthält. Der komplexe Leitwert ist

$$\underline{Y}_c = j\omega\underline{\epsilon}\epsilon_0 \frac{A}{d} = j\omega\epsilon'\epsilon_0 \frac{A}{d} + \omega\epsilon''\epsilon_0 \frac{A}{d}$$

Er enthält also außer dem kapazitiven Blindleitwert einen additiven Wirkleitwert, der proportional zu ϵ'' ist (A sei die Fläche, d der Abstand der Platten).

Für die Verschiebungsstromdichte

$$\vec{\underline{J}}_v = j\omega\underline{\epsilon}\epsilon_0\vec{\underline{E}} = j\omega\epsilon'\epsilon_0\vec{\underline{E}}_0 + \omega\epsilon''\epsilon_0\vec{\underline{E}}$$

und die Feldstärke $\vec{\underline{E}}$ im elektrischen Feld gilt Entsprechendes wie für Strom und Spannung beim Kondensator (s. Fig. 11). Im verlustbehafteten Falle hat der Verschiebungsstrom eine mit der elektrischen Feldstärke phasengleiche Komponente.

Auch die skalare Ausbreitungskonstante

$$\underline{k} := \omega\sqrt{\underline{\epsilon}\mu_0} = \frac{\omega}{c}\underline{n} =: k' - jk''$$

einer homogenen Planwelle wird bei verlustbehaftetem Dielektrikum komplex. In diesem Fall erhält der räumliche Phasenfaktor einen reellen exponentiellen Faktor, der die Amplitudenabnahme beschreibt:

$$e^{-j\underline{k}z} = e^{-j(k'-jk'')z} = e^{-k''z} \cdot e^{-jk'z}$$

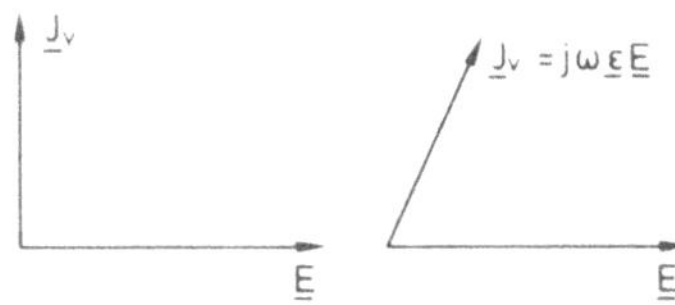

Fig. 11 Zeigerdiagramm für die skalaren komplexen Amplituden $\underline{J}_v$ und $\underline{E}$ der Verschiebungsstromdichte bzw. der elektrischen Feldstärke bei verlustlosem Dielektrikum (a) und bei verlustbehaftetem Dielektrikum (b)

Bei Verlusten ist stets $\epsilon'' > 0$, $n'' > 0$ und $k'' > 0$.

Fig. 12 zeigt qualitativ den typischen Frequenzgang vom Realteil $\epsilon'(\omega)$ und Imaginärteil $\epsilon''(\omega)$ der komplexen Dielektrizitätszahl. Der dargestellte Verlauf läßt drei Resonanzfrequenzen $\omega_1, \omega_2, \omega_3$ erkennen, in deren Umgebung starke

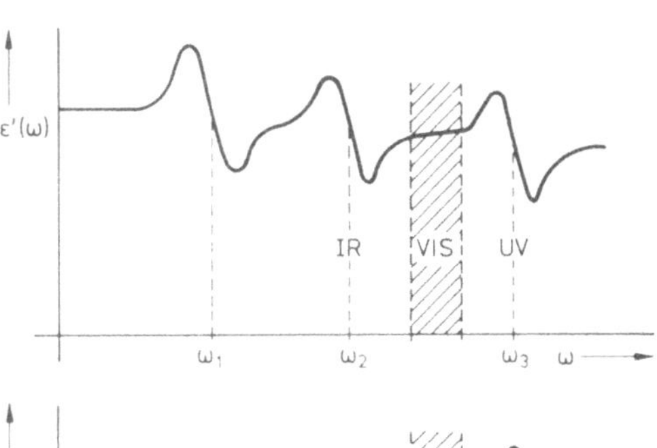

Fig. 12
Prinzipieller Verlauf von Realteil $\epsilon'(\omega)$ und Imaginärteil $\epsilon''(\omega)$ der komplexen Dielektrizitätszahl über der Frequenz (nicht maßstabsgerecht). VIS = sichtbarer Frequenzbereich

Verluste auftreten. Ladungsträger, deren Resonanzfrequenz z. B. bei ω_1 liegt, vermögen wegen ihrer Trägheit mit wachsender Frequenz $\omega > \omega_1$ immer weniger den Feldschwingungen zu folgen; deshalb nimmt $\epsilon'(\omega)$ mit wachsendem ω (im Mittel) ab. Ionenresonanzen pflegen im Infraroten aufzutreten, Elektronenresonanzen wegen der geringen Elektronenmasse im Ultravioletten. Quarzglas hat Elektronenresonanzen bei etwa 70 nm und 120 nm und eine ausgeprägte Ionenresonanz bei etwa 9 μm Wellenlänge. Im Sichtbaren und nahen Infrarot ist Quarzglas äußerst verlustarm, so daß hier praktisch $\epsilon'' = n'' = k'' = 0$ gesetzt werden kann und die Realteile $\epsilon'(\omega)$, $n'(\omega)$, $k'(\omega)$ mit den ursprünglich als reell definierten Größen ϵ_r, n bzw. k identifiziert werden können.

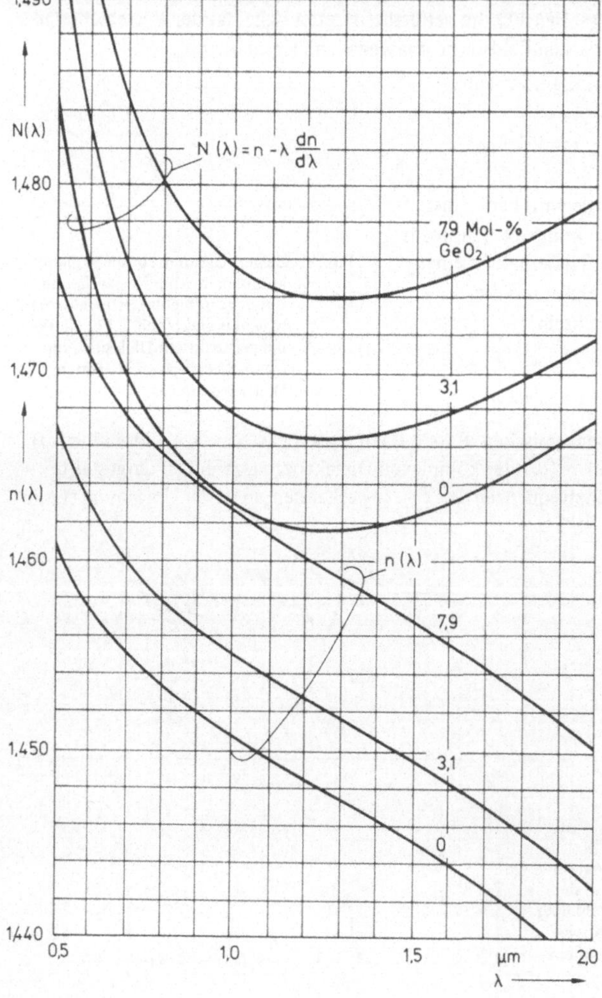

Fig. 13
Brechzahl n und Gruppenindex N von GeO_2-dotiertem Quarzglas als Funktion der Wellenlänge

Die Auswirkungen der Frequenzabhängigkeit $n(\omega)$ bzw. der Wellenlängenabhängigkeit $n(\lambda)$ der Brechzahl bezeichnet man in der Theorie der Glasfasern als Materialdispersion. Fig. 13 zeigt die Wellenlängenabhängigkeit der Brechzahl von reinem und GeO_2-dotiertem Quarzglas, das für Glasfasern vorzugsweise angewendet wird.

Im nahen infraroten Wellenlängenbereich, der für die optische Übertragungstechnik von besonderem Interesse ist, läßt sich die in Fig. 13 gezeigte Wellenlängenabhängigkeit der Brechzahl von Quarzglas mit sehr guter Genauigkeit durch eine dreigliedrige sog. Sellmeier-Reihe beschreiben:

$$n^2(\lambda) - 1 = \frac{A_1\lambda^2}{\lambda^2 - \lambda_1^2} + \frac{A_2\lambda^2}{\lambda^2 - \lambda_2^2} + \frac{A_3\lambda^2}{\lambda^2 - \lambda_3^2} \tag{22}$$

Die drei Glieder beschreiben drei (hier näherungsweise ungedämpft angenommene) Resonanzen (s. Fig. 12). Die Koeffizienten A_1, A_2, A_3 heißen Oszillatorstärken, die Größen λ_1, λ_2, λ_3 sind die Resonanzwellenlängen. Im Falle von reinem undotiertem Quarzglas, das entsprechend dem Ziehvorgang der Fasern thermisch abgeschreckt worden ist, hat man in Gl. (22) für die Resonanzwellenlängen folgende Werte einzusetzen: $\lambda_1 = 69{,}066$ nm, $\lambda_2 = 115{,}662$ nm und $\lambda_3 = 9{,}900559$ μm. Die zugehörigen Oszillatorstärken sind $A_1 = 0{,}696750$, $A_2 = 0{,}408218$ bzw. $A_3 = 0{,}890815$. Diese Parameter ändern sich mit zunehmender Dotierung in unterschiedlicher Weise, je nach Dotierungsstoff.

2.14 Wellengruppe: Phasenlaufzeit und Gruppenlaufzeit

In der Praxis der Übertragungstechnik kommen monochromatische Wellen, die wir bisher allein betrachtet haben, nicht vor. Vielmehr hat man es immer mit einer Überlagerung von Wellen verschiedener Frequenzen zu tun. Als grobes Modell dieser praktischen Situation betrachten wir im folgenden eine sehr einfache Wellengruppe.

Eine Wellengruppe entsteht z. B. durch Überlagerung zweier Wellen gleicher Ausbreitungsrichtung aber etwas unterschiedlicher Frequenz. Wir betrachten die Überlagerung zweier homogener Planwellen der gleichen reellen Amplitude A mit unterschiedlichen, dicht benachbarten Frequenzen. Es gelte für die

Planwelle 1: $\omega_1 = \omega + \Delta\omega$; $k(\omega_1) = k_1 = k + \Delta k$

Planwelle 2: $\omega_2 = \omega - \Delta\omega$; $k(\omega_2) = k_2 = k - \Delta k$

wobei gelten soll: $\Delta\omega \ll \omega$; $\Delta k \ll k$

Bei der angenommenen Ausbreitung in z-Richtung ergibt sich durch Überlagerung für den resultierenden komplexen Momentanwert

$$\begin{aligned}
\underline{a} &= \underline{a}_1 + \underline{a}_2 \\
&= A e^{j[(\omega + \Delta\omega)t - (k + \Delta k)z]} + A e^{j[(\omega - \Delta\omega)t - (k - \Delta k)z]} \\
&= A[e^{j(\Delta\omega t - \Delta k z)} + e^{-j(\Delta\omega t - \Delta k z)}] e^{j(\omega t - kz)} \\
&= 2A \cos(\Delta\omega \cdot t - \Delta k \cdot z) \cdot e^{j(\omega t - kz)}
\end{aligned}$$

und schließlich für den resultierenden reellen Momentanwert

$$a = \mathrm{Re}\,\{\underline{a}\} = 2A\cos(\Delta\omega \cdot t - \Delta k \cdot z) \cdot \cos(\omega t - kz) \tag{23}$$

Der Term $\cos(\Delta\omega t - \Delta kz)$ beschreibt den Verlauf der Hüllkurvenwelle, während der Term $\cos(\omega t - kz)$ den Verlauf der Trägerwelle angibt, wie aus Fig. 14 anschaulich hervorgeht. Die Hüllkurvenwelle hat die vergleichsweise sehr niedrige Kreisfrequenz $\Delta\omega = (\omega_1 - \omega_2)/2$ und die Ausbreitungskonstante $\Delta k = (k_1 - k_2)/2$. Die Trägerwelle hat die Frequenz $\omega = (\omega_1 + \omega_2)/2$ und die Ausbreitungskonstante $k = (k_1 + k_2)/2$.

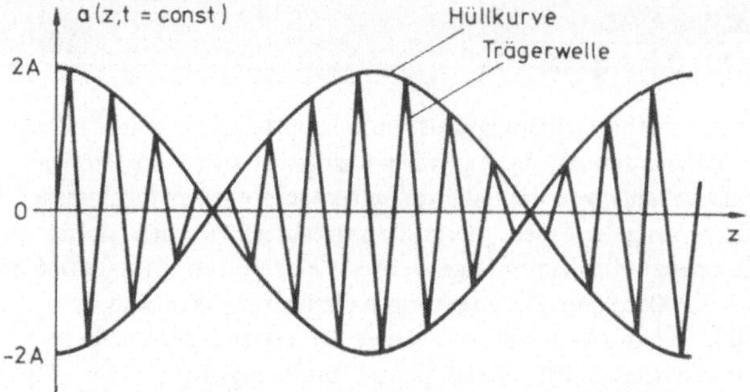

Fig. 14 Momentanbild einer Wellengruppe, bestehend aus zwei homogenen Planwellen gleicher Amplitude, die sich in z-Richtung ausbreiten gemäß Gl. (23)

Formt man den Ausdruck Gl. (23) für den resultierenden, reellen Momentanwert geeignet um, so erhält man

$$a = 2A\cos\left[\Delta\omega\left(t - \frac{\Delta k}{\Delta\omega}z\right)\right] \cdot \cos\left[\omega\left(t - \frac{k}{\omega}z\right)\right]$$

Hierin bedeuten:

$\frac{\Delta k}{\Delta\omega}z$ die Phasenlaufzeit der Hüllkurvenwelle

$\frac{k}{\omega}z$ die Phasenlaufzeit der Trägerwelle.

Für die auf die Längeneinheit bezogenen spezifischen Laufzeiten schreibt man τ und bezeichnet sie häufig schlechtweg auch einfach als Laufzeit. Mit dieser Bezeichnung erhält man für die Phasenlaufzeit der Hüllkurve

$$\tau_{\phi H} = \frac{\Delta k}{\Delta\omega} \tag{24}$$

und für die Phasenlaufzeit der Trägerwelle

$$\tau_{\phi T} = k/\omega = \frac{n}{c} \tag{25}$$

mit $1/c = 3{,}334\ \mu s/km$ als Vakuumlaufzeit des Lichts. Führt man den Grenzübergang $\Delta\omega \to 0$ durch, so erhält man für die Phasenlaufzeit der Hüllkurvenwelle

$$\tau_{\phi H} = \frac{dk}{d\omega} =: \tau_g \tag{24a}$$

Dies ist die G r u p p e n l a u f z e i t τ_g der Wellengruppe. Die Gruppenlaufzeit τ_g ist auch die Energielaufzeit, denn die Energie ist überwiegend in den Schwebungsmaxima konzentriert, die in Fig. 14 deutlich zu erkennen sind. Insbesondere ist die Laufzeit optischer Impulse durch die Gruppenlaufzeit bestimmt.

Im Idealfall sind Gruppen- und Phasenlaufzeit gleich, wie z. B. im dispersionsfreien Vakuum. Hüllkurven- und Trägerwellenmaxima (s. Fig. 14) haben dann gleiche Geschwindigkeit und es ist $k/\omega = dk/d\omega$, d. h. k ist streng proportional zu ω und die Brechzahl ist frequenzunabhängig. Ein solches Medium heißt im strengen Sinne v e r z e r r u n g s f r e i o d e r d i s p e r s i o n s f r e i. (Im weiteren Sinne verzerrungsfrei heißt ein Medium, wenn nur die Gruppenlaufzeit in einem gewissen Frequenzbereich konstant ist.)

Im allgemeinen gilt $\tau_g \neq \tau_\phi$. Je nachdem, ob bei einer interessierenden Frequenz bzw. Wellenlänge $\tau_g \gtrless \tau_\phi$ ist, spricht man von n o r m a l e r bzw. a n o m a l e r D i s p e r s i o n. Fig. 15 illustriert die Situation im sog. Dispersionsdiagramm. Bei normaler Dispersion wandern die Hüllkurvenmaxima in Fig. 14 weniger rasch als die Trägerwellenmaxima. Bei anomaler Dispersion ist es umgekehrt. Bei Dispersionsfreiheit wandern sie gleich schnell.

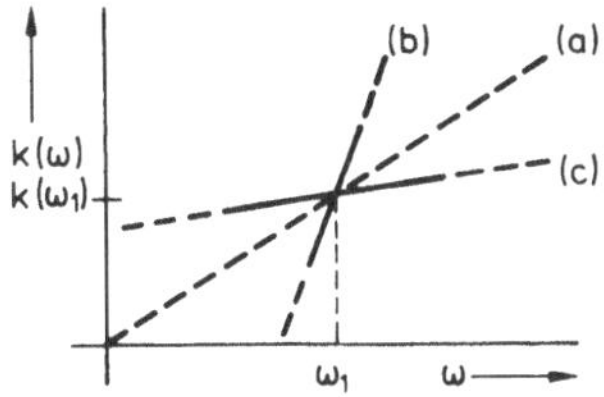

Fig. 15
Dispersionsdiagramm. Grundsätzlicher Verlauf der Wellenzahl $k(\omega)$ in der Umgebung von ω_1. Dispersionsfreies Medium (a), und reales Medium mit normaler Dispersion (b) bzw. anomaler Dispersion (c)

Formelmäßig folgt für die Gruppenlaufzeit aus der Beziehung Gl. (24a) mit $k(\omega) = \omega n(\omega)/c$ der Ausdruck

$$\tau_g = \frac{1}{c}\left[n + \omega\frac{dn}{d\omega}\right] = \frac{n}{c}\left[1 + \frac{\omega}{n}\frac{dn}{d\omega}\right] = \tau_\phi\left(1 + \frac{f}{n}\frac{dn}{df}\right) \tag{26}$$

Rechnet man auf die Vakuum-Wellenlänge λ um, wie in der Optik üblich, so erhält man wegen $\lambda \cdot f = c$ oder $\lambda df + f d\lambda = 0$ die Beziehung

$$\tau_g = \tau_\phi\left(1 - \frac{\lambda}{n}\cdot\frac{dn}{d\lambda}\right) = \frac{1}{c}\left(n - \lambda\frac{dn}{d\lambda}\right) \tag{26a}$$

Je nachdem, ob $\tau_g \gtreqless \tau_\phi$ ist, gilt also bei

a) Dispersionsfreiheit (im strengen Sinne): $\dfrac{dn}{df} = \dfrac{dn}{d\lambda} = 0$,

b) normaler Dispersion: $\frac{dn}{df} > 0$ bzw. $\frac{dn}{d\lambda} < 0$,

c) anomaler Dispersion: $\frac{dn}{df} < 0$ bzw. $\frac{dn}{d\lambda} > 0$.

B e m e r k u n g e n : 1. In der Literatur wird der Ausdruck

$$n - \lambda \frac{dn}{d\lambda} =: N \tag{27}$$

auch Gruppenbrechzahl bzw. Gruppenindex genannt, so daß in Analogie zu der Phasenlaufzeit einer homogenen Planwelle

$$\tau_\phi = \frac{1}{c} \cdot n \tag{28}$$

für die Gruppenlaufzeit einer homogenen Planwelle

$$\tau_g = \frac{1}{c} \cdot N \tag{29}$$

gilt.

Der spektrale Verlauf der Gruppenbrechzahl von Quarzglas ist in Fig. 13 wiedergegeben. Er kann mit Hilfe der Sellmeier-Reihe Gl. (22) berechnet werden.

2. Die anomale Dispersion ist stets mit erheblicher Absorption verbunden (s. Fig. 12), so daß sie schwer zu beobachten ist. Die bekannte Erscheinung, daß rotes Licht von üblichen Gläsern weniger gebrochen wird als blaues, entspricht der normalen Dispersion.

2.15 Die Gruppenlaufzeitstreuung (chromatische Dispersion)

Die Abhängigkeit der Gruppenlaufzeit von der Wellenlänge ist in der Praxis der optischen Übertragungstechnik sehr unangenehm. Wünschenswert ist eine Gruppenlaufzeit, die von λ unabhängig ist, so daß $d\tau_g/d\lambda = 0$ ist. Den Ausdruck $d\tau_g/d\lambda$ bezeichnet man als Gruppenlaufzeitstreuung oder c h r o m a t i s c h e D i s p e r s i o n.

Aus Gl. (26a) erhält man durch Differenzieren

$$\frac{d\tau_g}{d\lambda} = \frac{1}{c}\left(\frac{dn}{d\lambda} - \lambda \frac{d^2n}{d\lambda^2} - \frac{dn}{d\lambda}\right) = -\frac{\lambda}{c} \cdot \frac{d^2n}{d\lambda^2} \tag{28}$$

Die Bedingung für Dispersionsfreiheit im weiteren Sinne ist

$$\frac{d\tau_g}{d\lambda} = 0, \quad \text{d. h.} \quad \frac{d^2n}{d\lambda^2} = 0. \tag{29}$$

Sie ist im Falle von reinem Quarzglas nur bei der Wellenlänge $\lambda = 1{,}273\ \mu m$ erfüllt. Die Bedingung entspricht dem Wendepunkt in der $n(\lambda)$-Kurve (s. Fig. 13). Der Bereich optischer Wellenlängen in der Nachbarschaft dieses Wendepunktes ist daher für die Übertra-

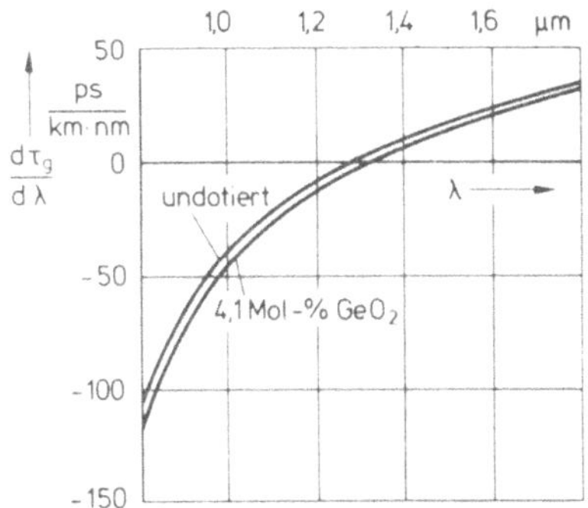

Fig. 16
Spektraler Verlauf dei chromatischen Dispersion $d\tau_g/d\lambda$ einer homogenen Planwelle im homogenen Quarzglas (rein bzw. GeO_2-dotiert)

gungstechnik besonders interessant. Fig. 16 zeigt den spektralen Verlauf der chromatischen Dispersion für reines und GeO_2-dotiertes Quarzglas. Die Nullstelle λ_0 der chromatischen Dispersion nimmt mit steigender GeO_2-Dotierung zu.

Bemerkung: In der Literatur findet sich der Begriff „Materialdispersion" auch in einem engeren Sinne verwendet. Er bezeichnet in diesem Sinne die Gruppenlaufzeitstreuung der homogenen Planwelle:

$$M := \frac{d\tau_g}{d\lambda} = -\frac{\lambda}{c}\frac{d^2n}{d\lambda^2} \approx \frac{\Delta\tau_g}{\Delta\lambda} \tag{30}$$

Die Auswirkung der Materialdispersion zeigt die folgende Überlegung. Jeder praktische optische Sender hat eine gewisse spektrale Breite, gemessen durch die Halbwertsbreite $\Delta\lambda > 0$ (s. Abschn. 1.5.3). Die Sendeenergie verteilt sich also auf Wellen verschiedener Wellenlänge. Dadurch entstehen Laufzeitunterschiede $\Delta\tau_g$, die in erster Näherung der Halbwertsbreite $\Delta\lambda$ des optischen Senders proportional sind. Sind die betrachteten Wellen homogene Planwellen, so gilt

$$\Delta\tau_g \approx -\frac{\lambda}{c}\frac{d^2n}{d\lambda^2}\Delta\lambda = \frac{d\tau_g}{d\lambda}\cdot\Delta\lambda$$

Die materialbedingte Dispersion ist also näherungsweise der spektralen Halbwertsbreite des Senders direkt proportional. Entsprechend $\Delta\tau_g$ tritt eine Impulsaufweitung auf. Wie

Tabelle Spektrale Daten von optischen Sendern (Beispiele)

Sender	λ	Δλ
1. Gaslaser		
He-Ne	633 nm	2,7 pm
2. Halbleiterdioden		
LD: GaAlAs	850 nm	0,1 . . . 1,7 nm
LED: GaAs	940 nm	50 nm
3. Festkörperlaser		
Nd:YAG	1064 nm	60 pm

stark die Dispersion des Kernmaterials die chromatische Dispersion z. B. der Grundwelle einer einwelligen Faser bestimmt, geht aus Fig. 18 des nächsten Abschnitts hervor. Die folgende Tabelle gibt eine Vorstellung über die Größe der spektralen Halbwertsbreite $\Delta\lambda$ von optischen Meßsendern bzw. Betriebssendern.

Beispiel: Sei $\lambda = 850$ nm und $\Delta\lambda = 1{,}7$ nm, entsprechend einer vielwelligen Laserdiode. Ein optischer δ-Impuls dieses Lasers erfährt im homogenen undotierten Quarzglas eine Aufweitung von $1{,}7 \cdot 80$ ps/km = 0,136 ns/km (s. Fig. 16).

2.16 Phasenlaufzeit und Gruppenlaufzeit von Wellen (Moden) in Glasfasern; Wellenleiterdispersion

Die bisherigen Betrachtungen über Phasen- und Gruppenlaufzeiten galten für homogene Planwellen in unendlich ausgedehnten homogenen Medien. Jetzt betrachten wir qualitativ eine geführte Welle (einen Modus) in einer Faser. Die Ausbreitungsrichtung (axiale Richtung) sei die z-Achse. Für den räumlichen Phasenfaktor der betrachteten Welle gilt $\exp(-j\beta z)$; dabei ist β die Ausbreitungskonstante des Modus, die u. a. von den Randbedingungen zwischen Kern und Mantel abhängt, die die Welle erfüllen muß. Für die geführte Welle spielt β die gleiche Rolle wie im Falle der nicht geführten homogenen Planwelle die Wellenzahl k. Deshalb ist die Phasenlaufzeit des Modus $\tau_\phi = \beta/\omega$ und seine Gruppenlaufzeit $\tau_g = d\beta/d\omega$. Auch wenn wir die Materialdispersion zunächst vernachlässigen, besteht noch eine im allgemeinen von der Proportionalität $\beta \sim \omega$ abweichende Abhängigkeit $\beta(\omega)$. Diese Tatsache nennt man Wellenleiterdispersion.

Wir betrachten eine Stufenprofilfaser mit unendlich ausgedehntem Mantel ($D \to \infty$ in Fig. 1.24) und die in ihr geführte Grundwelle, die von allen Moden die größte Ähnlichkeit mit einer homogenen Planwelle hat.

Gesucht ist der Verlauf $\beta(\omega)$, d. h. das Dispersionsdiagramm, aus dem die Laufzeiten folgen. Können wir qualitative Aussagen über $\beta(\omega)$ machen? Dazu betrachten wir die beiden Grenzfälle (s. Fig. 1.30):

1. $\omega \to 0$ bzw. $\lambda \to \infty$. Da die Wellenlänge sehr groß gegen den Kerndurchmesser 2a ist, bemerkt die Welle fast nichts vom Kern. Der betrachtete Modus ist also nahezu eine homogene Planwelle im unendlich ausgedehnten Mantel. Für diese gilt: $\beta(0) := k_a = n_a\omega/c$.
2. $\omega \to \infty$ bzw. $\lambda \to 0$. In diesem Falle ist die Wellenlänge sehr klein gegen den Kerndurchmesser. Deshalb verläuft die Welle praktisch völlig im Kernbereich, so daß die Brechzahl des Mantels keine Rolle spielt. Für die Phasenkonstante β gilt dann $\beta(\infty) \approx k_0 = n_0\omega/c$ wie für eine homogene Planwelle im homogenen Kernmaterial.

Wir vermuten, was die quantitative Theorie bestätigt: Für $0 < \omega < \infty$ nimmt $\beta(\omega)$ Zwischenwerte zwischen k_0 und k_a an, d. h. $k_0 < \beta(\omega) < k_a$. Das veranschaulicht Fig. 17. Aus dem Dispersionsdiagramm ersieht man, daß die Gruppenlaufzeit $\tau_g = d\beta/d\omega$ im allgemeinen größer ist als die Phasenlaufzeit $\tau_\phi = \beta/\omega$. Dies ist eine Auswirkung der Wellenleiterdispersion.

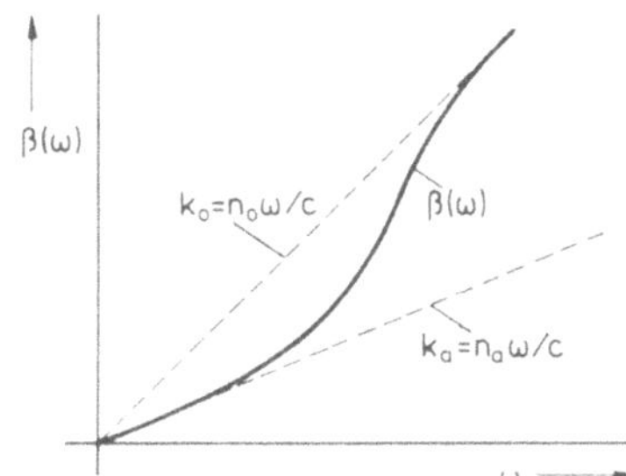

Fig. 17
Dispersionsdiagramm $\beta(\omega)$ für die Grundwelle einer Stufenprofilfaser mit den Asymptoten $k_0(\omega)$ und $k_a(\omega)$. Materialdispersion vernachlässigt

Für die Praxis der Glasfasern ist die zugehörige Gruppenlaufzeitstreuung

$$\frac{d\tau_g}{d\lambda} = \frac{d^2\beta}{d\omega d\lambda} = \frac{d^2\beta}{d\omega^2} \cdot \frac{d\omega}{d\lambda} = -\frac{\omega}{\lambda}\frac{d^2\beta}{d\omega^2} \tag{31}$$

von Bedeutung. Sie hat im Wendepunkt der Kurve $\beta(\omega)$ eine für praktische Anwendungen sehr attraktive Nullstelle. Natürlich ist in der Praxis die Materialdispersion nicht vernachlässigbar. Wellenleiterdispersion und Materialdispersion führen zu einer resultierenden Abhängigkeit $\beta(\omega)$. Die daraus folgende Gruppenlaufzeitstreuung zeigt für ein quantitatives Beispiel Fig. 18. Genaueres hierzu s. Abschn. 4.7.7.

Zwischen 0,8 μm und 0,9 μm ist die Abhängigkeit der Gruppenlaufzeit $\tau_g(\lambda)$ von der Wellenlänge λ infolge der Wellenleiterdispersion im allgemeinen sehr viel kleiner als infolge der Materialdispersion, die in Abschn. 2.15 besprochen wurde. Im Bereich um 1,3 μm Wellenlänge sind diese beiden Dispersionen von gleicher Größenordnung und können sich sogar kompensieren (s. Abschn. 4.10.4).

Auch für die Gruppenlaufzeiten der höheren Moden gelten entsprechende Überlegungen. Jeder Modus hat eine für ihn typische Dispersionskurve $\beta(\omega)$. Charakteristisch sind die Grenzfrequenzen, oberhalb der diese Moden erst ausbreitungsfähig sind. Im Dispersions-

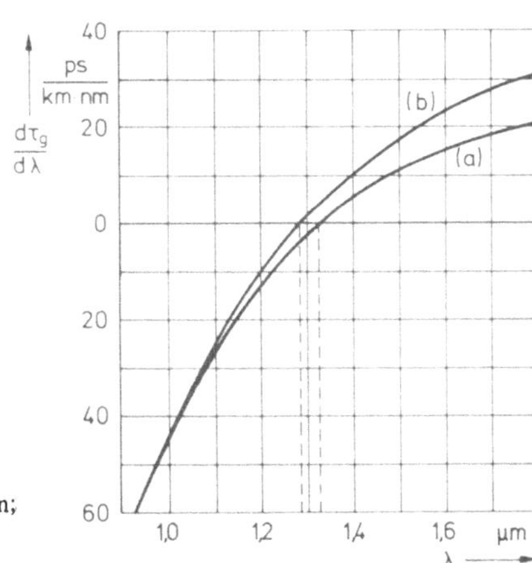

Fig. 18
Berechnete chromatische Dispersion $d\tau_g/d\lambda$ der Grundwelle in einer einwelligen Stufenprofilfaser (a) und einer homogenen Planwelle im homogenen Kernmaterial (b) in Abhängigkeit von der Wellenlänge
Kern: SiO_2 mit 3,1 Mol-% GeO_2, 7 μm Durchmesser; Mantel: SiO_2; Grenzwellenlänge: 1,1 μm; Nullstellen der chromatischen Dispersion 1,325 μm (a) und 1,285 μm (b)

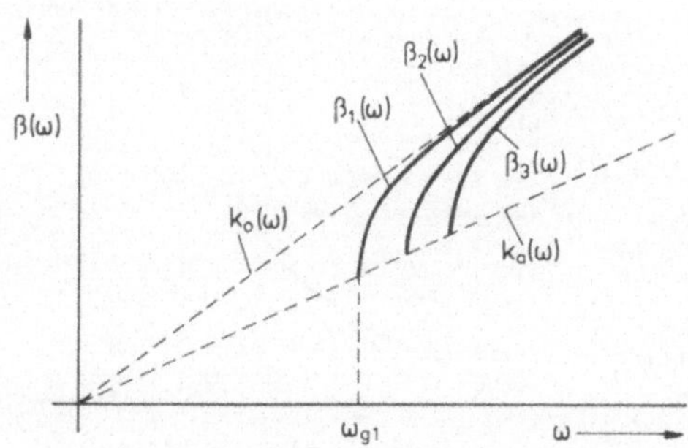

Fig. 19
Dispersionsdiagramm $\beta(\omega)$ für drei höhere Moden, Materialdispersion vernachlässigt

diagramm beginnen die Kurven $\beta(\omega)$ erst bei $\omega = \omega_g$ und schmiegen sich für $\omega \to \infty$ der Kurve $k_0(\omega)$ an, s. Fig. 19. Die Abhängigkeit der Gruppenlaufzeit τ_g vom Wellentyp bezeichnet man als Modendispersion.

2.17 Überlagerung zweier gleichfrequenter homogener Planwellen: stehende Wellen

Wir kehren zur Wellenoptik zurück und betrachten sog. stehende Wellen, die aus der Überlagerung zweier Planwellen entgegengesetzter Richtung entstehen. Die beiden Planwellen seien homogen, gleichfrequent und von gleicher reeller Amplitude. Sie lassen sich durch ihre komplexen Momentanwerte folgendermaßen beschreiben:

$$\underline{a}_1 = A \cdot e^{j(\omega t - kz)} \qquad \text{(in +z-Richtung fortschreitend)}$$

$$\underline{a}_2 = A \cdot e^{j\alpha} \cdot e^{j(\omega t + kz)} \qquad \text{(in −z-Richtung fortschreitend)}$$

α ist hier ein beliebiger Phasenwinkel. Für den komplexen Momentanwert der resultierenden Summenwelle erhält man:

$$\begin{aligned} \underline{a} &= \underline{a}_1 + \underline{a}_2 \\ &= A \cdot e^{j\left(\omega t + \frac{\alpha}{2}\right)} \left[e^{-j\left(kz + \frac{\alpha}{2}\right)} + e^{j\left(kz + \frac{\alpha}{2}\right)} \right] \\ &= A \cdot e^{j\frac{\alpha}{2}} \cdot 2 \cos\left(kz + \frac{\alpha}{2}\right) \cdot e^{j\omega t} \end{aligned}$$

Als Ergebnis erhält man eine harmonische Schwingung mit ortsabhängiger Amplitude. Man erhält keine fortschreitende Welle mehr, da ein räumlicher Ausbreitungsfaktor (entsprechend $\exp(-j\beta z)$) fehlt. Es handelt sich also um eine stehende Welle, d. h. um eine räumliche Schwingung. Die reelle Schwingungsamplitude ist vom Ort gemäß $\cos\left(kz + \frac{\alpha}{2}\right)$ abhängig. Die Schwingungen sind in allen Raumpunkten z in Phase bzw. gegenphasig. Charakteristisch für stehende Wellen sind die ortsfesten, räumlich abwechselnden Schwingungsbäuche und die Schwingungsknoten, deren Abstand jeweils $\lambda/2$ beträgt; s. Fig. 20.

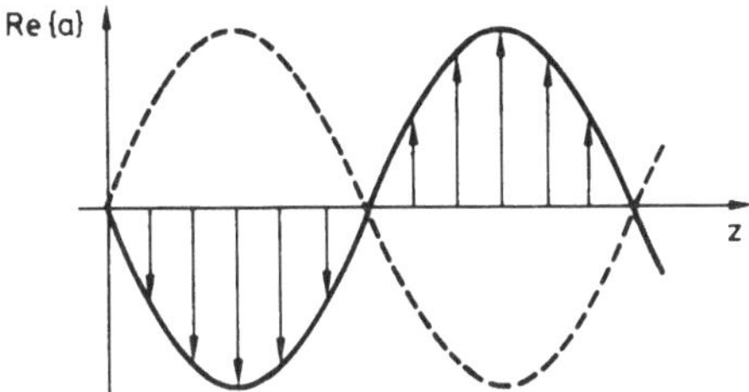

Fig. 20
Reeller Momentanwert einer stehenden Welle im Augenblick eines Extremwertes

Stehende Wellen sind auch in optischen Wellenleitern von Bedeutung, wie z. B. in Abschn. 4.7.1 erläutert ist. Die einzelnen Moden haben im allgemeinen auch eine transversale Komponente ihres lokalen Ausbreitungsvektors. Dies deutet auf die Existenz einer transversalen Teilwelle hin, die sich aber bei geführten Wellen nicht ungehindert ausbreiten kann, sondern in der Randzone des Kerns eine Totalreflexion (s. die folgenden Abschn.) erleidet. Einfallende und reflektierte Transversalwelle bilden dann eine stehende Welle mit Schwingungsknotenlinien, die für den betrachteten Modus charakteristisch sind. Siehe dazu die Aufnahme des Nahfeldes eines höheren Modus in Fig. 4.19.

2.18 Überlagerung zweier gleichfrequenter homogener Planwellen: allgemeiner Fall

Die betrachteten Planwellen mögen sich jetzt in beliebigen Richtungen ausbreiten. Diese Situation ist eine Verallgemeinerung der im vorangegangenen Abschnitt behandelten. Wir fragen wieder nach den Eigenschaften des durch Überlagerung entstehenden resultierenden Wellenfeldes, indem wir deren komplexe Amplitude berechnen. Über die Herkunft der beiden betrachteten Planwellen sei zunächst nichts vorausgesetzt. (Später werden wir uns die zweite Planwelle als durch Totalreflexion aus der ersten entstanden denken.)

Die 1. Planwelle sei gegeben durch den komplexen Momentanwert

$$\underline{a}_1 = \underline{A}_1 e^{j\omega t} = A \cdot e^{-j\vec{k}_1\vec{r}} \cdot e^{j\omega t}$$

mit dem Ausbreitungsvektor

$$\vec{k}_1 = k \cdot \vec{n}_1 = \frac{\omega}{c} \cdot \vec{n}_1$$

und dem Einheitsvektor $\vec{n}_1$ in Ausbreitungsrichtung.

Entsprechendes gilt für die 2. Planwelle:

$$\underline{a}_2 = \underline{A}_2 e^{j\omega t} = A \cdot e^{j\alpha} e^{-j\vec{k}_2\vec{r}} \cdot e^{j\omega t} \quad \text{mit}$$

$$\vec{k}_2 = k \cdot \vec{n}_2 .$$

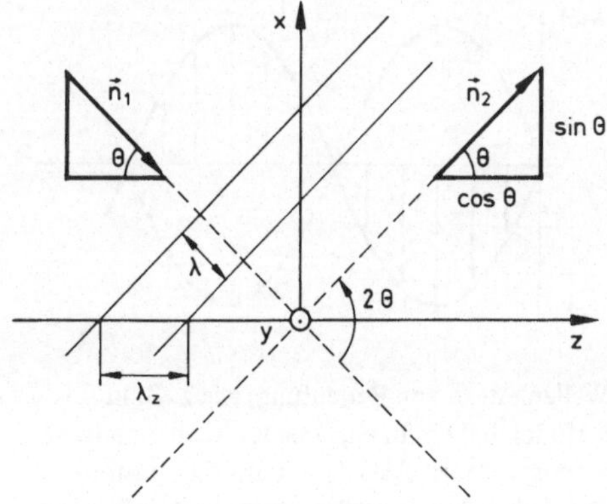

Fig. 21
Zur Geometrie der Ausbreitungsrichtungen $\vec{n}_1$ und $\vec{n}_2$ zweier sich überlagernder homogener Planwellen. Die gewählte z-Richtung bildet die Winkelhalbierende der beiden Ausbreitungsrichtungen, die x-Richtung liege in der $\vec{n}_1$-$\vec{n}_2$-Ebene

Die beiden Ausbreitungsrichtungen mögen gemäß Fig. 21 den beliebigen Winkel 2Θ einschließen. Aus der Figur entnimmt man ($\vec{e}_x$ und $\vec{e}_z$ sind Koordinaten-Einheitsvektoren):

$$\vec{n}_1 = (-\sin\Theta)\vec{e}_x + \cos\Theta\,\vec{e}_z$$

$$\vec{n}_2 = \sin\Theta\,\vec{e}_x + \cos\Theta\,\vec{e}_z$$

Mit dem Ortsvektor $\vec{r} = (x, y, z)$ eines Feldpunktes gilt

$$\vec{n}_1 \cdot \vec{r} = -\sin\Theta \cdot x + \cos\Theta \cdot z$$

$$\vec{n}_2 \cdot \vec{r} = \sin\Theta \cdot x + \cos\Theta \cdot z$$

Die Überlagerung der beiden Teilwellen liefert für die komplexe Amplitude der resultierenden Welle

$$\begin{aligned}\underline{A} &= \underline{A}_1 + \underline{A}_2\\ &= A e^{-jk(-x\sin\Theta + z\cos\Theta)} + A e^{j\alpha} e^{-jk(x\sin\Theta + z\cos\Theta)}\\ &= A\cdot e^{-jkz\cos\Theta}\cdot e^{j\frac{\alpha}{2}}\left[e^{j\left(kx\sin\Theta - \frac{\alpha}{2}\right)} + e^{-j\left(kx\sin\Theta - \frac{\alpha}{2}\right)}\right]\\ &= A\cdot e^{-jkz\cos\Theta}\cdot e^{j\frac{\alpha}{2}}\cdot 2\cos\left(kx\sin\Theta - \frac{\alpha}{2}\right)\end{aligned} \tag{32}$$

Aus dem räumlichen Phasenfaktor $\exp[-jkz\cos\Theta]$ des entstehenden Ausdrucks entnehmen wir folgende Eigenschaften der resultierenden Welle:

1. Die Flächen konstanter Phase sind die Ebenen z = const., das sind Normalebenen zur z-Achse.

2. Die Ausbreitungsrichtung der resultierenden Welle ist die positive z-Achse.

Aus den Ergebnissen 1. und 2. folgt: bei der resultierenden Welle handelt es sich wieder um eine P l a n w e l l e. Ferner folgt aus der Betrachtung des Betrags der Amplitude:

3. Die resultierende Planwelle ist nicht homogen, sondern i n h o m o g e n , da die Amplitude in transversaler Richtung von x abhängig ist, und zwar cos-förmig schwankt.

Durch Vergleich des räumlichen Phasenfaktors mit dem allgemeinen Ausdruck exp $(-j\beta z)$ folgt weiter:

4. Die resultierende inhomogene Planwelle hat die Ausbreitungskonstante $\beta = k \cos\Theta$.
5. Für die Wellenlänge λ_z in Ausbreitungsrichtung erhält man aus $\beta = 2\pi/\lambda_z$:

$$\lambda_z = \frac{2\pi}{\beta} = \frac{2\pi}{k \cos\Theta} = \frac{\lambda}{\cos\Theta} \tag{33}$$

Also ist diese Wellenlänge im allgemeinen erheblich größer als die Vakuumwellenlänge $\lambda: \lambda_z \geqslant \lambda$; s. Fig. 21.

6. Für die Phasenlaufzeit findet man ($\omega = 2\pi f$, $f = 1/T$, $c = \lambda f$)

$$\tau_\phi = \frac{\beta}{\omega} = \frac{T}{\lambda_z} = \frac{1}{c} \cdot \cos\Theta \tag{34}$$

Entsprechend der vergrößerten Wellenlänge ist die Phasenlaufzeit im allgemeinen geringer als im Falle der homogenen Planwelle im Vakuum (c = Lichtgeschwindigkeit). Die Phase der resultierenden Welle kann also eine Überlichtgeschwindigkeit besitzen (s. hierzu Abschn. 2.21).

Zerlegt man die Feldstärkevektoren der ursprünglichen homogenen Planwellen in kartesische Komponenten, so erkennt man schließlich noch:

7. Die resultierende Welle ist keine reine transversale Welle, da neben den transversalen Feldkomponenten auch longitudinale Feldkomponenten auftreten, d. h. Feldkomponenten in Ausbreitungsrichtung.

2.19 Reflexion und Transmission bei senkrechtem Einfall einer homogenen Planwelle auf die ebene Grenzfläche zweier homogener Dielektrika

Als Vorbereitung für die Diskussion der für das Verständnis der Glasfasern als Lichtwellenleiter wichtigen Totalreflexion betrachten wir zunächst den senkrechten Einfall einer homogenen Planwelle auf eine ebene dielektrische Grenzfläche. Das optisch dichtere Medium (n_1) entspreche dem Kern, das optisch dünnere ($n_2 < n_1$) dem Mantel einer Faser. Die einfallende Welle komme aus dem dichteren Medium.

Für die komplexen Amplituden der Feldstärke der einfallenden, reflektierten und transmittierten Planwellen setzen wir an (s. Fig. 22):

Einfallende Welle ($x \leqslant 0^-$):

$$\vec{\underline{E}}_1 = \underline{E}_1 \cdot \vec{e}_y \quad \text{mit} \quad \underline{E}_1 = \underline{E}_{10} e^{-jk_1 x}$$

$$\vec{\underline{H}}_1 = \underline{H}_1 \cdot \vec{e}_z \quad \text{mit} \quad \underline{H}_1 = \underline{H}_{10} e^{-jk_1 x}$$

Reflektierte Welle ($x \leqslant 0^-$):

$$\vec{\underline{E}}_r = \underline{E}_r \cdot \vec{e}_y \quad \text{mit} \quad \underline{E}_r = \underline{E}_{r0} e^{jk_1 x}$$

$$\vec{\underline{H}}_r = \underline{H}_r \cdot \vec{e}_z \quad \text{mit} \quad \underline{H}_r = \underline{H}_{r0} e^{jk_1 x}$$

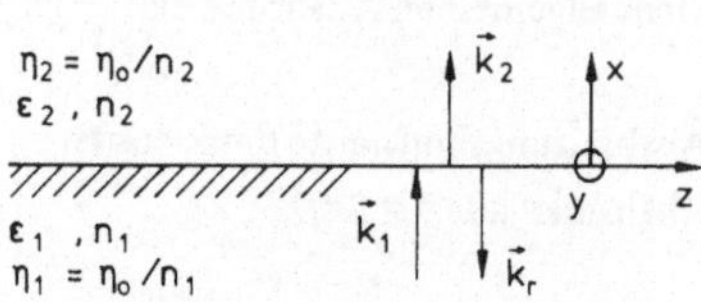

Fig. 22
Zwei homogene Dielektrika (Index 1 bzw. 2) mit ebener Grenzfläche und ihre charakteristischen Daten sowie Koordinatensystem und Ausbreitungsvektoren $\vec{k}_1$, $\vec{k}_r = -\vec{k}_1$ und $\vec{k}_2$ von senkrecht einfallender, reflektierter bzw. transmittierter Welle. η_0 = Feldwellenwiderstand des Vakuums

Transmittierte Welle ($x \geqslant 0^+$):

$$\vec{\underline{E}}_2 = \underline{E}_2 \cdot \vec{e}_y \quad \text{mit} \quad \underline{E}_2 = \underline{E}_{20} e^{-jk_2 x}$$

$$\vec{\underline{H}}_2 = \underline{H}_2 \cdot \vec{e}_z \quad \text{mit} \quad \underline{H}_2 = \underline{H}_{20} e^{-jk_2 x}$$

Der Index „0" deutet die komplexen Feldamplituden in der Grenzflächenebene $x = 0^-$ bzw. $x = 0^+$ an.

Elektrische und magnetische Feldstärken müssen die Grenzflächen-Bedingungen erfüllen. Das bedeutet, daß die Tangentialkomponenten jeweils gleich sein müssen. Weil es in unserem Falle keine Normalkomponenten gibt, muß gelten:

$$\underline{E}_{10} + \underline{E}_{r0} = \underline{E}_{20} \tag{35}$$

$$\underline{H}_{10} + \underline{H}_{r0} = \underline{H}_{20} \tag{36}$$

Weiterhin gilt für alle drei Wellen je ein Zusammenhang mit dem Feldwellenwiderstand:

$$\frac{\underline{E}_{10}}{\underline{H}_{10}} = \eta_1; \qquad \frac{\underline{E}_{20}}{\underline{H}_{20}} = \eta_2; \qquad \frac{\underline{E}_{r0}}{\underline{H}_{r0}} = -\eta_1 \tag{37}$$

Bemerkungen:

1. Bei einem verlustbehafteten Dielektrikum ($\underline{\epsilon}$, $\underline{\mu}$, σ) ist der Feldwellenwiderstand im allgemeinen komplex

$$\underline{\eta} = \sqrt{\frac{j\omega\underline{\mu}}{j\omega\underline{\epsilon} + \sigma}}$$

Nur wenn η reell ist, wie in unserem Falle angenommen, sind $\underline{E}_{10}$ und $\underline{H}_{10}$ in Phase.

2. Das negative Vorzeichen in Gl. (37) für die reflektierte Welle berücksichtigt die Tatsache, daß die positiven Richtungen von $\underline{E}_{r0}$, $\underline{H}_{r0}$ und k_r ein Rechtsschraubensystem bilden müssen (s. Abschn. 2.12).

Aus Gl. (36) erhält man mit den Beziehungen Gl. (37)

$$\frac{\underline{E}_{10}}{\eta_1} - \frac{\underline{E}_{r0}}{\eta_1} = \frac{\underline{E}_{20}}{\eta_2} \tag{38}$$

Eliminiert man hieraus mit Hilfe von Gl. (35) einmal $\underline{E}_{20}$, das andere Mal $\underline{E}_{r0}$, so erhält man für die komplexen Amplituden der elektrischen Feldstärke (in der Grenzfläche) von reflektierter und transmittierter Welle:

$$\underline{E}_{r0} = \underline{E}_{10} \cdot \frac{\eta_2 - \eta_1}{\eta_2 + \eta_1} \qquad \underline{E}_{20} = \underline{E}_{10} \cdot \frac{2\eta_2}{\eta_2 + \eta_1}$$

Man definiert als Verhältnis komplexer Amplituden den elektrischen Reflexionsfaktor[1] $\underline{r}_e$ und den (weniger gebräuchlichen) magnetischen Reflexionsfaktor $\underline{r}_m$:

$$\underline{r}_e := \frac{\underline{E}_{r0}}{\underline{E}_{10}} = \frac{\eta_2 - \eta_1}{\eta_2 + \eta_1} = \frac{\frac{\eta_0}{n_2} - \frac{\eta_0}{n_1}}{\frac{\eta_0}{n_2} + \frac{\eta_0}{n_1}} = \frac{n_1 - n_2}{n_1 + n_2} \tag{39}$$

Es gilt: $\underline{r}_m := \frac{\underline{H}_{r0}}{\underline{H}_{10}} = -\underline{r}_e.$ (40)

Ein Maß für die Transmission ist der elektrische Transmissionsfaktor $\underline{t}_e$, der wie folgt definiert wird:

$$\underline{t}_e := \frac{\underline{E}_{20}}{\underline{E}_{10}} = \frac{2\eta_2}{\eta_1 + \eta_2} = \frac{2n_1}{n_1 + n_2} \tag{41}$$

Der (weniger gebräuchliche) magnetische Transmissionsfaktor $\underline{t}_m$ hängt mit dem elektrischen wie folgt zusammen:

$$\underline{t}_m := \frac{\underline{H}_{20}}{\underline{H}_{10}} = \frac{n_2}{n_1} \cdot \underline{t}_e. \tag{42}$$

Man beachte: Der in Feldwellenwiderständen ausgedrückte Reflexionsfaktor Gl. (39) hat die gleiche Form wie der aus der elektrischen Leitungstheorie bekannte (Spannungs-) Reflexionsfaktor. Man stellt ihn deshalb zweckmäßigerweise ebenso in einer komplexen Reflexionsfaktor-Ebene dar (s. Fig. 23). Spezialfälle sind z. B. $\underline{r}_e = 0$ (Reflexionsfreiheit), $\underline{r}_e = 1$ (phasenreine Totalreflexion) und $\underline{r}_e = -1$ (Totalreflexion mit Phasenumkehr). Die reflektierte Leistung ist um den Faktor $|\underline{r}_e|^2$ kleiner als die einfallende Leistung. So werden z. B. beim Übergang von Luft ($n_1 = 1$) auf Glas ($n_2 = 1{,}5$) oder umgekehrt 4% der einfallenden Leistung reflektiert, wie aus Gl. (39) folgt.

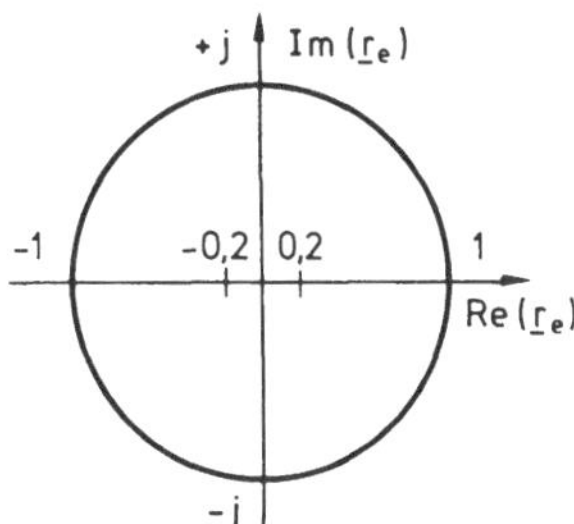

Fig. 23
Komplexe Reflexionsfaktor-Ebene mit den reellen Reflexionsfaktoren 0,2 und −0,2 für den Übergang Glas → Luft bzw. Luft → Glas ($n_{Glas} = 1{,}5$; $n_{Luft} = 1{,}0$)

[1]) Spricht man schlechthin vom Reflexionfaktor, meint man praktisch immer den elektrischen Reflexionsfaktor; deshalb bezeichnen wir diesen im Folgenden ohne Index einfach mit $\underline{r}$.

2.20 Schräger Einfall einer homogenen Planwelle auf die ebene Grenzfläche zweier homogener Dielektrika; Totalreflexion

Der im letzten Abschnitt betrachtete senkrechte Einfall ist ein Spezialfall der jetzt vorausgesetzten Situation, die in Fig. 24 veranschaulicht ist. Wir unterdrücken hier den Beweis, daß die reflektierte und die gebrochene Welle ebenfalls homogene Planwellen sind[1]). Im Hinblick auf Glasfasern, bei denen die lokalen Ausbreitungsvektoren der geführten Wellen nur sehr kleine Winkel mit der Kern-Mantel-Grenzfläche einschließen, verwenden wir hier als Einfalls- und Brechungswinkel die Winkel zwischen Ausbreitungsrichtung und Grenzfläche, wie in Fig. 24 angegeben.

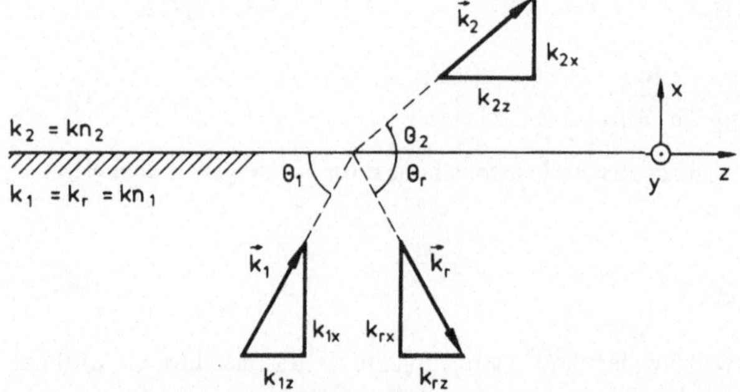

Fig. 24 Geometrie der Ausbreitungsvektoren $\vec{k}_1$, $\vec{k}_r$ und $\vec{k}_2$ von schräg einfallender, reflektierter bzw. gebrochener homogener Planwelle und Koordinatensystem

Über die Größe von Brechungswinkel Θ_2 und Reflexionswinkel Θ_r im Verhältnis zum Einfallswinkel Θ_1 gibt folgende Überlegung Aufschluß: Die Grenzflächen-Bedingungen Gl. (35) und (36) für die Tangentialkomponenten der Feldstärken müssen für alle Zeiten t und für alle Orte z erfüllt sein. Daraus folgt, daß die Phasenlaufzeiten der drei Wellen längs der Grenzfläche gleich sein müssen. Es muß also gelten:

$$\tau_{\phi 1z} = \tau_{\phi rz} = \tau_{\phi 2z}, \quad \text{oder nach (25):}$$

$$k_{1z}/\omega = k_{rz}/\omega = k_{2z}/\omega$$

$$k_{1z} = k_{rz} = k_{2z}.$$

Also gilt (s. Fig. 24)

$$k_1 \cos \Theta_1 = k_r \cos \Theta_r = k_2 \cos \Theta_2$$

$$n_1 \cos \Theta_1 = n_1 \cos \Theta_r = n_2 \cos \Theta_2$$

[1]) Genau genommen trifft die Eigenschaft „homogen" auf eine schräg einfallende Planwelle nicht mehr zu, da deren Flächen konstanter Phase wegen des Schnitts mit der Grenzfläche nicht mehr unendlich ausgedehnte Ebenen sind!

Daraus folgt das Reflexionsgesetz:

$$\Theta_r = \Theta_1 \tag{43}$$

und das Brechungsgesetz:

$$n_1 \cos \Theta_1 = n_2 \cos \Theta_2 \tag{44}$$

Diskussion des Brechungsgesetzes:

1. Fall: Sei $n_1 < n_2$, entsprechend z. B. dem Übergang von Luft in Wasser. Es folgt $\cos \Theta_1 > \cos \Theta_2$, also gilt für alle Einfallswinkel $0 < \Theta_1 < 90^\circ : \Theta_1 < \Theta_2$. In diesem Falle erfolgt stets eine Brechung zum Lot hin. Gleichzeitig tritt eine Teilreflexion auf.

Für die Technik der Lichtwellenleiter ist interessanter der

2. Fall: $n_1 > n_2$, entsprechend z. B. dem Übergang vom optisch dichteren Glas ins optisch dünnere Glas wie beim Übergang vom Kern in den Mantel einer Faser. In diesem Falle ist stets $\cos \Theta_1 < \cos \Theta_2$ für alle Einfallswinkel $0 < \Theta_1 < 90^\circ$. Also wird man folgern $\Theta_2 < \Theta_1$, so daß die Brechung (wenn sie überhaupt eintritt!) vom Lot weg geschieht. Reguläre Brechung tritt jedoch nur für solche Einfallswinkel Θ_1 auf, für die $\Theta_2 > 0$ ist, s. Fig. 25a und Fig. 26a. Beim kritischen Einfallswinkel Θ_{1c} ist $\Theta_2 = 0$; s. Fig. 25b und Fig. 26b. Die gebrochene Welle breitet sich also parallel zur Grenzfläche aus. Aus dem Brechungsgesetz Gl. (44) folgt im Falle $\Theta_2 = 0$

$$\Theta_{1c} = \arccos \frac{n_2}{n_1} \tag{45}$$

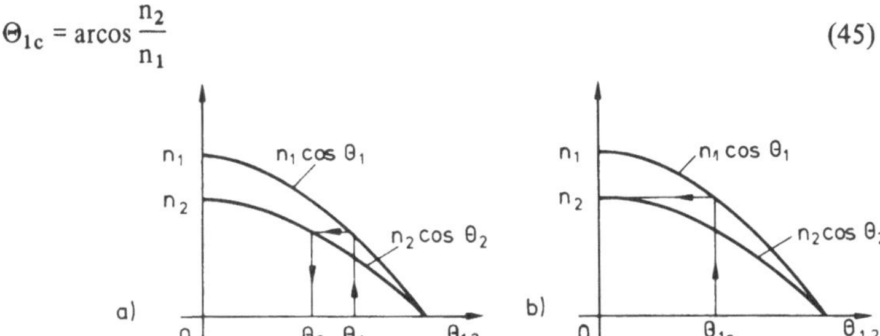

Fig. 25 Bestimmung des Brechungswinkels Θ_2 bei gegebenem Einfallswinkel Θ_1 im Fall des Lichtübergangs vom optisch dichteren zum optisch dünneren Medium ($n_1 > n_2$)
a) für hinreichend große Einfallswinkel $\Theta_1 > \Theta_{1c}$, für die $\Theta_2 > 0$ ist;
b) für den kritischen Einfallswinkel Θ_{1c}, bei dem $\Theta_2 = 0$ ist

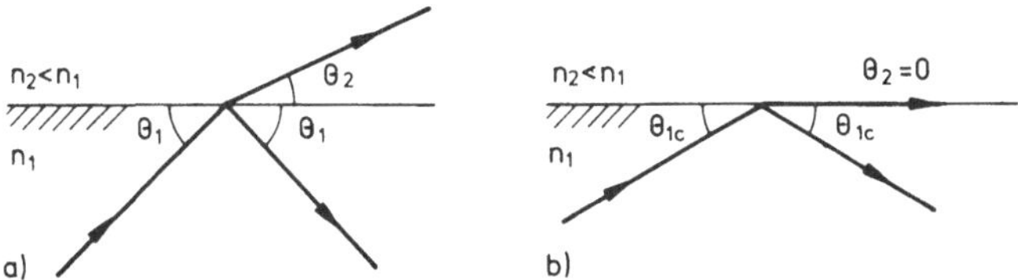

Fig. 26 Brechung und Teilreflexion beim Übergang vom optisch dichteren zum optisch dünneren Medium ($n_2 < n_1$)
a) für hinreichend große Einfallswinkel $\Theta_1 > \Theta_{1c}$;
b) für den kritischen Einfallswinkel Θ_{1c}

Was geschieht aber, wenn der Einfallswinkel Θ_1 den kritischen Wert in Gl. (45) unterschreitet? Die Antwort lautet: Die im Falle $\Theta_1 > \Theta_{1c}$ auftretende Teilreflexion geht in eine Totalreflexion über und die regulär gebrochene Welle geht in eine sog. frustriert gebrochene Welle über, die sich entlang der Grenzfläche (z-Richtung in Fig. 24) im optisch dünneren Medium ausbreitet. Die folgenden Überlegungen sollen diese Sachverhalte näher erläutern.

Im Falle $0 < \Theta_1 < \Theta_{1c}$ muß offenbar, um das Brechungsgesetz Gl. (44) zu erfüllen, gelten:

$$\cos\Theta_2 = \frac{n_1}{n_2}\cdot\cos\Theta_1 = \frac{\cos\Theta_1}{\cos\Theta_{1c}} > 1$$

Zur Deutung dieses zunächst ungewöhnlichen Ergebnisses zerlegen wir gemäß Fig. 24 den Ausbreitungsvektor $\vec{k}_2$ im optisch dünneren Medium in die Longitudinalkomponente $k_{2z} = k_2 \cdot \cos\Theta_2$ und die Transversalkomponente k_{2x}, für deren Quadrat gilt

$$k_{2x}^2 = k_2^2 - k_{2z}^2 = k_2^2(1-\cos^2\Theta_2) = -k_2^2(\cos^2\Theta_2 - 1)$$
$$= -k_2^2\left(\frac{n_1^2}{n_2^2}\cos^2\Theta_1 - 1\right) < 0$$

Die Transversalkomponente k_{2x} des Ausbreitungsvektors im optisch dünneren Medium wird also rein imaginär:

$$k_{2x} = \pm jk_2\sqrt{\frac{n_1^2}{n_2^2}\cos^2\Theta_1 - 1} = \pm j\alpha_{2x} \qquad (\alpha_{2x} > 0) \tag{46}$$

Deshalb wird die reguläre Brechung vereitelt. Mit der letzten Beziehung erhält man für den komplexen Momentanwert der elektrischen Feldstärke der „frustriert" gebrochenen Welle

$$\underline{E}_{20}e^{j(\omega t - \vec{k}_2\vec{r})} = \underline{E}_{20}e^{j\omega t}\cdot e^{-j(\pm j\alpha_{2x}x + k_{2z}z)}$$
$$= \underline{E}_{20}e^{(\overset{+}{-})\alpha_{2x}x}\cdot e^{j(\omega t - k_{2z}z)} \tag{47}$$

Die frustriert gebrochene Welle breitet sich also in Richtung der positiven z-Achse aus und ihre Amplitude nimmt – s. Fig. 27 – in der Querrichtung exponentiell ab (oder wächst exponentiell; diese Lösung ist aber hier unrealistisch). Weil die Ebenen z = const Flächen konstanter Phase sind, ist die frustriert gebrochene Welle wieder eine Planwelle. Jedoch ist diese Planwelle inhomogen wegen der exponentiellen Amplitudenabhängigkeit auf einer Fläche konstanter Phase.

Die positive Größe α_{2x} in Gl. (46) und (47) heißt transversaler Dämpfungsfaktor. Ihren Kehrwert $1/\alpha_{2x}$ bezeichnet man als Eindringtiefe der frustriert gebrochenen

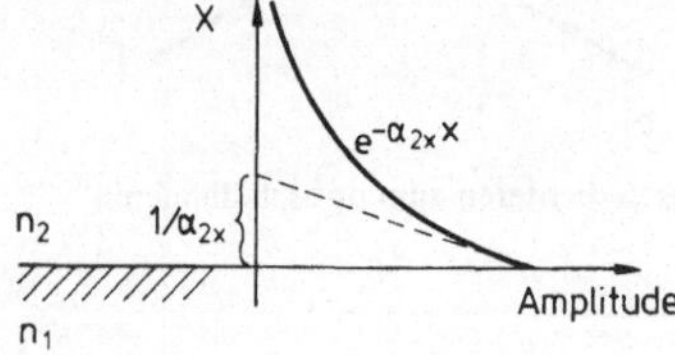

Fig. 27
Abnahme der Amplitude der bei Totalreflexion ins optisch dünnere Medium eindringenden (frustriert gebrochenen) Welle

Welle (s. Fig. 27). Die Eindringtiefe hängt gemäß

$$\frac{1}{\alpha_{2x}} = \frac{1}{kn_2 \sqrt{\frac{n_1^2}{n_2^2} \cos^2 \Theta_1 - 1}} = \frac{\lambda}{2\pi \sqrt{n_1^2 \cos^2 \Theta_1 - n_2^2}} \tag{48}$$

vom Einfallswinkel Θ_1 ab. Betrachten wir deshalb die beiden Grenzfälle des Einfallswinkels Θ_1 im Bereich der Totalreflexion:

1. $\Theta_1 = \Theta_{1c}$: „kritischer" Einfall. Die Welle dringt mit konstanter Amplitude ($\alpha_{2x} = 0$) in das unendlich ausgedehnte dünnere Medium ein, die Eindringtiefe ist unendlich; $1/\alpha_{2x} = \infty$. Dies folgt aus Gl. (48) mit Hilfe von Gl. (45).

2. $\Theta_1 \to 0$: streifender Einfall. Es ist $\cos \Theta_1 = 1$. In diesem Fall wird die Eindringtiefe minimal:

$$\left(\frac{1}{\alpha_{2x}}\right)_{min} = \frac{\lambda}{2\pi \sqrt{n_1^2 - n_2^2}} = \frac{1}{kn_1 \sin \Theta_{1c}} \tag{49}$$

Betrachten wir noch die Phasenlaufzeit $\tau_{\phi 2z}$ der frustriert gebrochenen Welle. Nach dem Brechungsgesetz ist sie gleich der Phasenlaufzeit $\tau_{\phi 1z}$ der aus einfallender und reflektierter Welle entstehenden resultierenden Welle im dichteren Medium.

$$\tau_{\phi 2z} = \frac{k_{2z}}{\omega} = \frac{k_2 \cos \Theta_2}{\omega} = \frac{n_2}{c} \underbrace{\cos \Theta_2}_{>1} > \tau_{\phi 2} = \frac{n_2}{c} \tag{50}$$

Dabei ist $\tau_{\phi 2}$ die Phasenlaufzeit einer homogenen Planwelle im Medium 2. Die frustriert gebrochene Welle ist also gegenüber einer homogenen Planwelle im Medium 2 gebremst. Die Phase der resultierenden Planwelle im Medium 1 ist dagegen schneller als die einer homogenen Planwelle im Medium 1:

$$\tau_{\phi 1z} = \frac{k_{1z}}{\omega} = \frac{k_1 \cos \Theta_1}{\omega} = \frac{n_1}{c} \cos \Theta_1 < \tau_{\phi 1} = \frac{n_1}{c} \tag{51}$$

Die bei schrägem Einfall auftretenden Reflexionsfaktoren berechnen wir in Abschn. 2.22 und Abschn. 2.23.

2.21 Klassifizierung von Wellen nach der Phasenlaufzeit

Nachdem wir verschiedene elektromagnetische Wellen besprochen haben, seien hier ohne Beweis einige allgemein geltenden Zusammenhänge angeführt. Die Phasenlaufzeit $\tau_\phi = T/\lambda_z$ einer harmonischen elektromagnetischen Welle mit der Periodendauer T und der Wellenlänge λ_z in Ausbreitungsrichtung (der z-Richtung) kann größer oder kleiner sein als die Lichtlaufzeit $\tau_{\phi L}$ (reziproke Lichtgeschwindigkeit) oder aber mit ihr übereinstimmen. Die Lichtlaufzeit ist im Vakuum $1/c$, im homogenen Dielektrikum n/c. Die Lichtlaufzeit ist immer als Phasenlaufzeit einer homogenen Planwelle zu verstehen. Hinsichtlich der Phasenlaufzeit τ_ϕ einer beliebigen Welle gilt allgemein:

1. F a l l : $\tau_\phi = \tau_{\phi L}$. Die Welle ist rein transversal, besitzt also keine longitudinale Feldkomponenten (TEM-Wellen, transversal elektrisch und magnetisch). Beispiele: homogene Planwelle, Kugelwelle (im Fernfeld), Grundwelle im Koaxialleiter.

2. F a l l : $\tau_\phi \neq \tau_{\phi L}$. Die Welle muß wenigstens eine Longitudinalkomponente, magnetisch oder elektrisch, haben.

a) $\tau_\phi > \tau_{\phi L}$: gebremste Wellen

Beispiel: die frustriert gebrochene Welle Gl. (50) bei Totalreflexion. Bezüglich der Longitudinalkomponente siehe folgenden Abschnitt.

b) $\tau_\phi < \tau_{\phi L}$: beschleunigte Wellen

Beispiel: Aus der Überlagerung von einfallender und reflektierter Welle bei Totalreflexion entstehende Welle, s. Abschn. 2.18 und Gl. (51).

Man beachte, daß die Phasenlaufzeit eine geometrische Bedeutung hat und nichts mit Energie- oder Informationslaufzeiten zu tun hat. Deshalb ist die Existenz von Überlichtgeschwindigkeiten der Phase kein Verstoß gegen die Relativitätstheorie.

2.22 Reflexions-Faktoren einer homogenen Planwelle bei schrägem Einfall auf eine ebene dielektrische Grenzfläche: einfallende Welle elektrisch transversal polarisiert (TE)

Wir nehmen wieder an, daß die einfallende Welle aus dem optisch dichteren Medium kommt. Bei schrägem Einfall muß man allerdings zwei Polarisationsfälle unterscheiden, die bei senkrechtem Einfall identisch sind. Zunächst behandeln wir den Fall der elektrisch transversalen (abgekürzt TE) Polarisation, d. h. $\vec{E}_1$ steht senkrecht auf der Einfallsebene und ist deshalb parallel zur ebenen Grenzfläche gerichtet (s. Fig. 28).

Das Problem der Reflexion bei schrägem Einfall führen wir zurück auf die Reflexion bei senkrechtem Einfall (s. Abschn. 2.19), indem wir die einfallende Welle in zwei virtuelle Teilwellen zerlegen, die sich senkrecht bzw. parallel zur Grenzfläche ausbreiten. Die senkrecht einfallende, virtuelle homogene Planwelle (s. Fig. 28) hat die unveränderte elektrische Feldstärke $\vec{E}_{1\perp} = E_1 \cdot \vec{e}_y$, aber die magnetische Feldstärke geht nur mit ihrer grenzflächen-parallelen Komponente ein, $\vec{H}_{1\perp} = H_{1z}\vec{e}_z = H_1 \cdot \sin \Theta_1 \cdot \vec{e}_z$. Deshalb erhält

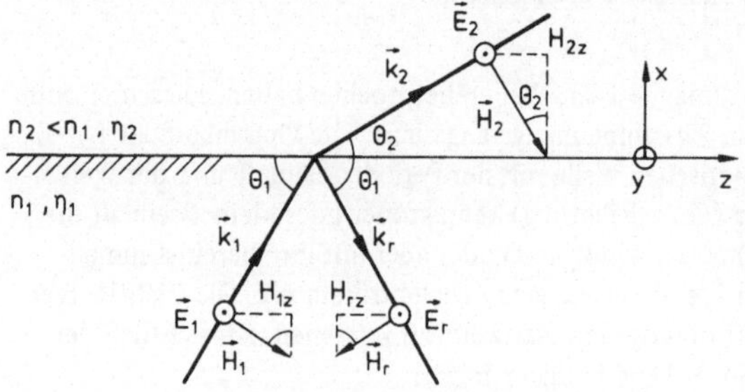

Fig. 28
Zur Ableitung des Reflexionsfaktors $\underline{r}_{TE}$ bei transversal elektrischer Polarisation. Die Ausbreitungsvektoren liegen in der Papierebene, die deshalb Einfallsebene ist

man für den zugehörigen Feldwellenwiderstand

$$\eta_{1\perp} = \frac{E_1}{H_1 \sin \Theta_1} = \frac{\eta_1}{\sin \Theta_1} = \frac{\eta_0}{n_1 \sin \Theta_1}$$

Ebenso betrachten wir die entsprechende virtuelle homogene Planwelle, die senkrecht ins zweite Medium eintritt. Ihre Feldstärkevektoren sind

$$\vec{E}_{2\perp} = E_2 \cdot \vec{e}_y \quad \text{und} \quad \vec{H}_{2\perp} = H_{2z}\vec{e}_z = H_2 \cdot \sin \Theta_2 \cdot \vec{e}_z$$

Der zugehörige Feldwellenwiderstand $\eta_{2\perp}$ lautet deshalb

$$\eta_{2\perp} = \frac{\eta_2}{\sin \Theta_2} = \frac{\eta_0}{n_2 \sin \Theta_2}$$

Damit berechnet sich der Reflexionsfaktor bei transversal elektrischer Polarisation (Index „TE") entsprechend Gl. (39) und Gl. (40)

$$\underline{r}_{TE} = \frac{\eta_{2\perp} - \eta_{1\perp}}{\eta_{2\perp} + \eta_{1\perp}} = \frac{n_1 \sin \Theta_1 - n_2 \sin \Theta_2}{n_1 \sin \Theta_1 + n_2 \sin \Theta_2} = -\underline{r}_{mTE} \tag{52a}$$

Erweitert man den Bruch mit k, so ergibt sich mit $k_{1x} = kn_1 \sin \Theta_1$ und $k_{2x} = kn_2 \sin \Theta_2$:

$$\underline{r}_{TE} = \frac{k_{1x} - k_{2x}}{k_{1x} + k_{2x}} = r_{TE} \cdot e^{j\rho_{TE}} \tag{52b}$$

Im allgemeinen ist der Reflexionsfaktor komplex, weil z. B. die Feldwellenwiderstände infolge von Verlusten komplex sind. Sein Betrag ist r_{TE} ($\geqslant 0$) und sein Phasenwinkel ρ_{TE}. Zweckmäßig stellt man deshalb den Reflexionsfaktor in der komplexen Ebene dar, wie es auch in der elektrischen Leitungstechnik üblich ist.

Im folgenden werden wir den Reflexionsfaktor Gl. (52) in Abhängigkeit vom Einfallswinkel Θ_1 betrachten. Dazu eliminieren wir den Brechungswinkel Θ_2 mit Hilfe des Brechungsgesetzes. Aus Gl. (44) folgt nämlich

$$\cos \Theta_2 = \frac{n_1}{n_2} \cos \Theta_1$$

bzw. $$\sin \Theta_2 = \sqrt{1 - \left(\frac{n_1}{n_2} \cos \Theta_1\right)^2}$$

Also ist der Reflexionsfaktor $\underline{r}_{TE}$ nur eine Funktion des Einfallswinkels Θ_1 und der Brechzahlen n_1 und n_2:

$$\underline{r}_{TE} = \frac{n_1 \sin \Theta_1 - \sqrt{n_2^2 - n_1^2 \cos^2 \Theta_1}}{n_1 \sin \Theta_1 + \sqrt{n_2^2 - n_1^2 \cos^2 \Theta_1}} \tag{52c}$$

Die abgeleiteten Formeln Gl. (52) gelten unabhängig davon, welches der beiden Medien das optisch dünnere bzw. dichtere ist. Die folgende Diskussion setzt jedoch den für Lichtwellenleiter praktisch wichtigen Fall $n_1 > n_2$ voraus. Bei der Abhängigkeit vom Einfallswinkel Θ_1 unterscheiden wir folgende Fälle:

1. $\Theta_1 = 90°$: Dies entspricht dem senkrechten Einfall. Betrag und Phase des Reflexionsfaktors sind nach Gl. (52b) und (52c)

$$r_{TE} = \frac{n_1 - n_2}{n_1 + n_2} > 0 \quad \text{bzw.} \quad \rho_{TE} = 0$$

Es tritt also phasenreine Teilreflexion auf.

2. $\Theta_{1c} < \Theta_1 < 90°$: Schräger Einfall. Wie beim senkrechten Einfall tritt phasenreine Teilreflexion und außerdem reguläre Brechung auf. Mit zunehmender Schräge des Einfalls nimmt nach Gl. (52c) der Reflexionsfaktor zu.

3. $\Theta_1 = \Theta_{1c}$: Kritischer Einfall. Der Reflexionsfaktor erreicht 100%, $r_{TE} = 1$, und ist noch ohne Phase, $\rho_{TE} = 0$. Es tritt also phasenreine Totalreflexion ein, wie bei einer leerlaufenden elektrischen Leitung.

4. $0 < \Theta_1 < \Theta_{1c}$: Überkritischer Einfall. Es tritt Totalreflexion mit Phasensprung auf. Die gebrochene Welle klingt nach Gl. (47) transversal exponentiell ab, weil $k_{2x} = -j\alpha_{2x}$ imaginär ist, s. Gl. (46). Der Reflexionsfaktor ist deshalb nach Gl. (52b)

$$\underline{r}_{TE} = \frac{k_{1x} + j\alpha_{2x}}{k_{1x} - j\alpha_{2x}} = 1 \cdot e^{j\rho_{TE}}$$

hat also den Betrag 1 (d. h. Totalreflexion) und den Phasenwinkel

$$\rho_{TE} = 2 \arctan \frac{\alpha_{2x}}{k_{1x}} \quad \text{mit} \quad \frac{\alpha_{2x}}{k_{1x}} = \frac{\sqrt{\cos^2 \Theta_1 - \cos^2 \Theta_{1c}}}{\sin \Theta_1} \tag{53}$$

der mit abnehmendem Einfallswinkel Θ_1 von Null bis π wächst. Diese Situation entspricht einer elektrischen Leitung mit abnehmender, rein induktiver Abschlußimdedanz.

5. $\Theta_1 \to 0$: streifender Einfall. In diesem Fall ist $\underline{r}_{TE} = -1$. Es tritt also Totalreflexion mit Phasenumkehr ein, wie bei einer kurzgeschlossenen elektrischen Leitung.

In Fig. 29 ist die Ortskurve des Reflexionsfaktors in Abhängigkeit vom Einfallswinkel Θ_1 dargestellt.

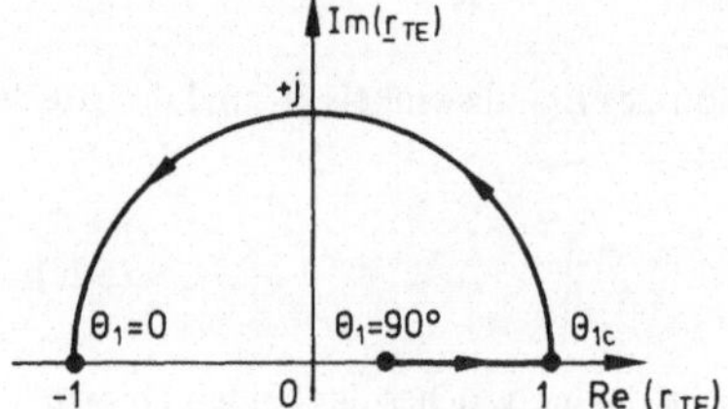

Fig. 29
Darstellung des elektrischen Reflexionsfaktors $\underline{r}_{TE}$ bei transversal elektrischer Polarisation einer einfallenden homogenen Planwelle in Abhängigkeit vom Winkel Θ_1 des Einfalls auf eine dielektrische Grenzfläche. Die einfallende Welle kommt aus dem optisch dichteren Medium ($n_1 > n_2$)

2.23 Fortsetzung: einfallende Welle magnetisch transversal polarisiert (TM); Brewster-Effekt

Wir betrachten grundsätzlich die gleiche Situation wie im letzten Abschnitt, nur mit dem Unterschied, daß jetzt der magnetische Feldvektor der einfallenden (und damit auch der reflektierten und gebrochenen) homogenen Planwelle senkrecht auf der Einfallsebene, der Papierebene in Fig. 30, steht; d. h. wir setzen transversale magnetische Polarisation voraus (Index TM).

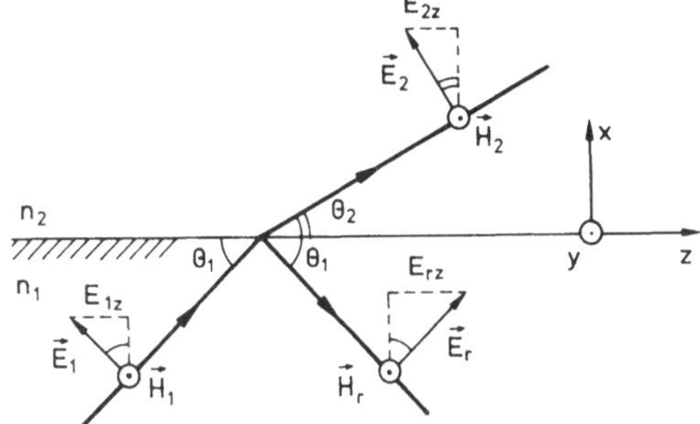

Fig. 30
Zur Ableitung des Reflexionsfaktors $\underline{r}_{TM}$: Homogene Planwelle, transversal magnetisch polarisiert, auf ebene Grenzfläche unter dem Winkel Θ_1 einfallend

Die virtuellen, senkrecht einfallenden bzw. transmittierten homogenen Teilplanwellen haben in diesem Falle folgende Feldwellenwiderstände:

$$\eta_{1\perp} = \frac{E_{1z}}{H_1} = \frac{E_1 \sin\Theta_1}{H_1} = \eta_1 \sin\Theta_1 = \eta_0 \cdot \frac{\sin\Theta_1}{n_1}$$

$$\eta_{2\perp} = \frac{E_{2z}}{H_2} = \frac{E_2 \sin\Theta_2}{H_2} = \eta_2 \sin\Theta_2 = \eta_0 \cdot \frac{\sin\Theta_2}{n_2}$$

Damit folgt für den Reflexionsfaktor $\underline{r}_{TM} = \underline{E}_{rt}(x = 0^-)/\underline{E}_{1t}(x = 0^-)$ als Verhältnis der Tangentialkomponenten (Index „t") der komplexen elektrischen Feldstärkeamplituden

$$\underline{r}_{TM} = \frac{\eta_{2\perp} - \eta_{1\perp}}{\eta_{2\perp} + \eta_{1\perp}} = \frac{n_1 \sin\Theta_2 - n_2 \sin\Theta_1}{n_1 \sin\Theta_2 + n_2 \sin\Theta_1} \tag{54a}$$

oder nach Erweiterung mit $n_1 n_2 k$:

$$\underline{r}_{TM} = \frac{n_1^2 k_{2x} - n_2^2 k_{1x}}{n_1^2 k_2 x + n_2^2 k_{1x}} \tag{54b}$$

Auch hier kann man den Brechungswinkel Θ_2 durch den Einfallswinkel Θ_1 ausdrücken, so daß der Reflexionsfaktor eine Funktion von Θ_1 und der Brechzahlen n_1 und n_2 wird. Wir schreiben nach Betrag und Phase

$$\underline{r}_{TM} = r_{TM} \cdot e^{j\rho_{TM}} \tag{54c}$$

Bei der Diskussion des Reflexionsfaktors Gl. (54) in Abhängigkeit vom Einfallswinkel Θ_1 setzen wir wieder $n_1 > n_2$ voraus und unterscheiden folgende Fälle:

1. $\Theta_1 = 90°$ und $\Theta_2 = 90°$: Senkrechter Einfall. Es tritt phasenreine Teilreflexion ein. Nach (54a) ist

$$r_{TM} = \frac{n_1 - n_2}{n_1 + n_2} > 0.$$

2. $90° > \Theta_1 > \Theta_{1c}$: Schräger Einfall. Mit abnehmendem Θ_1 wird der Reflexionsfaktor zunächst kleiner bis er verschwindet. Zu $\underline{r}_{TM} = 0$ gehört der sog. Brewster-Winkel Θ_{1B}. Bei diesem ausgezeichneten Einfallswinkel tritt Totaltransmission auf. Die Welle wird also reflexionsfrei gebrochen. Das Phänomen der reflexionsfreien Brechung, der sog. Brewster-Effekt, tritt nur bei transversal magnetischer Polarisation auf. Das Intervall $(90°, \Theta_{1c})$ des Einfallswinkels Θ_1 besteht also aus zwei Teilintervallen:

2a) $90° > \Theta_1 > \Theta_{1B}$

2b) $\Theta_{1B} > \Theta_1 > \Theta_{1c}$

Im ersten Intervall ist die auftretende Teilreflexion phasenrein ($\underline{r}_{TM} > 0$), im zweiten Intervall ist sie phasenumkehrend, d. h. mit einem Phasensprung von 180° verbunden ($\underline{r}_{TM} < 0$). Für den Brewster-Winkel, bei dem reflexionsfreie Brechung auftritt, gilt (Ableitung s. weiter unten)

$$\tan \Theta_{1B} = \frac{n_1}{n_2}$$

3. $\Theta_1 = \Theta_{1c}$: Kritischer Einfall unter dem Grenzfall der Totalreflexion. Aus dem Brechungsgesetz folgt für den kritischen Winkel Θ_{1c} wieder Gl. (45). Der Brechungswinkel Θ_2 verschwindet, so daß $\underline{r}_{TM} = -1$ ist. Die Totalreflexion ist mit einer Phasenumkehr verbunden, d. h. es ist $\rho_{TM} = 180°$.

4. $\Theta_{1c} < \Theta_1 < 0$: Überkritischer Einfall. Es tritt Totalreflexion mit Phasensprung auf. Wie in Abschn. 2.20 erläutert, ist jetzt die x-Komponente des Ausbreitungsvektors im zweiten Medium imaginär:

$k_{2x} = -j\alpha_{2x}$ mit $\alpha_{2x} > 0$, so daß aus Gl. (54b) folgt

$$\underline{r}_{TM} = -\frac{n_2^2 k_{1x} + j n_1^2 \alpha_{2x}}{n_2^2 k_{1x} - j n_1^2 \alpha_{2x}} \tag{55}$$

Also ist stets $|\underline{r}_{TM}| = r_{TM} = 1$, und der zugehörige Phasenwinkel beträgt

$$\rho_{TM} = 2 \arctan \frac{n_1^2 \alpha_{2x}}{n_2^2 k_{1x}} + \pi \tag{56}$$

(Das additive π rührt vom negativen Vorzeichen in Gl. (55) her.) Dabei ist

$$\frac{n_1^2 \alpha_{2x}}{n_2^2 k_{1x}} = \left(\frac{n_1}{n_2}\right)^2 \cdot \frac{\sqrt{\cos^2 \Theta_1 - \cos^2 \Theta_{1c}}}{\sin \Theta_1} = \begin{cases} 0 & \text{für } \Theta_1 = \Theta_{1c} \\ \to \infty & \text{für } \Theta_1 \to 0 \end{cases} \tag{56a}$$

so daß sich der Phasenwinkel ρ_{TM} im Bereich $\pi \leqslant \rho_{TM} \leqslant 2\pi$ bewegt, wenn für den Einfallswinkel $\Theta_{1c} \geqslant \Theta_1 \geqslant 0$ gilt. Diese Situation entspricht einer elektrischen Leitung mit rein kapazitiver Abschlußimpedanz.

5. $\Theta_1 \to 0$: Streifender Einfall der Welle. Es ist $r_{TM} = 1$ und $\rho_{TM} = 0$. Dies bedeutet eine phasenreine Totalreflexion.

Eine graphische Darstellung der Ortskurve des Reflexionsfaktors $\underline{r}_{TM}$ in der komplexen Ebene in Abhängigkeit vom Einfallswinkel Θ_1 zeigt Fig. 31.

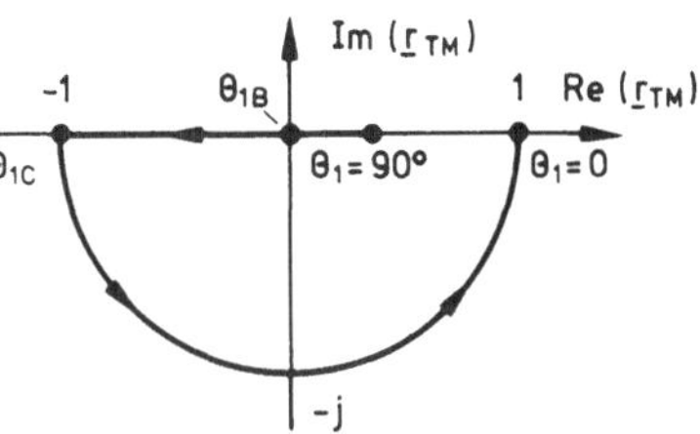

Fig. 31
Darstellung des elektrischen Reflexionsfaktors $\underline{r}_{TM}$ bei transversal magnetischer Polarisation einer einfallenden, aus dem optisch dichteren Medium kommenden homogenen Planwelle in Abhängigkeit vom Einfallswinkel Θ_1

Als Nachtrag zum Fall 2 sei der Brewster-Winkel Θ_{1B} berechnet und eine Deutung des Brewster-Effekts gegeben. Aus Gl. (54a) erhält man für $\underline{r}_{TM} = 0$

$$n_2 \sin \Theta_{1B} = n_1 \sin \Theta_{2B} \quad \text{oder}$$

$$\frac{\sin \Theta_{1B}}{\sin \Theta_{2B}} = \frac{n_1}{n_2} =: N \tag{57}$$

Nach dem Brechungsgesetz Gl. (44) ist andererseits $\cos \Theta_{2B} = N \cos \Theta_{1B}$. Damit folgt aus Gl. (57)

$$\frac{\sin \Theta_{1B}}{\sqrt{1 - N^2 \cos^2 \Theta_{1B}}} = N \tag{58}$$

Berücksichtigt man die trigonometrischen Beziehungen

$$\sin^2 \alpha = \frac{\tan^2 \alpha}{1 + \tan^2 \alpha} \quad \text{und} \quad \cos^2 \alpha = \frac{1}{1 + \tan^2 \alpha}$$

und verwendet diese in Gl. (58), so erhält man

$$N^2 = \frac{\tan^2 \Theta_{1B}}{1 + \tan^2 \Theta_{1B} - N^2} \quad \text{und daraus}$$

$$\tan \Theta_{1B} = \frac{n_1}{n_2} \tag{59}$$

Θ_{1B} ist beim Übergang vom dichteren ins dünnere Medium ($n_1 > n_2$) größer als 45°.

Beim Brewster-Effekt steht der gebrochene Strahl senkrecht auf der Richtung des virtuellen, d. h. nur gedachten reflektierten Strahls (s. Fig. 32). Denn aus dem Brechungs-

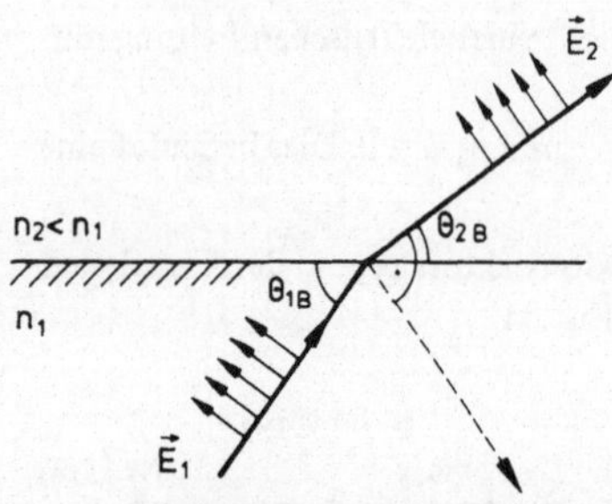

Fig. 32 Zur Deutung des Brewster-Effektes. Die elektrischen Feldstärke-Vektoren liegen in der Einfallsebene (Papierebene)

gesetz Gl. (44) folgt mit Gl. (59)

$$\tan \Theta_{1B} \cdot \cos \Theta_{1B} = \cos \Theta_{2B}$$

also $$\sin \Theta_{1B} = \cos \Theta_{2B}$$

und damit $$\Theta_{1B} + \Theta_{2B} \equiv 90°$$

Diese Identität gilt für alle Verhältnisse n_1/n_2. Dieser Sachverhalt erlaubt es, die Reflexionsfreiheit anschaulich zu erklären (s. Fig. 32). Der gebrochene Strahl regt die Ladungsträger des Mediums n_2 zur Dipolstrahlung an. In Schwingungsrichtung (= Richtung der elektrischen Feldstärke = Richtung des gedacht reflektierten Strahls) strahlt ein Dipol aber nicht. Deshalb tritt auch keine reflektierte Welle auf. Der Brewster-Effekt hat z. B. in der Lasertechnik verschiedene Anwendungen, in der optischen Übertragungstechnik jedoch unmittelbar keine.

3 Strahlenoptik (Geometrische Optik)

Unter der Strahlenoptik, auch geometrische Optik genannt, versteht man den Grenzfall der Wellenoptik, der aus dieser entsteht, wenn die Wellenlänge gegen Null geht. Die Anwendung der Strahlenoptik als Näherungstheorie ist immer dann zulässig, wenn die Wellenlänge des verwendeten Lichts hinreichend klein gegen alle interessierenden linearen Abmessungen der optischen Geräte ist. Dann kann man nämlich das sich ausbreitende Licht als ein Bündel von Lichtstrahlen betrachten. Nehmen wir als Beispiel eine Vielwellenfaser. Ihr Kerndurchmesser beträgt $d = 50\ \mu m$, die Lichtwellenlänge in der Faser sei etwa $\lambda_z \approx 0{,}5\ \mu m$. In diesem Falle ist $d/\lambda_z = 1\%$, also ist die geometrische Optik noch anwendbar, d. h. sie liefert für zahlreiche Anwendungsfälle noch brauchbare Näherungslösungen. Aus diesem Grunde behandeln wir in diesem Kapitel einige ihrer Grundlagen.

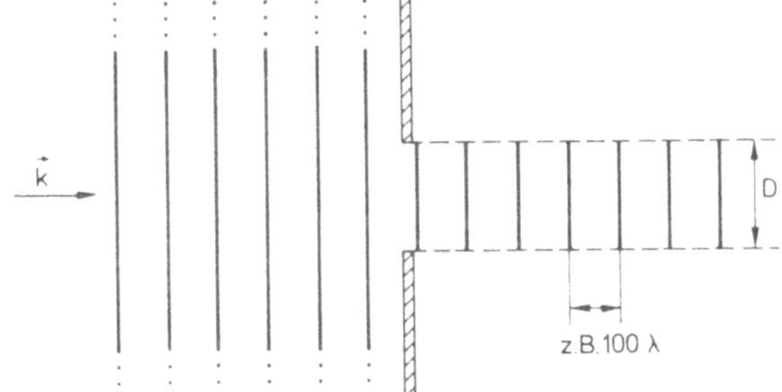

Fig. 1
Lochblende im Wellenfeld einer homogenen Planwelle: Fall der Strahlenoptik $D \gg \lambda$

Deutlich tritt der Unterschied zwischen Strahlenoptik und Wellenoptik hervor, wenn Störungen (z. B. Blenden) im optischen Wellenfeld vorhanden sind. Der Blendendurchmesser D sei z. B. sehr viel größer als die Wellenlänge λ der einfallenden Wellen. Hinter der Blende entsteht dann ein scharfer Schatten und das Wellenfeld breitet sich gemäß Fig. 1 geradlinig aus. Hier handelt es sich um einen Fall, für den die Strahlenoptik zutrifft,

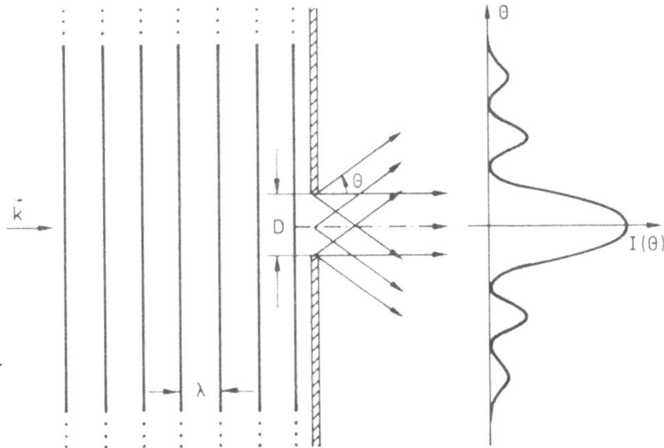

Fig. 2
Lochblende im Wellenfeld einer homogenen Planwelle: Fall der Wellenoptik $D \approx \lambda$

d. h. bei dem die Beugung vernachlässigt werden kann. Wenn der Blendendurchmesser D in der Größenordnung der Wellenlänge λ liegt, ist die Beugung wesentlich. Die Intensitätsverteilung hinter der Blende (s. Fig. 2) läßt sich nur mittels der Wellenoptik berechnen.

3.1 Die Eikonalgleichung

In einem homogenen Medium breitet sich ein Lichtstrahl geradlinig aus. In einem inhomogenen Medium, wie es z. B. Glasfasern für die optische Übertragungstechnik sind, tritt im allgemeinen eine krummlinige Ausbreitung der Lichtstrahlen auf. Im folgenden Abschnitt leiten wir die Differentialgleichung ab, mit deren Hilfe sich die krummlinigen Lichtwege berechnen lassen. Der erste Schritt auf diesem Wege führt zur Eikonalgleichung, die Gegenstand dieses Abschnitts ist.

Die Wellengleichung für eine reelle skalare Größe a(x, y, z, t) im homogenen Medium lautet nach Gl. (2.11)

$$\Delta a = \epsilon\mu_0 \frac{\partial^2 a}{\partial t^2}$$

mit der Lichtgeschwindigkeit im betrachteten Medium nach Gl. (2.11b)

$$v = \frac{1}{\sqrt{\epsilon\mu_0}} = \frac{1}{\sqrt{\epsilon_r}} \cdot \frac{1}{\sqrt{\epsilon_0\mu_0}} = \frac{c}{n}$$

Setzt man für die Funktion a den Ausdruck

$$a = \text{Re}\,[\underline{A}(x, y, z)e^{j\omega t}]$$

so erhält man die reduzierte Wellengleichung (Helmholtzgleichung) für die komplexe Amplitude $\underline{A}$:

$$\Delta\underline{A} + k^2n^2\underline{A} = 0 \quad \text{mit} \quad k = \omega\sqrt{\epsilon_0\mu_0} = \frac{\omega}{c} \tag{1}$$

Die einfachste Lösung von Gl. (1) im Falle eines homogenen Mediums ($n \equiv$ const) ist nach Kap. 2 die homogene harmonische Planwelle mit der komplexen Amplitude

$$\underline{A} = \underline{A}_0 e^{-jknz}, \quad \text{wo} \quad \underline{A}_0 = \text{const} \tag{2}$$

Die Ausbreitungsrichtung ist hier die positive z-Richtung. Die Flächen konstanter Phase sind Ebenen z = const.

Voraussetzung für die strenge Gültigkeit der Helmholtzgleichung ist genau genommen die Homogenität des Dielektrikums. In Abschn. 2.3 wurde jedoch gezeigt, daß auch für Medien mit hinreichend schwach inhomogenem Dielektrikum die Helmholtzgleichung noch näherungsweise gültig ist. Deshalb machen wir die Voraussetzung der schwachen Inhomogenität des Mediums, d. h. über eine Strecke ds gelte für die relative Änderung dn/n der Brechzahl $dn/n \ll 2\pi ds/\lambda$. Diese Bedingung ist umso besser erfüllt, je kleiner λ ist, im Grenzfall $\lambda \to 0$ also praktisch immer.

Wir setzen im Falle n(x, y, z) für die komplexe Amplitude

$$\underline{A} = A_0(x, y, z)e^{-jkS(x,y,z)} \tag{3}$$

mit reellem $A_0(x, y, z)$ und einer Phasenfunktion S(x, y, z), die anstelle des Ausdrucks $n(x, y, z)z$ in Gl. (2) tritt. Die Flächen konstanter Phase sind in diesem Falle gegeben durch

$$S(x, y, z) = \text{const} \tag{3a}$$

werden also i. a. krumme Flächen sein. Auf ihnen steht die lokale Ausbreitungsrichtung der Welle senkrecht.

Gl. (3) wird nun in Gl. (1) eingesetzt, um zu sehen, welche Bedingungen erfüllt sein müssen, damit Gl. (3) eine Lösung der Wellengleichung (1) ist. Es ist zunächst

$$\begin{aligned}\vec{\nabla}\underline{A} &= (\vec{\nabla}A_0)e^{-jkS} + A_0\vec{\nabla}e^{-jkS}\\ &= (\vec{\nabla}A_0)e^{-jkS} + A_0(-jk)\vec{\nabla}S\,e^{-jkS}\\ &= e^{-jkS}[\vec{\nabla}A_0 - jkA_0\vec{\nabla}S] =: e^{-jkS}[\,\cdot\,]\end{aligned}$$

Daraus folgt

$$\begin{aligned}\Delta\underline{A} &= \vec{\nabla}(\vec{\nabla}\underline{A})\\ &= \vec{\nabla}[\,\cdot\,]e^{-jkS} + (\vec{\nabla}e^{-jkS})[\,\cdot\,]\\ &= [\Delta A_0 - jk(\vec{\nabla}A_0\vec{\nabla}S + A_0\Delta S)]e^{-jkS} + [\vec{\nabla}A_0 - jkA_0\vec{\nabla}S](-jk)\vec{\nabla}S\,e^{-jkS}\end{aligned}$$

Wir interessieren uns jetzt nur für den Grenzfall $\lambda \to 0$, oder $k = 2\pi/\lambda \to \infty$. Dann bestimmen die in k quadratischen Glieder im wesentlichen das Verhalten von $\Delta\underline{A}$. Deshalb vernachlässigt man die in k freien und linearen Glieder und erhält so

$$\lim_{k \to \infty} (\Delta\underline{A}) = -k^2 \cdot A_0(\vec{\nabla}S)^2 \cdot e^{-jkS}$$

In diesem Grenzfall geht also die Wellengleichung (1) über in:

$$-k^2A_0(\vec{\nabla}S)^2 = -k^2n^2A_0$$

Daraus folgt durch Kürzen die sog. E i k o n a l g l e i c h u n g :

$$(\text{grad } S)^2 = n^2 \tag{4}$$

Die Phasenfunktion S(x, y, z) heißt E i k o n a l (B i l d f u n k t i o n). S(x, y, z) gibt an, wie die Phase der Welle sich ändert, wenn man in beliebiger Richtung fortschreitet. Eine einfache Folgerung aus der Eikonalgleichung (4) besagt, daß der Gradient von S(x, y, z) konstant ist, wenn die Brechzahl konstant ist; das ist der Fall der geradlinigen Lichtausbreitung in einem homogenen Medium. Die Eikonalgleichung liefert nur eine Aussage über die Größe (Betrag) von grad S, jedoch noch keine Aussage über die Richtung von grad S.

Gl. (3a) repräsentiert eine Fläche im Raum. Für verschiedene Werte der Konstanten erhält man eine Schar von Flächen, die sich im allgemeinen nicht gegenseitig durchdringen. Das sind die Flächen konstanter Phase. Die Lichtausbreitung geschieht wie im

Fall der homogenen Planwelle in senkrechter Richtung zu den Flächen konstanter Phase. Ein betrachteter Lichtstrahl hat also die Richtung von grad S (s. Fig. 3). Die Schar der Flächen konstanter Phase gibt auch eine Vorstellung davon, wo die Brechzahl größer oder kleiner ist (s. Fig. 3).

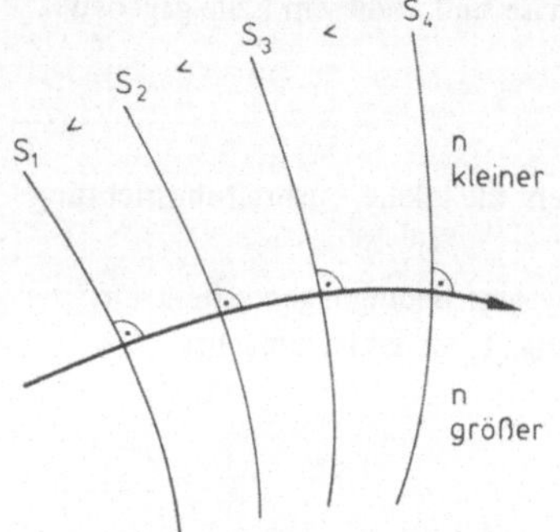

Fig. 3 Krummliniger Lichtstrahl im inhomogenen Medium und Flächen konstanter Phase S

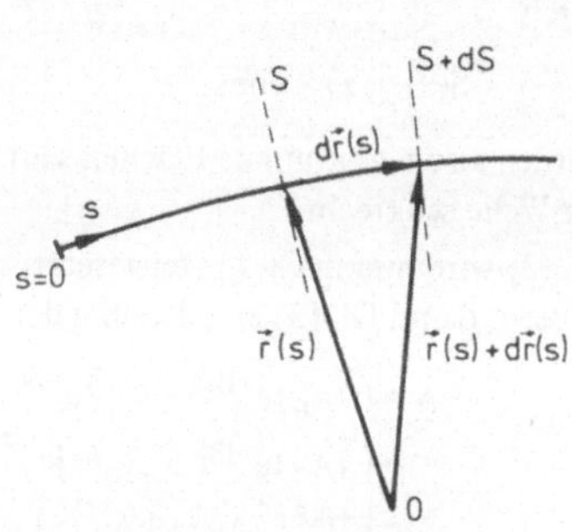

Fig. 4 Zur Differentialgeometrie eines Lichtstrahlweges; s Längenkoordinate auf dem Lichtweg, $\vec{r}(s)$ Ortsvektor, $ds = |d\vec{r}(s)|$

3.2 Die Strahlendifferentialgleichung

Zur Ableitung der Strahlendifferentialgleichung aus der Eikonalgleichung (4) betrachten wir einen Lichtstrahl gemäß Fig. 4. Wir gehen davon aus, daß der Tangenteneinheitsvektor $\vec{t}$ in einem Punkt des Lichtweges die Richtung von grad S haben muß. Mit der Eikonalgleichung (4) folgt deshalb

$$\vec{t} = \frac{\text{grad } S}{n} \tag{4a}$$

Andererseits gilt für den Tangentenvektor (s. Fig. 4)

$$\vec{t} = \frac{d\vec{r}(s)}{ds} \tag{4b}$$

Aus diesen beiden Ausdrücken folgt

$$n \cdot \frac{d\vec{r}(s)}{ds} = \text{grad } S \tag{5}$$

Hieraus erhält man die Differentialgleichung für den Lichtweg $\vec{r}(s)$, indem man mit Hilfe von Gl. (4) das Eikonal S eliminiert, ohne den Vektorcharakter von Gl. (5) aufzugeben.

Aus Gl. (5) folgt durch nochmalige Differentiation nach s

$$\frac{d}{ds}\left(n\frac{d\vec{r}}{ds}\right)=\frac{d(\vec{\nabla}S)}{ds}=\frac{(d\vec{r}\vec{\nabla})(\vec{\nabla}S)}{ds} \tag{5a}$$

Hier ist der Zuwachs $d(\vec{\nabla}S)$ des Gradienten $\vec{\nabla}S$ beim Fortschreiten um das vektorielle Wegelement $d\vec{r}$ (mit dem Betrage ds) schon mit Hilfe des Vektorgradienten als $(d\vec{r}\vec{\nabla})(\vec{\nabla}S)$ geschrieben. Benützt man nun Gl. (5), um auf der rechten Seite von Gl. (5a) den Differentialquotient $d\vec{r}/ds$ durch $(\vec{\nabla}S)/n$ auszudrücken, so erhält man

$$\frac{d}{ds}\left(n\frac{d\vec{r}}{ds}\right)=\frac{1}{n}(\vec{\nabla}S\cdot\vec{\nabla})(\vec{\nabla}S) \tag{5b}$$

Macht man ferner von der Identität[1])

$$\vec{\nabla}(\vec{\nabla}S)^2=2(\vec{\nabla}S\cdot\vec{\nabla})(\vec{\nabla}S) \tag{6}$$

Gebrauch, dann geht (5b) über in

$$\frac{d}{ds}\left(n\frac{d\vec{r}}{ds}\right)=\frac{1}{2n}\operatorname{grad}(\operatorname{grad}S)^2 \tag{5c}$$

Dies ist eine Vektorgleichung, aus der sich mit Hilfe der Eikonalgleichung (4) das Eikonal S unmittelbar eliminieren läßt. Beachtet man noch, daß grad $n^2 = 2n$ grad n ist, so folgt schließlich aus (5c) die gesuchte Strahlendifferentialgleichung der geometrischen Optik

$$\frac{d}{ds}\left(n\frac{d\vec{r}}{ds}\right)=\operatorname{grad} n \tag{7}$$

Als einfachstes Beispiel für die Anwendung von Gl. (7) nehmen wir $n(x, y, z) \equiv$ const an. Dann ist grad $n \equiv 0$. Aus Gl. (7) folgt damit für den Tangenteneinheitsvektor nach Gl.

---

[1]) Zum Beweis von Gl. (6) betrachte man den Gradienten $\vec{\nabla}(\vec{v}\vec{w})$ des skalaren Produkts zweier Vektorfelder $\vec{v}$ und $\vec{w}$ (der Index „c" bedeute vereinbarungsgemäß, daß der betreffende Vektor bei der auszuführenden Differentiation als Konstante zu betrachten ist):

$$\vec{\nabla}(\vec{v}\vec{w})=\vec{\nabla}(\vec{v}_c\vec{w})+\vec{\nabla}(\vec{v}\vec{w}_c)$$

Die beiden Gradienten auf der rechten Seite dieser Gleichung treten auch auf, wenn man die folgenden doppelten Vektorprodukte mit Hilfe des Graßmannschen Entwicklungssatzes der Vektoralgebra umformt:

$$\vec{v}\times(\vec{\nabla}\times\vec{w})=\vec{\nabla}(\vec{v}_c\vec{w})-(\vec{v}\vec{\nabla})\vec{w}$$
$$\vec{w}\times(\vec{\nabla}\times\vec{v})=\vec{\nabla}(\vec{v}\vec{w}_c)-(\vec{w}\vec{\nabla})\vec{v}$$

Damit erhält man

$$\vec{\nabla}(\vec{v}\vec{w})=\vec{v}\times\operatorname{rot}\vec{w}+(\vec{v}\operatorname{grad})\vec{w}+\vec{w}\times\operatorname{rot}\vec{v}+(\vec{w}\operatorname{grad})\vec{v}$$

Setzt man schließlich $\vec{v}=\vec{w}=\operatorname{grad}S$, so folgt unmittelbar Gl. (6).

(4b) $n \cdot \vec{t} \equiv$ const und $\vec{t}$ = const, d. h. die Lichtstrahlen sind gerade, wie in einem homogenen Medium zu erwarten.

Zur qualitativen Deutung der Strahlendifferentialgleichung nehmen wir an, daß n(x, y, z) eine beliebige stetige Ortsfunktion sei und $(n\vec{t})_1$ und $(n\vec{t})_2$ gemäß Fig. 5 die mit der lokalen Brechzahl multiplizierten Tangentenvektoren in zwei differentiell benachbarten Punkten P_1 und P_2 des Lichtstrahlwegs seien. Gl. (7) sagt hierzu aus, daß die Änderung $d(n\vec{t})$ in Richtung von grad n verläuft. Auf der konkaven Seite des Lichtstrahlwegs befindet sich also der Bereich erhöhter Brechzahlen. Man vergleiche dazu auch die Brechung eines Lichtstrahles durch eine Sammellinse: auf der konkaven Seite des Lichtstrahls befindet sich mehr dielektrisches Material der Sammellinse.

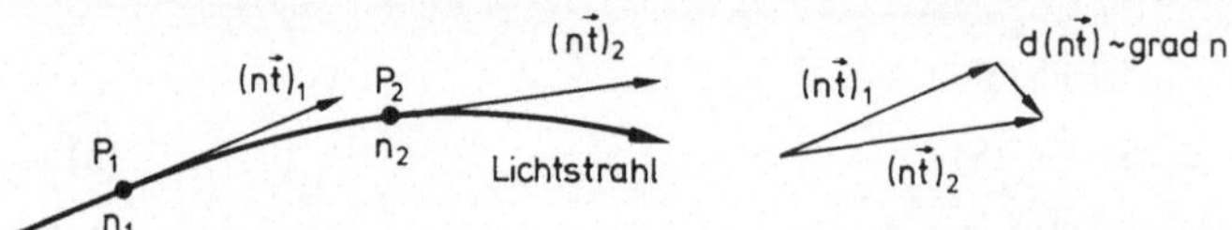

Fig. 5 Zur qualitativen Deutung der Strahlendifferentialgleichung (7)

3.3 Paraxiale Näherung der Strahlendifferentialgleichung

Häufig haben die interessierenden Lichtstrahlen einen hinreichend kleinen Neigungswinkel Θ zur optischen Achse, so daß näherungsweise $\sin \Theta \approx \tan \Theta \approx \Theta$ gilt. Solche Strahlen heißen *paraxiale Strahlen*.

Die geführten Strahlen im Kern einer Gradientenfaser können für manche Zwecke als paraxial betrachtet werden. In diesen Fasern gilt für die Ortsabhängigkeit der Brechzahl $n(x, y, z) = n(\sqrt{x^2 + y^2}) = n(r)$, d. h. es besteht Homogenität in Richtung der Faserachse (z-Richtung) und Inhomogenität nur in radialer Richtung mit Zylindersymmetrie. Die Flächen n(r) = const mit $r > 0$ sind konzentrische Zylinder, grad n zeigt radial auf die Achse zu, wo die Brechzahl maximal sein soll.

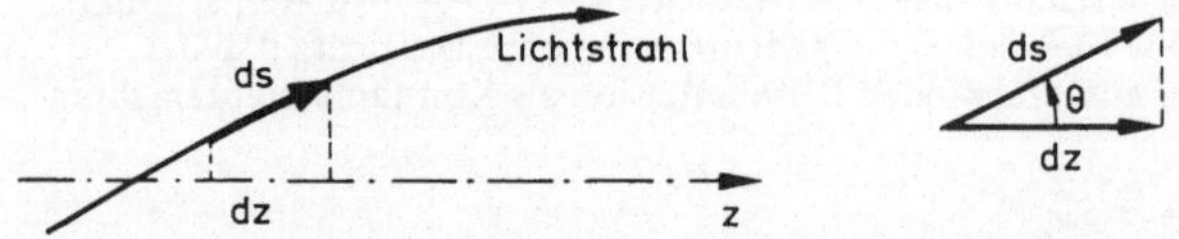

Fig. 6 Zur Geometrie paraxialer Strahlen. ds Wegelement des Lichtstrahls, dz zugehöriges Element der optischen Achse

Da der Neigungswinkel Θ paraxialer Strahlen gegenüber der optischen Achse sehr klein ist, gilt $dz = ds \cos \Theta \approx ds$ (s. Fig. 6). $dz \approx ds$ bezeichnet man als paraxiale Näherung. Mit ihr geht Gl. (7) über in die *paraxiale Strahlendifferentialgleichung*

$$\frac{d}{dz}\left(n \frac{d\vec{r}}{dz}\right) = \text{grad } n \qquad (8)$$

Als Lösung von Gl. (8) erhält man den Ortsvektor $\vec{r}(z)$ der Punkte des Lichtstrahls in Abhängigkeit von der Koordinate z längs der optischen Achse. Angewendet auf eine Glasfaser erhält man wegen dn/dz = 0

$$n \frac{d^2\vec{r}(z)}{dz^2} = \text{grad } n \tag{9}$$

Die Optik der paraxialen Strahlen bezeichnet man als paraxiale Optik oder Gaußsche Optik.

3.4 Fermatsches Prinzip und Brechungsgesetz

Einige allgemeine Eigenschaften von Lichtstrahlen in inhomogenen Medien lassen sich aus der Tatsache ableiten, daß jedes Umlaufintegral über grad S verschwindet. Es gilt nämlich

$$\oint \text{grad } S d\vec{\ell} = 0$$

oder (vgl. Fig. 7)

$$\underset{(\text{Weg } 1)}{\int_{P_1}^{P_2} \text{grad } S d\vec{\ell}} = \underset{(\text{Weg } 2)}{\int_{P_1}^{P_2} \text{grad } S d\vec{\ell}}$$

Mit grad S = $n d\vec{r}/ds$ folgt

$$\underset{(\text{Weg } 1)}{\int_{P_1}^{P_2} \left(n \frac{d\vec{r}}{ds}\right) d\vec{\ell}} = \underset{(\text{Weg } 2)}{\int_{P_1}^{P_2} \left(n \frac{d\vec{r}}{ds}\right) d\vec{\ell}} \tag{10}$$

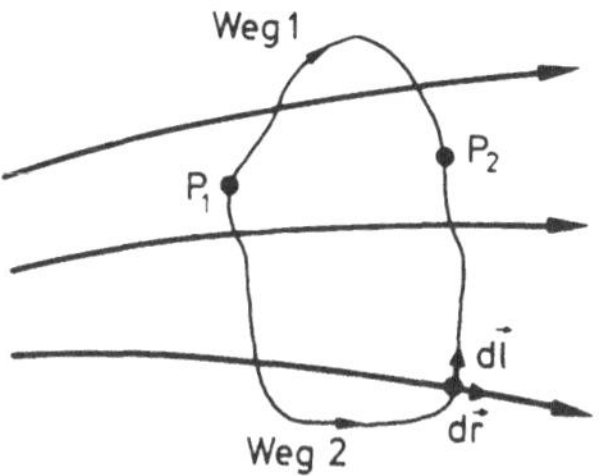

Fig. 7 Umlauf im Feld krummliniger Lichtstrahlen. Beachte: $d\vec{\ell}$ ist Element des Integrationsweges, $d\vec{r}$ ist Element des Lichtweges

Diese Eigenschaft Gl. (10) gilt für beliebige, orientierte Integrationswege 1 und 2 zwischen zwei Punkten P_1 und P_2 in einem Feld krummliniger Lichtstrahlen in einem inhomogenen Medium.

Als Beispiel betrachten wir ein abbildendes System, das entsprechend Fig. 8 alle von P_1 ausgehenden Lichtstrahlen in P_2 wieder zusammenführt. Als Integrationswege wählen wir verschiedene Lichtstrahlen von P_1 nach P_2. Deshalb gilt hier $d\vec{r} = d\vec{\ell}$ und

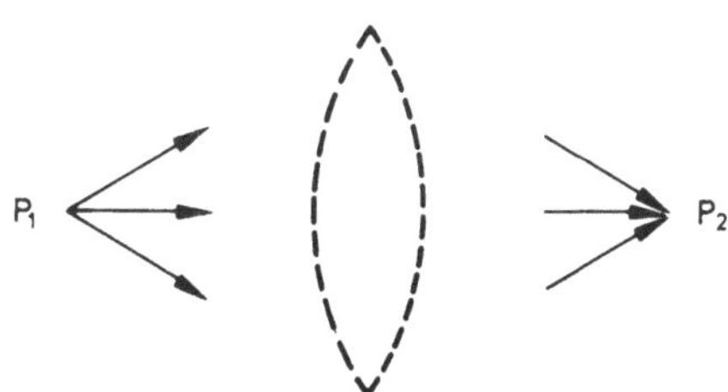

Fig. 8
Abbildendes optisches System (gestrichelt)

$d\vec{r} \cdot d\vec{\ell} = |ds|^2$. Aus Gl. (10) folgt damit für alle Lichtwege von P_1 nach P_2

$$\int_{P_1}^{P_2} n ds \equiv \text{const} \tag{11}$$

Das Integral in Gl. (11) heißt optische Weglänge von P_1 nach P_2. Multiplizieren wir mit der spezifischen Lichtlaufzeit $1/c$ im Freiraum, so geht Gl. (11) mit Gl. (2.28) über in

$$\int_{P_1}^{P_2} \frac{n}{c} ds = \int_{P_1}^{P_2} \tau_\phi ds = \int_{t_{L1}}^{t_{L2}} dt_L = t_{L2} - t_{L1} = \text{const},$$

d. h. die absolute Laufzeit $t_{L2} - t_{L1}$ des Lichtes zwischen den Punkten P_1 und P_2 ist auf allen Lichtwegen gleich.

Fassen wir weiterhin einen bestimmten Lichtweg von P_1 nach P_2 ins Auge und betrachten bei festgehaltenen Punkten P_1 und P_2 mögliche Variationen dieses Lichtweges, dann bleibt die Laufzeit stationär, d. h. die Variation (Symbol δ)

$$\delta \int_{P_1}^{P_2} n ds = 0 \tag{11a}$$

des Integrals in Gl. (11) verschwindet.

Dies ist das Extremalprinzip der Strahlenoptik, das als Fermatsches Prinzip bekannt ist und welches allgemein lautet: Die Ausbreitung des Lichtes erfolgt zwischen zwei Punkten P_1 und P_2 des betrachteten Mediums auf jenem Wege, für den die benötigte Zeit ein Extremum (meist Minimum) ist. Zum Beweis siehe Abschn. 3.6.

Zur geometrisch-optischen Ableitung des Brechungsgesetzes wenden wir Gl. (10) gemäß Fig. 9 auf das schlanke differentielle Rechteck mit den Eckpunkten $P_1(1)$, $P_1(2)$, $P_2(1)$ und $P_2(2)$ an. Die Schmalseiten seien vernachlässigbar klein in ihrer Länge. Es gilt dann

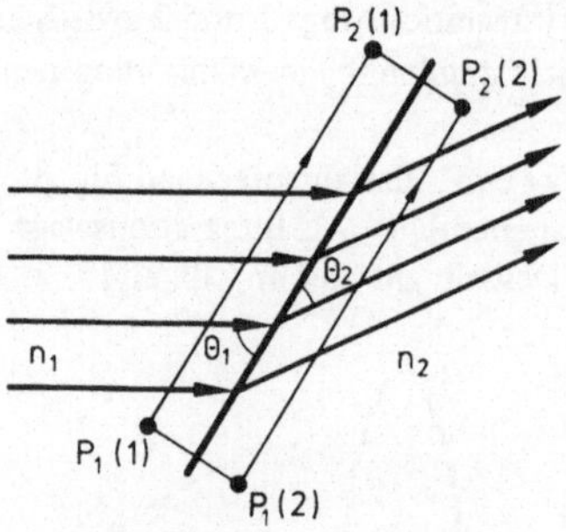

$$\int_{P_1(1)}^{P_2(1)} \left(n \frac{d\vec{r}}{ds} \right) d\vec{\ell} = \int_{P_1(2)}^{P_2(2)} \left(n \frac{d\vec{r}}{ds} \right) d\vec{\ell}$$

Dabei ist

$$\int_{P_1(1)}^{P_2(1)} \left(n \frac{d\vec{r}}{ds} \right) d\vec{\ell} = n_1 \int_{P_1(1)}^{P_2(1)} \vec{t}_1 d\vec{\ell} \approx n_1 \vec{t}_1 \cdot \overrightarrow{P_1P_2}$$

mit dem Grenzflächen-Tangentenvektor $\overrightarrow{P_1P_2}$ und dem Lichtstrahl-Tangenteneinheitsvektor $\vec{t}_1$ im Medium n_1.

Mit $|\overrightarrow{P_1P_2}| := \Delta\ell$ gilt nach Fig. 9:

$$n_1 \vec{t}_1 \cdot \overrightarrow{P_1P_2} = n_1 \Delta\ell \cos \Theta_1$$

Fig. 9 Zur Brechung von Lichtstrahlen an einer Grenzfläche zwischen zwei homogenen Medien mit den Brechzahlen n_1 und $n_2 < n_1$. Es sei $\overline{P_1(1)P_1(2)} \to 0^+$

Entsprechend gilt (s. Fig. 9)

$$\int_{P_1(2)}^{P_2(2)} \left(n \frac{d\vec{r}}{ds} \right) d\vec{\ell} = n_2 \Delta\ell \cos\Theta_2$$

Also folgt:

$$n_1 \cos\Theta_1 = n_2 \cos\Theta_2 \tag{12}$$

Das ist das Brechungsgesetz, das wir an früherer Stelle (Abschn. 2.20) schon wellenoptisch abgeleitet hatten.

3.5 Verallgemeinerung des Brechungsgesetzes bei stetigen Brechzahländerungen und Anwendung auf geführte Lichtstrahlen in Fasern

In allen praktischen Fasern hat man es mit stetigen Brechzahländerungen zu tun. Deshalb interessiert uns das Brechungsgesetz für eine Grenzfläche, auf deren beiden Seiten sich die Brechzahl nur differentiell wenig unterscheidet.

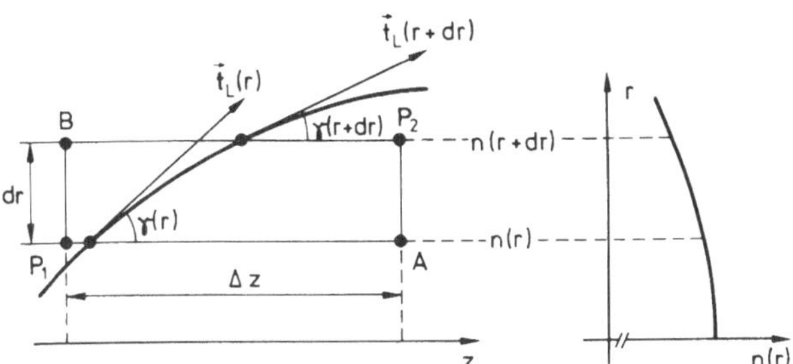

Fig. 10 Zum Brechungsgesetz bei stetigen Brechzahländerungen: Integrationsweg einmal P_1 A P_2, ein andermal P_1 B P_2

Wir betrachten den Meridionalschnitt einer Faser und wenden Gl. (10) gem. Fig. 10 auf ein schlankes differentielles Rechteck mit den Eckpunkten P_1, A, P_2, B an, so daß die Integrationsbeiträge der radial gerichteten Schmalseiten verschwinden bzw. sich aufheben. Es bezeichne $\vec{t}_L(r)$ den Tangenteneinheitsvektor des Lichtweges. Dann gilt

$$\int_{P_1}^{P_2} n(r)\vec{t}_L(r)\,d\vec{\ell} = \int_{P_1}^{A} n(r)\vec{t}_L(r)\,d\vec{\ell} = n(r) \cdot \Delta z \cos\gamma(r)$$

(über A)

Entsprechend ergibt sich für den zweiten Weg:

$$\int_{P_1}^{P_2} n(r+dr)\vec{t}_L(r+dr)\,d\vec{\ell} = \int_{B}^{P_2} n(r+dr)\vec{t}_L(r+dr)\,d\vec{\ell} = n(r+dr) \cdot \Delta z \cos\gamma(r+dr)$$

(über B)

Beide Ergebnisse müssen nach Gl. (10) übereinstimmen. Also folgt

$$n(r) \cos \gamma(r) = n(r + dr) \cos \gamma(r + dr) \equiv \text{const} \tag{13}$$

für jeden Punkt des angenommenen Lichtweges. Dies ist das verallgemeinerte Brechungsgesetz in einer für unsere Anwendungen zugeschnittenen Form. In Gl. (13) bedeutet r den Abstand von der optischen Achse; die Grenzfläche r = const ist parallel zur optischen Achse.

Multipliziert man Gl. (13) mit der Freiraumwellenzahl $k = 2\pi/\lambda$, so erhält man das Ergebnis:

$$k \cdot n(r) \cdot \cos \gamma(r) = k_n(r) \cdot \cos \gamma(r) \equiv \text{const} \tag{13a}$$

In dieser Form besagt das verallgemeinerte Brechungsgesetz: Für einen meridionalen Strahl, der sich in einer vielwelligen Faser ausbreitet, ist die axiale, d. h. in die Richtung der Faserachse fallende Komponente des lokalen Ausbreitungsvektors, dessen Betrag $k_n(r) := kn(r)$ ist, stets konstant. Diese Aussage gilt nicht nur für Meridionalstrahlen, sondern z. B. auch für alle in einer Faser geführten Strahlen[1]).

Es ist üblich, die invariante axiale Komponente des lokalen Ausbreitungsvektors mit β abzukürzen:

$$\beta := k_n(r) \cdot \cos \gamma(r) \tag{14}$$

Diese Invariante ist die Ausbreitungskonstante β des betrachteten Lichtstrahls, die wellenoptisch in den raumzeitlichen Phasenfaktor $e^{j(\omega t - \beta z)}$ der betrachteten harmonischen Lichtwelle eingeht (s. Abschn. 2.16). Ferner können wir folgern: Ein Lichtstrahl verhält sich lokal (d. h. in einer hinreichend kleinen Punktumgebung) wie eine homogene Planwelle. Von diesem Konzept werden wir später weitgehende Anwendung machen (vgl. Abschn. 4.7).

3.6 Ableitung der Strahlendifferentialgleichung aus dem Fermatschen Prinzip

Im folgenden zeigen wir, daß die Strahlendifferentialgleichung (7) unmittelbar aus dem Fermatschen Prinzip Gl. (11a) hergeleitet werden kann. Auf diese Weise beweisen wir das Fermatsche Prinzip auch für den allgemeinen Fall, nachdem in Abschn. 3.4 seine Gültigkeit nur für ein abbildendes System gezeigt wurde.

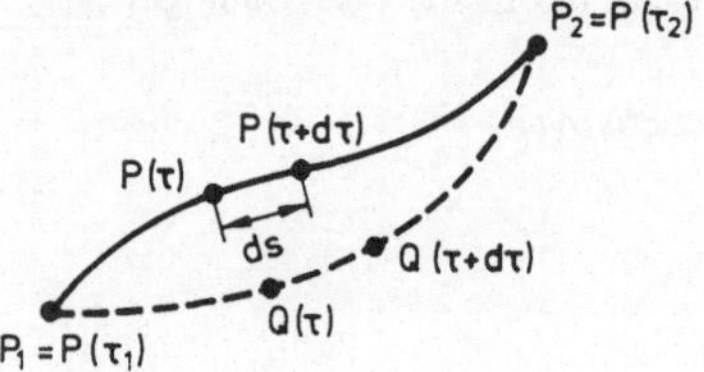

Fig. 11
Tatsächlicher Lichtstrahl (ausgezogene Kurve) und variierter Lichtstrahl (gestrichelte Kurve) zwischen den festen Punkten P_1 und P_2

[1]) Zu den Begriffen der geführten und meridionalen Strahlen s. Abschn. 4.1, zum Begriff des lokalen Ausbreitungsvektors s. Abschn. 3.10.

Der Weg des Lichtstrahls führe gem. Fig. 11 von P_1 nach P_2. Zur analytischen Beschreibung des Lichtstrahls führen wir einen reellen Parameter τ ein (das könnte z. B. die Laufzeit sein), durch den jeder Punkt $P(\tau)$ des tatsächlichen Lichtstrahls und jeder Punkt $Q(\tau)$ des variierten Lichtstrahls eindeutig bestimmt ist (s. Fig. 11). Mit dem Wegelement (in kartesischen Koordinaten)

$$ds = \sqrt{(dx)^2 + (dy)^2 + (dz)^2} = \sqrt{\dot{x}^2 + \dot{y}^2 + \dot{z}^2}\, d\tau$$

nimmt das Fermatsche Prinzip Gl. (11a) die Form

$$\delta \int_{P_1}^{P_2} n\, ds = \delta \int_{\tau_1}^{\tau_2} F(x, y, z, \dot{x}, \dot{y}, \dot{z})\, d\tau = 0$$

an, wobei der Integrand

$$F(x, y, z, \dot{x}, \dot{y}, \dot{z}) := n(x, y, z)\sqrt{\dot{x}^2 + \dot{y}^2 + \dot{z}^2}$$

ist und die Punkte über den kartesischen Koordinaten deren Ableitungen nach τ bedeuten. Da Anfangs- und Endpunkt sowie das Differential $d\tau$ unvariiert bleiben, folgt

$$\delta \int_{\tau_1}^{\tau_2} F\, d\tau = \int_{\tau_1}^{\tau_2} (\delta F)\, d\tau = \int_{\tau_1}^{\tau_2} \left(\frac{\partial F}{\partial x} \delta x + \frac{\partial F}{\partial \dot{x}} \delta \dot{x} + \ldots \right) d\tau = 0$$

Die drei Punkte (. . .) besagen hier und in den folgenden Gleichungen, daß entsprechende Ausdrücke in den weiteren Koordinaten y und z zu addieren sind. Wegen $\dot{x} = dx/d\tau$ und $\delta dx = d\delta x$ (hierzu vgl. Fig. 12) läßt sich das letzte Integral wie folgt schreiben:

$$\int_{\tau_1}^{\tau_2} \frac{\partial F}{\partial x} \delta x\, d\tau + \int_{\delta x(\tau_1)}^{\delta x(\tau_2)} \frac{\partial F}{\partial \dot{x}}\, d(\delta x) + \ldots = 0$$

Das zweite Integral in dieser Gleichung läßt sich durch partielle Integration vereinfachen:

$$\int_{\delta x(\tau_1)}^{\delta x(\tau_2)} \frac{\partial F}{\partial \dot{x}}\, d(\delta x) = \frac{\partial F}{\partial \dot{x}} \cdot \delta x \Bigg|_{\delta x(\tau_1)}^{\delta x(\tau_2)} - \int_{(\partial F/\partial \dot{x})_{\tau_1}}^{(\partial F/\partial \dot{x})_{\tau_2}} \delta x\, d\left(\frac{\partial F}{\partial \dot{x}}\right)$$

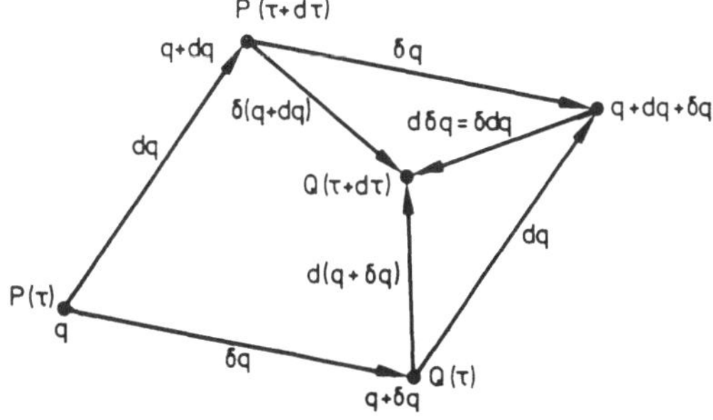

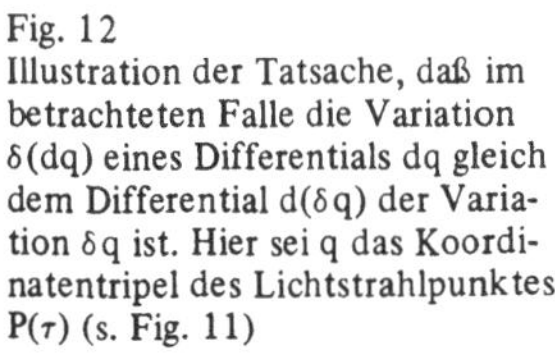
Fig. 12
Illustration der Tatsache, daß im betrachteten Falle die Variation $\delta(dq)$ eines Differentials dq gleich dem Differential $d(\delta q)$ der Variation δq ist. Hier sei q das Koordinatentripel des Lichtstrahlpunktes $P(\tau)$ (s. Fig. 11)

Weil Anfangs- und Endpunkt nicht variiert werden, verschwindet der ausintegrierte Teil und es bleibt (nach Erweiterung mit $d\tau$)

$$\int_{\delta x(\tau_1)}^{\delta x(\tau_2)} \frac{\partial F}{\partial \dot{x}} d(\delta x) = - \int_{\tau_1}^{\tau_2} \delta x \frac{d}{d\tau}\left(\frac{\partial F}{\partial \dot{x}}\right) d\tau$$

Damit erhalten wir

$$\delta \int_{\tau_1}^{\tau_2} F dx = \int_{\tau_1}^{\tau_2} \left(\left[\frac{\partial F}{\partial x} - \frac{d}{d\tau}\left(\frac{dF}{d\dot{x}}\right)\right] \delta x + \ldots\right) d\tau = 0$$

Da das Integral für alle möglichen Lichtstrahlvariationen verschwinden soll, muß die eckige Klammer im Integrand (und entsprechende Ausdrücke in y und z) verschwinden:

$$\frac{d}{d\tau}\left(\frac{\partial F}{\partial \dot{x}}\right) = \frac{\partial F}{\partial x}$$

Mit der Abkürzung $\sqrt{\cdot} := \sqrt{\dot{x}^2 + \dot{y}^2 + \dot{z}^2}$ ist wegen $F = n\sqrt{\cdot}$

$$\frac{\partial F}{\partial \dot{x}} = n \frac{\dot{x}}{\sqrt{\cdot}} \quad \text{und} \quad \frac{\partial F}{\partial x} = \frac{\partial n}{\partial x} \sqrt{\cdot}$$

Dies eingesetzt, ergibt

$$\frac{d}{d\tau}\left(n \frac{\dot{x}}{\sqrt{\cdot}}\right) = \frac{\partial n}{\partial x} \sqrt{\cdot}$$

Führen wir noch das Wegelement $ds = d\tau \sqrt{\cdot}$ ein, so folgt

$$\frac{d}{ds}\left(n \frac{\dot{x}}{\sqrt{\cdot}}\right) = \frac{\partial n}{\partial x}$$

Das aber ist gerade die x-Komponente der vektoriellen Strahlendifferentialgleichung (7)

$$\frac{d}{ds}\left(n \frac{d\vec{r}}{ds}\right) = \text{grad } n$$

denn es ist

$$\frac{d\vec{r}}{ds} = \frac{1}{\sqrt{\cdot}} \frac{d\vec{r}}{d\tau} = \frac{1}{\sqrt{\cdot}} (\dot{x}, \dot{y}, \dot{z})$$

Damit ist das Fermatsche Prinzip indirekt auch allgemein bewiesen.

3.7 Verhältnis von Strahlen- und Wellenoptik und deren Verhältnis zur Mechanik

Die Strahlenoptik liefert für die Lichtausbreitung in inhomogenen Medien als Lösung der Strahlendifferentialgleichung räumliche Kurven, die zusammen mit den Anfangsbedingungen eindeutig den Weg eines Lichtstrahls beschreiben. Die Lichtstrahlwege können deshalb als Bewegungskurven der Lichtquanten aufgefaßt werden, deren Energe $hf = hc/\lambda$ im Grenzfall $\lambda \to 0$ unendlich groß ist. Die Strahlenoptik entspricht also der klassischen Mechanik der Massenpunkte. Da in der Strahlenoptik vorausgesetzt ist, daß alle relevanten linearen Abmessungen der optischen Geräte hinreichend groß gegen die Wellenlänge sind, kann die Strahlenoptik auch als „Makrooptik" bezeichnet werden. Entsprechend ist auch die klassische Mechanik eine „Makromechanik", weil sie nur gültig ist, wenn alle interessierenden mechanischen Geräteabmessungen groß gegen die Materiewellenlänge der betrachteten bewegten Masseteilchen sind.

Sind dagegen in der Optik (allgemeiner in der Theorie elektromagnetischer Vorgänge) die relevanten Geräteabmessungen in der Größenördnung der Wellenlänge des verwendeten Lichts (bzw. allgemeiner der elektromagnetischen Strahlung) oder kleiner, dann muß die Wellenoptik (bzw. Wellentheorie) zur richtigen Beschreibung der Vorgänge herangezogen werden. Beispiele sind Beugungsgitter und Antennen aller Art. Die Wellenoptik ist also eine „Mikrooptik". Die Wellenoptik entspricht mathematisch-formal weitgehend der Wellenmechanik, die eine „Mikromechanik" für mechanische Vorgänge in atomaren Bereichen ist. Von der Analogie zwischen Wellenoptik und Wellenmechanik werden wir im nächsten Kapitel 4 mehrfach anschaulich Gebrauch machen.

3.8 Anwendung der paraxialen Strahlendifferentialgleichung auf eine Gradientenfaser mit parabolischem Brechzahlprofil

Als Beispiel berechnen wir im folgenden den Strahlenverlauf eines meridionalen geführten Strahls in einer vielwelligen Gradientenfaser mit dem parabolischen Brechzahlprofil (s. Fig. 13)

$$n(r) = \begin{cases} n_0 \cdot \left[1 - \Delta \cdot \left(\frac{r}{a}\right)^2\right] & \text{für } 0 \leqslant r \leqslant a \\ n_0 \cdot (1 - \Delta) & \text{für } r \geqslant |a| \end{cases} \tag{15}$$

In Gl. (15) bedeuten: a den Kernradius (z. B. 25 μm); r den Achsenabstand (radiale Koordinate); $n_0 := n(0)$ die Kernachsenbrechzahl; $n_a := n(a) = n_0(1 - \Delta)$ die Mantelbrechzahl (z. B. 1,46) und $\Delta := \frac{n_0 - n_a}{n_0}$ den relativen Brechzahlunterschied zwischen Kern und Mantel (z. B. 1%).

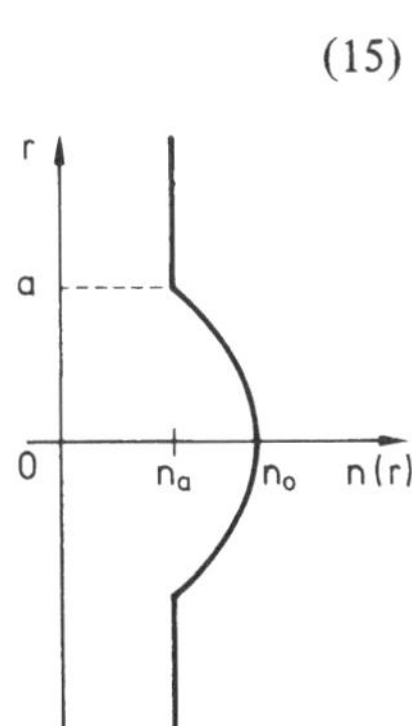

Fig. 13
Parabolisches Brechzahlprofil n(r) einer Gradientenfaser. (Der äußere Faserdurchmesser interessiert hier nicht)

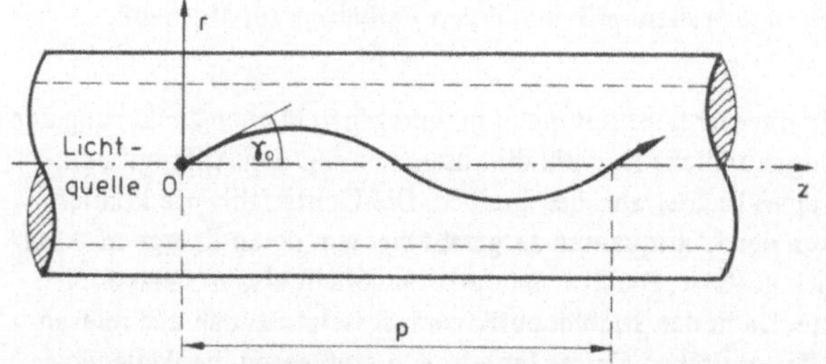

Fig. 14
Längsschnitt einer Gradientenfaser und Verlauf eines geführten Meridionalstrahls, angeregt durch Punktlichtquelle auf der Faserachse

Gemäß Fig. 14 betrachten wir eine punktförmige Lichtquelle auf der Faserachse, die die optische Achse (z-Achse) darstellt. Gesucht ist der Verlauf r(z) eines Lichtstrahls, den die Lichtquelle unter einem derart kleinen Neigungswinkel γ_0 zur Achse aussendet, daß der Strahl stets im Kern geführt wird und als paraxialer Strahl betrachtet werden kann. Der betrachtete Lichtstrahl ist ein meridionaler Lichtstrahl, weil er in einer Meridionalebene verläuft. Unter einer Meridionalebene versteht man eine Ebene durch die Faserachse. (In Fig. 14 ist die Papierebene eine Meridionalebene.)
Die näherungsweise Bestimmung des Strahlverlaufs geschieht durch Lösung der paraxialen Strahlendifferentialgleichung (9)

$$n(r)\,\frac{d^2\vec{r}}{dz^2} = \text{grad}\, n(r) \tag{16}$$

Man beachte hierbei: $\vec{r}$ ist der Ortsvektor des betrachteten Lichtwegpunktes und als solcher eine Funktion der drei Koordinaten x, y und z. Dagegen bedeutet r die radiale Koordinate des Zylinderkoordinatensystems. Es ist also

$$r = \sqrt{x^2 + y^2} \quad \text{und} \quad |\vec{r}| = \sqrt{r^2 + z^2}.$$

Aus der Vektorgleichung (16) erhält man drei skalare Gleichungen für die kartesischen Komponenten:

$$n \cdot \frac{d^2x}{dz^2} = (\text{grad}\, n)_x = \frac{\partial n}{\partial x}$$

$$n \cdot \frac{d^2y}{dz^2} = (\text{grad}\, n)_y = \frac{\partial n}{\partial y}$$

$$n \cdot \frac{d^2z}{dz^2} = (\text{grad}\, n)_z = \frac{\partial n}{\partial z} \equiv 0$$

Die letzte Gleichung ist identisch erfüllt, weil die Brechzahl n(r) nicht von z abhängt. Da wir uns nur für meridionale Strahlen interessieren, können wir $y \equiv 0$ und $r \equiv x$ setzen. Dann bleibt nur eine skalare Differentialgleichung übrig, in der der lokale Achsenabstand r eines Lichtpunktweges eine Funktion von z ist:

$$n(r) \cdot \frac{d^2r(z)}{dz^2} = \frac{dn}{dr} \tag{17}$$

Aus dem parabolischen Brechzahlprofil Gl. (15) erhält man (es sei stets $r \leqslant a$ vorausgesetzt)

$$\frac{dn(r)}{dr} = -\frac{n_0 \Delta}{a^2} \cdot 2r$$

Hiermit wird aus Gl. (17)

$$\frac{d^2 r(z)}{dz^2} = -\frac{2\Delta}{a^2} \cdot \frac{n_0}{n(r)} \cdot r(z)$$

Aus dieser Gleichung läßt sich der Lichtstrahlweg r(z) berechnen. Der Einfachheit halber machen wir von der für praktische Fasern (sogenannte „schwach führende“ Fasern) gültigen Näherung $n_0/n(r) \approx 1$ Gebrauch, so daß näherungsweise gilt

$$\frac{d^2 r}{dz^2} = -\frac{2\Delta}{a^2} \cdot r(z) \tag{18}$$

Dies ist eine Schwingungsdifferentialgleichung, deren Lösung eine harmonische Funktion sein muß. Wir setzen

$$r(z) = r_M \cdot \sin\left(\frac{2\pi}{p} z\right) \tag{19}$$

und erhalten für den zweiten Differentialquotienten

$$\frac{d^2 r}{dz^2} = -r_M \cdot \left(\frac{2\pi}{p}\right)^2 \cdot \sin\left(\frac{2\pi}{p} z\right)$$

Eingesetzt in Gl. (18) liefert dies die räumliche Periode p des sinusförmig verlaufenden Lichtstrahls (s. Fig. 14)

$$p = \frac{2\pi a}{\sqrt{2\Delta}} \tag{20}$$

Für die Bahnamplitude der geführten Lichtstrahlen gilt $0 \leqslant r_M \leqslant a$.

Zahlenbeispiel: Sei $a = 25\ \mu m$ und $\Delta = 0{,}7\%$, dann ist $p = 1{,}33$ mm.

Die räumliche Periode p ist nach Gl. (20) unabhängig von der Bahnamplitude r_M. Darauf beruht die selbst-fokussierende Eigenschaft der Gradientenfaser. Alle vom strahlenden Punktsender auf der Faserachse ausgehenden im Kern geführten Meridionalstrahlen werden also wieder in einem Bildpunkt vereinigt. Die Laufzeitunterschiede der Meridionalstrahlen sind also nach Abschn. 3.4 Null. Diese Aussagen gelten allerdings nur im Rahmen der gemachten Näherungen.

Für die Praxis interessiert noch der in der Menge der geführten Meridionalstrahlen auftretende maximale Neigungswinkel $\gamma_{0\,max}$ gegen die Faserachse. Dieser ist im Nulldurchgang des Meridionalstrahls mit der maximalen Bahnamplitude $r_M = a$ anzutreffen. Für ihn folgt aus (19) mit (20)

$$\left.\frac{dr}{dz}\right/_{\substack{r_M = a \\ z = 0}} = \tan \gamma_{0\,max} = 2\pi \frac{a}{p} = \sqrt{2\Delta} \qquad (21)$$

Z a h l e n b e i s p i e l : Für eine Gradientenfaser mit Brechzahlprofil (15) und $\Delta = 0{,}7\%$ ist $\gamma_{0\,max} = 6{,}75°$.

Der maximale Neigungswinkel $\gamma_{0\,max}$ des realistischen Beispiels erfüllt nur unvollkommen die paraxiale Strahlenbedingung (s. Abschn. 3.3). Deshalb ist zu vermuten, daß eine exakte strahlenoptische Rechnung unterschiedliche Perioden p und damit unterschiedliche Laufzeiten der Meridionalstrahlen in Abhängigkeit von ihrer Bahnamplitude r_M liefert. Dies ist in der Tat der Fall (s. Abschn. 3.9 und 4.6). Das parabolische Brechzahlprofil ist tatsächlich auch noch nicht optimal (s. Abschn. 4.7.7).

Berechnen wir noch die A u s b r e i t u n g s k o n s t a n t e β e i n e s M e r i d i o n a l s t r a h l s. Dazu betrachten wir den lokalen Ausbreitungsvektor, der in einem Punkte mit dem Achsenabstand r(z) den Betrag kn(r) hat. Seine z-Komponente ist $k_z = kn(r) \cdot \cos \gamma(r) = \beta$, wenn $\gamma(r)$ der lokale Neigungswinkel des Strahls ist. Man überzeugt sich leicht davon, daß für unsere Näherungslösung der Meridionalstrahlen diese z-Komponente nicht invariant ist (s. Gl. (14)), was auf die mangelnde Exaktheit hindeutet. Aber im Scheitelpunkt $r = r_M$ besteht der lokale Ausbreitungsvektor eines Meridionalstrahls nur aus einer z-Komponente, deshalb gilt für alle geführten Meridionalstrahlen (Index M)

$$\beta_M = kn(r_M) \qquad (22)$$

und zwar unabhängig vom Brechzahlprofil.

Nach Gl. (19) gibt es unendlich viele Meridionalstrahlen mit unterschiedlichen Amplituden r_M im Bereich $0 \leqslant r_M \leqslant a$. Dies ist eine Folge der Voraussetzung $\lambda \to 0$, die der Strahlendifferentialgleichung zugrunde liegt. Tatsächlich ist $\lambda/a \approx 0{,}04$, d. h. durchaus endlich. Deshalb ist das Spektrum der möglichen Amplitudenwerte im Bereich $0 \leqslant r_M \leqslant a$ kein Kontinuum, sondern besteht aus nur endlich vielen diskreten Werten, z. B. 20. Der Grund hierfür ist formal der gleiche, der für die diskreten Elektronenbahnen im Wasserstoffatom verantwortlich ist. Der endliche λ-Wert erfordert nämlich für die Existenz konsistenter Wellenformen die Erfüllung zusätzlicher Resonanzbedingungen (Quantenbedingungen); s. Abschn. 4.3 und 4.7.1.

3.9 Fortsetzung: Exakte Lösung des Meridionalstrahlverlaufs

Die im Abschn. 3.8 gewonnene Näherungslösung für den Verlauf geführter Meridionalstrahlen in einer Faser mit parabolischem Brechzahlprofil Gl. (15) ergab gemäß Gl. (20) für alle geführten Meridionalstrahlen die gleiche Periode p und, mit Hilfe des Fermatschen Prinzips (vgl. Abschn. 3.4) daraus folgend, die gleiche Laufzeit. Tatsächlich treten jedoch noch kleine Laufzeitunterschiede auf, die bei langen Fasern berücksichtigt werden müssen.

Deshalb sind für eine genaue Theorie die in Abschn. 3.8 eingeführten Näherungen nicht brauchbar. Wir zeigen hier, wie man aus der exakten Strahlendifferentialgleichung (7)

$$\frac{d}{ds}\left(n(r)\frac{d\vec{r}}{ds}\right) = \text{grad } n(r) \tag{23}$$

den genauen Meridionalstrahlveraluf gewinnt.

Für Meridionalstrahlen gilt mit den radialen und longitudinalen Einheitsvektoren $\vec{e}_r$ bzw. $\vec{e}_z$

$$d\vec{r} = dr \cdot \vec{e}_r + dz \cdot \vec{e}_z \quad \text{und}$$

$$ds = \sqrt{(dr)^2 + (dz)^2} = dz\sqrt{1 + (dr/dz)^2}$$

Außerdem gilt grad $n(r) = (dn/dr)\vec{e}_r$. Damit wird aus Gl. (23)

$$\frac{1}{\sqrt{1+r'^2}}\,\frac{d}{dz}\left(\frac{n}{\sqrt{1+r'^2}}\cdot\frac{dr}{dz}\right) = \frac{dn}{dr} \quad \text{mit} \quad r' := \frac{dr}{dz} \tag{24}$$

Dies ist die skalare Differentialgleichung für den gesuchten Meridionalstrahlverlauf r(z). Die Lösung von Gl. (24) wird erheblich erleichtert, wenn man bedenkt, daß gemäß Gl. (14) und (22) die z-Komponente k_z des lokalen Ausbreitungsvektors für einen speziellen Meridionalstrahl gleich der Ausbreitungskonstante β_M ist, und zwar ist

$$\beta_M = kn(r) \cdot \cos\gamma(r) = kn(r_M)$$

Nun ist aber

$$\cos\gamma(r) = \frac{1}{\sqrt{1+\tan^2\gamma(r)}} = \frac{1}{\sqrt{1+r'^2}}$$

so daß gilt

$$\frac{n(r)}{\sqrt{1+r'^2}} = n(r_M) \tag{25}$$

Dies in (24) eingesetzt ergibt

$$\frac{n(r_M)}{n(r)}\cdot\frac{d}{dz}\left(n(r_M)\cdot\frac{dr}{dz}\right) = \frac{dn}{dr}$$

oder

$$\frac{d^2r}{dz^2} = \frac{n(r)}{n^2(r_M)}\cdot\frac{dn}{dr} = \frac{1}{2n^2(r_M)}\cdot\frac{dn^2}{dr} \tag{26}$$

Für das parabolische Brechzahlprofil verwenden wir in Abweichung von Gl. (15) den Ausdruck[1])

$$n^2(r) = \begin{cases} n_0^2[1 - 2\Delta(r/a)^2] & \text{für } 0 \leqslant r \leqslant a \\ n_0^2(1 - 2\Delta) =: n_a^2 & \text{für } r \geqslant a \end{cases} \tag{27}$$

---

[1]) Für schwach führende Fasern mit Δ von der Größe 1% oder weniger stimmt Gl. (27) mit (15) in sehr guter Näherung überein. Gl. (27) hat sich in der theoretischen Literatur als zweckmäßiger erwiesen. Genau genommen gibt Gl. (27) wegen $n^2 = \epsilon_r$ ein parabolisches Dielektrizitätszahlprofil wieder.

Wie früher bedeuten n_0 und n_a die Kernachsen- bzw. Mantelbrechzahl, und a den Kernradius. Der relative Brechzahlunterschied ist jetzt durch

$$\Delta := \frac{n_0^2 - n_a^2}{2n_0^2} \tag{28}$$

definiert.

Aus Gl. (27) folgt für das Kernprofil im Bereich $0 \leqslant r \leqslant a$

$$\frac{dn^2}{dr} = -\frac{4\Delta n_0^2}{a^2} \cdot r$$

Dies in Gl. (26) eingesetzt ergibt anstelle von (24) eine einfachere Differentialgleichung für die gesuchten exakten Meridionalstrahlverläufe r(z), nämlich die Schwingungsdifferentialgleichung

$$\frac{d^2r}{dz^2} = -\frac{2\Delta n_0^2}{a^2 n^2(r_M)} \cdot r \tag{29}$$

mit der Lösung

$$r(z) = r_M \sin(2\pi z/p_z) \tag{30}$$

Hierbei ist wie in Abschn. 3.8 r_M die Amplitude des sinusförmigen Meridionalstrahlverlaufs. Neu ist gegenüber Abschn. 3.8 der exakte Wert für die Periodenlänge p_z des Strahlverlaufs. Durch Einsetzen von Gl. (30) in Gl. (29) erhält man mit Gl. (27)

$$p_z = \frac{2\pi a}{\sqrt{2\Delta}} \cdot \frac{n(r_M)}{n_0} = \frac{2\pi a}{\sqrt{2\Delta}} \sqrt{1 - 2\Delta(r_M/a)^2} \tag{31}$$

Die Periodenlänge ist also tatsächlich von der Bahnamplitude r_M der Meridionalstrahlen abhängig, für wachsende r_M nimmt sie etwas ab. Deshalb sind auch die Meridionalstrahllaufzeiten etwas unterschiedlich (s. Abschn. 4.6).

3.10 Strahlendifferentialgleichung und lokaler Ausbreitungsvektor

Das in den beiden vorangegangenen Abschnitten behandelte Beispiel hat gezeigt, daß die Anwendung der Strahlendifferentialgleichung (7) insofern Schwierigkeiten bereiten kann, als die natürliche Koordinate s der Bogenlänge, die in Gl. (7) auftritt, der Geometrie einer Glasfaser wenig angemessen ist. In rotationssymmetrischen Glasfasern ist es häufig (aber nicht immer!) zweckmäßig, Zylinderkoordinaten zu verwenden. Es ist deshalb wünschenswert, die Strahlendifferentialgleichung unmittelbar in einer Form herzuleiten, die den bevorzugten räumlichen Koordinaten des Problems angemessen ist. Dies ist möglich mit Hilfe des lokalen Ausbreitungsvektors $\vec{k}_n$.

In einem hinreichend kleinen, aber endlichen Raumbereich in der Umgebung eines Punktes des Lichtstrahlweges kann die durch den Lichtstrahl repräsentierte elektromagnetische

Welle mit guter Näherung als eine homogene Planwelle betrachtet werden, deren lokaler Ausbreitungsvektor $\vec{k}_n$ die Richtung der Tangente an die Strahlkurve hat und betragsmäßig durch die lokale Brechzahl n und die Freiraumwellenzahl $k = 2\pi/\lambda$ gegeben ist (s. Fig. 15):

$$|\vec{k}_n| = kn(\cdot) \tag{32}$$

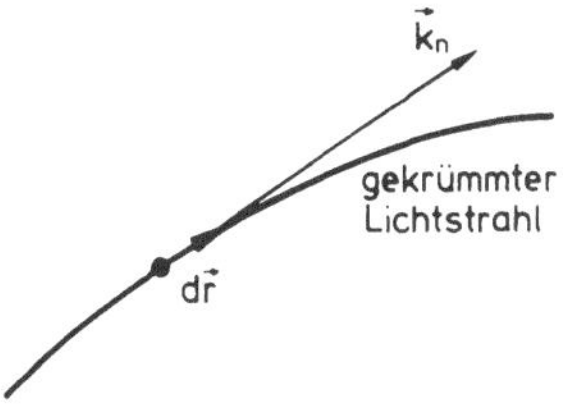

Fig. 15
Wegelement $d\vec{r}$ eines Lichtstrahls und lokaler Ausbreitungsvektor $\vec{k}_n$. Die vektorielle Differentialgleichung des Lichtstrahlwegs lautet
$\vec{k}_n \times d\vec{r} = 0$

Hier ist die Ortsabhängigkeit der Brechzahl durch den in Klammern gesetzten Punkt angedeutet. Bezeichnen wir die (orthogonalen) lokalen Koordinatenrichtungen und die entsprechenden Koordinaten der Vektoren $d\vec{r}$ des Bahnelements und des lokalen Ausbreitungsvektors $\vec{k}_n$ mit den Indizes 1, 2 und 3, dann gelten allgemein folgende Verhältnisse (s. Fig. 15)

$$(d\vec{r})_1 : (d\vec{r})_2 : (d\vec{r})_3 = (\vec{k}_n)_1 : (\vec{k}_n)_2 : (\vec{k}_n)_3 \tag{33}$$

Speziell für kartesische Koordinaten gilt

$$dx : dy : dz = k_x : k_y : k_z \tag{33a}$$

und für Zylinderkoordinaten

$$dr : r d\varphi : dz = k_r : k_\varphi : k_z \tag{33b}$$

Durch Gl. (33) sind also die *skalaren Strahlendifferentialgleichungen, zugeschnitten auf bestimmte Koordinaten*, gegeben. (Der Index „n" des lokalen Ausbreitungsvektors $\vec{k}_n$ ist bei seinen Komponenten in Gl. (33a, b) fortgelassen worden.)

Die Anwendung von Gl. (33) ist allerdings nur dann vorteilhaft, wenn es möglich ist, die Komponenten des lokalen Ausbreitungsvektors und ihre Abhängigkeit von den räumlichen Koordinaten genau anzugeben. Dies ist aber gerade bei Strahlen in Glasfasern häufig der Fall. So steht z. B. fest, daß für einen geführten Strahl die Komponente $k_z = \beta$ konstant ist; s. Gl. (14). Auch über die radiale und azimutale Komponente k_r bzw. k_φ des Ausbreitungsvektors eines geführten Strahls kann man im vorhinein allgemeine Aussagen machen (s. Abschn. 4.7.1). Deshalb läßt sich von Gl. (33) in der Theorie der Lichtstrahlen in vielwelligen Fasern vorteilhaft Gebrauch machen.

3.11 WKB-Optik (WKB-Näherung)

Im letzten Abschnitt haben wir, genau genommen, bereits den Boden der Strahlenoptik verlassen, indem wir den Betrag des lokalen Ausbreitungsvektors stillschweigend als endlich vorausgesetzt haben, was im Grenzfall $\lambda \to 0$ nicht mehr zutrifft. Tatsächlich ist die Voraussetzung der hinreichenden Kleinheit der Wellenlänge bei praktischen Anwendungen vielwelliger Glasfasern ($\lambda \approx 1\ \mu m$, Kerndurchmesser $2a = 50\ \mu m$) nur grob erfüllt. Deshalb liegt es nahe, bei der Lösung der Wellendifferentialgleichung (1) eine geeignete, rasch konvergierende Reihenentwicklung nach Potenzen von $1/k = \lambda/2\pi$ zu verwenden, von denen nur die niedrigsten berücksichtigt werden. Die konsequente Durchführung dieses Gedankens führt zu Näherungslösungen der Wellengleichung (1), die ihren Anwendungsbereich zwischen den Lösungen der Strahlenoptik und den (numerisch oder analytisch gewonnenen) exakten Lösungen haben. Diese näherungsweise Lösungsmethode, ursprünglich für die Zwecke der Wellenmechanik von Wentzel, Kramers und Brillouin entwickelt, ist als WKB-Näherung bekannt und seit 1973 auf die Probleme der Wellenausbreitung in vielwelligen Glasfasern mit Erfolg angewandt worden (s. Abschn. 4.7). Die WKB-Näherung erlaubt eine genauere Beschreibung der Wellenformen in Glasfasern als die Strahlenoptik. So erklärt sie z. B. quantitativ die Tatsache, daß in einer Gradientenfaser nur eine diskrete Zahl von Meridionalstrahlen im Kern geführt werden können (s. Abschn. 4.3 und 4.7.1), während nach der Strahlenoptik (s. Abschn. 3.8) ein Kontinuum von Meridionalstrahlen mit Strahlamplituden im Bereich $0 \leqslant r_M \leqslant a$ existenzfähig ist. Noch speziellere Fragen in vielwelligen Fasern, wie z. B. die Anregung verschiedener Moden, das Eindringen der Modenfelder in den Raum jenseits der Kaustiken (s. Abschn. 4.7) oder Fragen der Polarisation der Moden, erfordern zur Lösung allerdings die Wellenoptik. Dies gilt auch für alle Fragen der Wellenausbreitung in einwelligen Fasern (s. Abschn. 4.10).

4 Dielektrische Wellenleiter: Wellenausbreitung in Glasfasern

Im einleitenden Kapitel 1 wurden die wichtigsten Typen von Glasfasern qualitativ vorgestellt. In diesem Kapitel werden einige wichtige Eigenschaften quantitativ behandelt. Dabei benützen wir die Ergebnisse der Kapitel 2 und 3 (Wellenoptik bzw. Strahlenoptik). Für die Anwendungen ist häufig die genaue Kenntnis der Feldverteilung in den Glasfasern weniger wichtig als die Kenntnis der Laufzeiten. Aus diesem Grunde benutzen wir im folgenden zunächst die Strahlenoptik bzw. die WKB-Optik, die über viele Fragen der Laufzeit in Vielwellenfasern sehr genaue Auskunft gibt. Erst bei der Behandlung der Einwellenfaser werden wir auf die Wellenoptik zurückkommen. Ziel der folgenden Darstellung ist es nicht, eine vollständige Theorie zu entwickeln (wir werden weiterhin von zahlreichen Näherungen Gebrauch machen!), sondern das theoretische Verständnis für die betrachteten Phänomene zu wecken.

4.1 Klassifikation der Wellenformen in vielwelligen Fasern

Optische Wellen treten in vielwelligen Fasern (Multimodenfasern) in verschiedenen Wellenformen (geometrisch-optisch: Strahlen) auf. Die einzelnen Wellenformen werden auch Moden (Einzahl: Modus) genannt.

Für die Übertragungstechnik sind nur die durch den Faserkern *geführten Wellen* (Nutzwellen) von Interesse. Wellen, die sich auch im Mantel bzw. im Außenraum ausbreiten, sind parasitäre oder *Verlustwellen*, weil sie eine mehr oder weniger große, unkontrollierte Dämpfung erleiden und deswegen für die Signalübertragung nicht in Frage kommen.

Die geführten Wellen heißen auch *Kernwellen* oder Profilwellen. Die vom Faserkern nicht geführten Wellen breiten sich (nach ihrer Anregung in der Faser) auch im Mantel oder auch im Außenraum aus und heißen deshalb *Mantelmoden* bzw. *Strahlungsmoden* (s. Fig. 1). Letztere strahlen ihre Energie in den Außenraum, wo sie praktisch in einer Kunststoffschicht absorbiert wird. Kernwellen werden definitionsgemäß im idealen Fall (d. h. bei Abwesenheit von Streuung und Absorption im Fasermaterial) bei der Übertragung nicht gedämpft. *Strahlungsmoden* werden

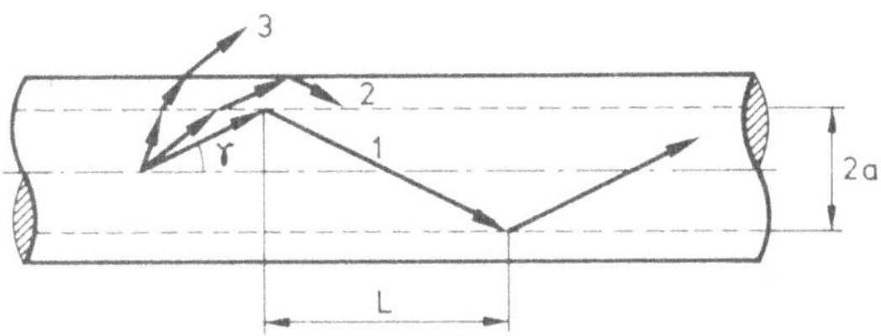

Fig. 1 Längsschnitt einer Stufenprofilfaser mit Beispielen eines Kernstrahls 1, Mantelstrahls 2 und einer Raumwelle (Strahlungsmodus) 3. Die betrachteten Strahlen sind meridionale Strahlen in der Papierebene

sehr stark gedämpft wegen der Energieabstrahlung. Die eine Zwischenstellung einnehmenden L e c k m o d e n (s. Abschn. 4.7.5) werden mehr oder weniger schwach gedämpft; sie haben mit den Kernwellen zwar den Effekt der Führung durch den Kern gemein, aber auch mit den Strahlungsmoden den Effekt der Abstrahlung. Die abgestrahlte Energie entweicht hierbei aus dem Kern infolge eines Tunneleffekts (vgl. Abschn. 4.7.5), der analog ist dem wellenmechanischen Tunneleffekt.

Je nach ihrer geometrisch-optischen Beschreibung unterscheidet man noch die folgenden Klassen geführter Moden (Kernwellen): M e r i d i o n a l s t r a h l e n und s c h i e f e S t r a h l e n. Meridionalstrahlen breiten sich in einer sog. Meridionalebene aus, die die Faserachse enthält (s. Fig. 1). Wellenoptisch erkennt man Meridionalwellen daran, daß ihre Intensitätsverteilung über dem Faserquerschnitt unabhängig vom Azimutwinkel ist. Schiefe Strahlen verlaufen bei Stufenprofilfasern abschnittweise (d. h. zwischen zwei aufeinanderfolgenden Totalreflexionen) windschief zur Faserachse (s. Fig. 2) und bei Gradientenfasern auf gekrümmten Wegen um die Faserachse herum, ohne diese zu schneiden oder zu berühren (s. Fig. 12). Einen Sonderfall der schiefen Strahlen bilden in Gradientenfasern die H e l i x s t r a h l e n , die im konstanten Abstand von der Faserachse Schraubenlinien beschreiben.

Charakteristisch für die geführten Wellen ist es, daß sie in einem zylindrischen Kernbereich mit einem minimalen Achsenabstand r_1 und einem maximalen Achsenabstand r_2 verlaufen. In Fasern mit Stufenprofil der Brechzahl ist $r_2 = a$ (s. Fig. 2). Bei Meridionalstrahlen ist $r_1 = 0$ und $r_2 = r_M$ (s. Abschn. 3.8), bei Helixstrahlen ist $r_1 = r_2$, bei schiefen Strahlen ist $r_1 < r_2$. Die Abstände r_1, r_2 sind die Radien der Kaustiken (Brennflächen), die modentypisch sind (s. Abschn. 4.7).

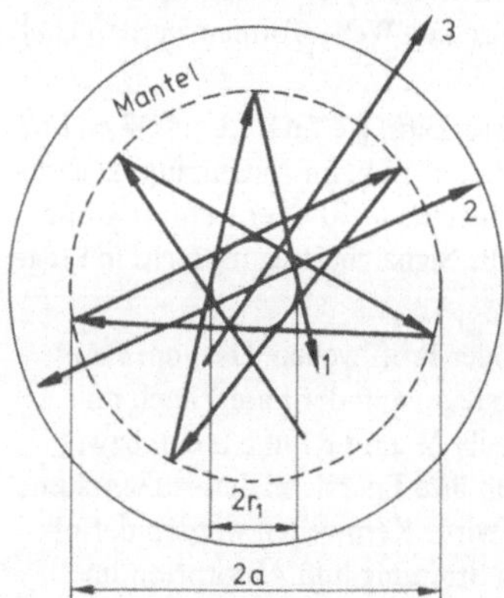

Fig. 2
Querschnitt einer Stufenprofilfaser mit Beispielen für die Projektionen verschiedener Strahlen: 1 Schiefer Kernstrahl mit innerer Kaustik (Radius r_1) und äußerer Kaustik (Radius $r_2 = a$); 2 Meridionaler Mantelstrahl; 3 Meridionaler Strahlungsmodus

4.2 Stufenprofilfasern: Strahlenoptik der geführten Wellen

4.2.1 Das Brechzahlprofil

Stufenprofilfasern haben einen optisch homogenen Kern der Brechzahl n_0 und des Durchmessers 2a. Der Kern besteht meistens aus dotiertem Quarzglas. Als Dotierungsstoff hat sich GeO_2 bewährt. Ein Zusatz von 1 Mol-% GeO_2 erhöht die Brechzahl des Quarzglases ungefähr um 0,1%. Der Mantel ist ebenfalls im allgemeinen optisch homogen und hat die geringere Brechzahl n_a. Er besteht z. B. aus reinem Quarzglas SiO_2 oder bei speziellen

Fasern auch aus Kunststoff. Fasern mit Kunststoffmantel haben im allgemeinen zwar größere Verluste, sind aber kostengünstiger und kommen deshalb für bestimmte Anwendungen durchaus in Frage.

Typische Werte der Brechzahlen sind $n_a = 1{,}46$ und $n_0 = 1{,}48$ und des Kerndurchmessers $2a = 50\,\mu m$ bis $200\,\mu m$.

Als relative oder normierte Brechzahldifferenz zwischen Kern und Mantel wird in der theoretischen Literatur der Ausdruck

$$\Delta := \frac{n_0^2 - n_a^2}{2n_0^2} \approx \frac{n_0 - n_a}{n_0} \tag{1}$$

verwendet. Typische Werte für Stufenprofilfasern sind 1% bis 2%. Wegen dieser Kleinheit gilt die in Gl. (1) angegebene Näherung. Genau genommen gibt Gl. (1) die halbe relative Dielektrizitätszahldifferenz wieder (s. die Fußnote in Abschn. 3.9).

4.2.2 Neigungswinkel der Kernstrahlen

Die Kernstrahlen in einer Stufenprofilfaser verlaufen zwischen zwei Totalreflexionen an der Kern-Mantel-Grenzfläche geradlinig. Jeder geradlinige Strahlabschnitt hat einen bestimmten Neigungswinkel γ zur (parallel verschobenen) Faserachse, der für einen Modus charakteristisch ist. Genauer betrachten wir hier nur Meridionalstrahlen.

Damit ein Meridionalstrahl geführt wird, muß sein Neigungswinkel γ (s. Fig. 1) in einem Bereich

$$0 \leqslant |\gamma| \leqslant \gamma_{max}$$

liegen. Der maximale Neigungswinkel γ_{max} ist durch den Grenzwinkel γ_c der Totelreflexion bestimmt, so daß gilt (s. Abschn. 2.20)

$$\cos \gamma_{max} = \cos \gamma_c = \frac{n_a}{n_0} = \sqrt{1 - 2\Delta} \approx 1 - \Delta \tag{2}$$

Hier haben wir von Gl. (1) Gebrauch gemacht. Aus Gl. (1) erhält man

$$\sin \gamma_{max} = \sqrt{2\Delta} \approx \gamma_{max} \tag{2a}$$

Die maximale Meridionalstrahlneigung ist also durch die relative Brechzahldifferenz Δ bestimmt, ebenso wie bei Gradientenfasern nach Gl. (3.21).

4.2.3 Laufzeit

Bei einer Faserlänge L zwischen zwei Totalreflexionen (s. Fig. 1) ergibt sich für den geometrischen Strahlweg L_g in Abhängigkeit vom Neigungswinkel

$$L_g(\gamma) = \frac{L}{\cos \gamma} \approx \frac{L}{1 - \frac{1}{2}\gamma^2} \approx L \left(1 + \frac{1}{2}\gamma^2\right)$$

Im dispersionsfreien Fasermaterial (s. Abschn. 2.13) sind die Phasenlaufzeit und die Gruppenlaufzeit gleich und betragen

$$t(\gamma) = \frac{L_g(\gamma)}{c} n_0 = \frac{Ln_0}{c} \cdot \frac{1}{\cos\gamma} \approx \frac{Ln_0}{c}\left(1 + \frac{1}{2}\gamma^2\right) \tag{3}$$

Die minimale Laufzeit t_{min} hat der achsenparallele Meridionalstrahl, für den $\gamma = 0$ ist,

$$t_{min} = t(0) = \frac{Ln_0}{c}$$

Analog erhält man die maximale Laufzeit, wenn man für γ den Winkel γ_c einsetzt,

$$t_{max} = t(\gamma_c) = \frac{Ln_0}{c} \cdot \frac{1}{\cos\gamma_c} = \frac{Ln_0}{c} \cdot \frac{n_0}{n_a} \approx t_{min} \cdot \frac{1}{1-\Delta}$$

Da $\Delta \ll 1$ ist, gilt die Näherung

$$t_{max} \approx t_{min} \cdot (1 + \Delta)$$

Damit läßt sich die maximale Laufzeitstreuung Δt (Laufzeitdifferenz) der meridionalen Kernstrahlen berechnen,

$$\Delta t := t_{max} - t_{min} \approx \frac{Ln_0}{c} \cdot \Delta \tag{4)*}$$

Man beachte, daß diese Laufzeitdifferenz direkt proportional zum relativen Brechzahlunterschied Δ ist.

Wenn die Materialdispersion eine Rolle spielt, ist als praktisch wichtige Größe die Gruppenlaufzeitstreuung Δt_g zu berechnen. Diese geht aus Gl. (4) hervor, indem man die Brechzahl n_0 durch den Gruppenindex $N_0 = n_0 - \lambda \frac{dn_0}{d\lambda}$ ersetzt (s. Abschn. 2.14).

4.2.4 Aufweitung der Impulsantwort (Impulsverbreiterung)

Man denke sich die betrachtete Stufenprofilfaser durch einen δ-förmigen Lichtimpuls am Eingang erregt. Am Ausgang der (hier verlustlos angenommenen) Faser erscheint dann ein Lichtleistungsimpuls mit einer endlichen Halbwertsbreite**), die im allgemeinen proportional mit der Faserlänge zunimmt. Diese charakteristische Impulsaufweitung berechnen wir unter sehr vereinfachten idealisierten Voraussetzungen.

Wir nehmen an, daß der optische Impulssender punktförmig sei und auf der Faserachse positioniert sei. Der Sender sei isotrop, d. h. strahle gleichförmig in alle Richtungen. Des-

---

*) In Gl. (4) bedeutet Δ auf der linken Seite den allgemein gebräuchlichen Differenzoperator, auf der rechten Seite jedoch die relative Brechzahldifferenz Gl. (1).

**) Die Halbwertsbreite ist die Impulsdauer, gemessen in der Höhe der halben Impulsamplitude (Spitzenwert).

halb regt er im Kern alle geführten Meridionalstrahlen an, und zwar, wie wir annehmen, mit jeweils gleicher Leistung. Strahlen mit zu großem Neigungswinkel γ gelangen in den Mantel und evtl. weiter in den Außenraum, werden also nicht geführt. Der Sender sei ferner monochromatisch.

Unter den gemachten Voraussetzungen verläuft die Empfangsleistung $p_2(t)$ am Faserende etwa rechteckförmig, weil die zahlreichen Meridionalstrahlen um so später eintreffen, je größer ihre Laufzeit ist (s. Fig. 3).

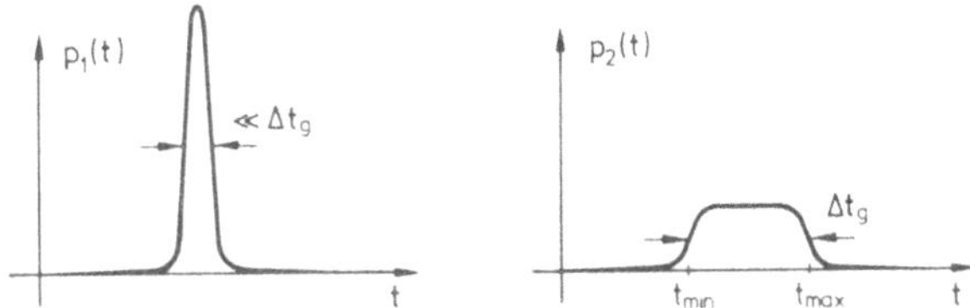

Fig. 3 Sende- und Empfangsimpuls bei der Stufenprofilfaser

Die Halbwertsbreite Δt_g, bezogen auf die Faserlänge L, des Empfangsimpulses ist in diesem Fall entsprechend Gl. (4):

$$\frac{\Delta t_g}{L} =: \Delta\tau_g = \frac{N_0}{c}\Delta \tag{5}$$

In der Praxis ist der optische Sender eine strahlende Fläche, so daß mehr oder weniger auch alle schiefen Strahlen angeregt werden, die bei der Laufzeitberechnung berücksichtigt werden müssen. Der Empfangsimpuls ist dann glockenförmig, hat aber in etwa die hier berechnete Halbwertsbreite. Deshalb können die Meridionalstrahlen in erster Näherung als repräsentativ für die Modenlaufzeitdispersion betrachtet werden.

Zahlenbeispiel: Mit $L = 1$ km, $N_0 = 1{,}5$, $\Delta = 1\%$, $1/c = 3{,}3$ μs/km folgt $\Delta t_g/L = 50$ ns/km.

4.3 Das diskrete Modenspektrum der geführten Wellen

Nach der geometrisch-optischen Betrachtung besitzen die geführten Wellen der Stufenprofilfaser ein, wie man sagt, kontinuierliches Spektrum ihrer Neigungswinkel γ gegen die Faserachse (s. Abschn. 4.2.2). Dies gilt jedoch nur im Grenzfall $\lambda \to 0$. Im praktischen Falle ist $\lambda \approx 1$ μm und der Kernradius z. B. $a = 25$ μm. Deshalb haben in der Praxis die geführten Strahlen nur ein diskretes γ-Spektrum, d. h. nur diskrete Neigungswinkel γ können auftreten. Es gibt also nur endlich viele geführte Wellen. Dies an einer zylindersymmetrischen Faser unmittelbar einsichtig zu machen, ist jedoch schwierig.

Wir zeigen deshalb die Existenz des diskreten Modenspektrums der geführten Wellen an einem Schichtwellenleiter (s. Fig. 4), der sich gegenüber der Faser durch seine einfachere Geometrie auszeichnet. Er besteht aus Substrat und Deckschicht (entsprechend dem Mantel der Faser) und dem Film (entsprechend dem Kern) und ist in der Schichtebene unendlich

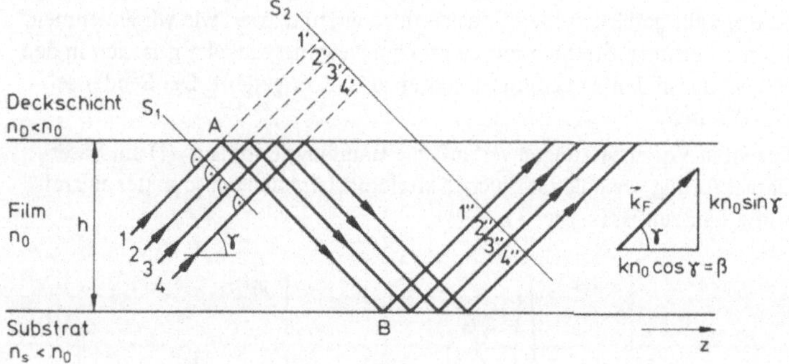

Fig. 4 Schichtwellenleiter (Filmwellenleiter), bestehend aus Substrat, Film und Deckschicht, mit geführter Welle und zwei Flächen S_1 bzw. S_2 konstanter Phase sowie den Komponenten des lokalen Ausbreitungsvektors $\vec{k}_F$

ausgedehnt. Die geführten Strahlen im Film haben einen Zickzack-Verlauf mit dem Neigungswinkel γ gegen die optische Achse (Ausbreitungsrichtung).

Für die Existenz zusammenhängender monochromatischer Filmwellen gilt bezüglich der Phase die Bedingung, daß in den Punkten $1', 2', 3', 4'$ und $1'', 2'', 3'', 4''$ der Fig. 4 jeweils Phasengleichheit herrschen muß. Dies ist gleichbedeutend mit dem Bestehen einer transversalen Resonanz: Die der transversalen Komponente $k_t = kn_0 \sin \gamma$ des Ausbreitungsvektors entsprechende transversale Teilwelle muß nach zweimaliger Totalreflexion an den Grenzflächen des Films und Rückkehr zum betrachteten Ausgangspunkt (s. Fig. 5) wieder die gleiche Phase haben (modulo 2π). Als quantitative Bedingung hierfür erhält man unter Berücksichtigung des räumlichen Phasenfaktors $\exp[-j(kn_0 \sin \gamma)y]$ der transversalen Teilwellen aus der Bilanz der totalen Phasendrehung bei Hin- und Rücklauf die charakteristische Gleichung der Filmwellen:

$$-kn_0 \sin \gamma \cdot 2h + \phi_A + \phi_B = -m \cdot 2\pi$$

ϕ_A und ϕ_B sind hierbei die Phasensprünge bei der Totalreflexion in den Punkten A bzw. B (s. Abschn. 2.22 und 2.23) und $m = 1, 2, 3, \ldots$ ist ganzzahlig. Diese charakteristische Gleichung hat nur für eine endliche Menge von m-Werten jeweils eine Lösung γ_m. Die für konsistente Wellen erforderliche transversale Resonanz hat also das diskrete Spektrum der geführten Wellen zur Folge.

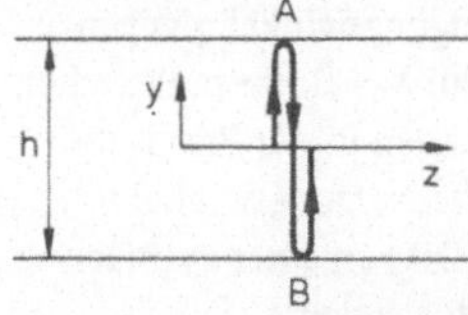

Fig. 5
Transversale Resonanz einer Filmwelle (h = Filmdicke)

Bemerkung: Die Strahlungsmoden haben jedoch ein kontinuierliches Spektrum der Neigungswinkel γ. Oberhalb des Grenzwinkels der Totalreflexion ($|\gamma| > \gamma_c$) an Substrat und/oder Deckschicht kann ein Strahlungsmodus aus dem Film entweichen. Deshalb besteht keine Phasenbedingung mehr und die zugehörigen Neigungswinkel erfüllen ein Kontinuum.

4.4 Akzeptanzwinkel der Stufenprofilfaser

Die geführten Strahlen (Moden) einer Faser erfüllen beim Austritt aus der normal zur Faserachse orientierten Endfläche der Faser einen modentypischen Raumwinkelbereich (s. Fig. 6). Wir berechnen im folgenden den Austrittswinkel Θ der geführten Meridionalstrahlen in Stufenprofilfasern. In der Faser seien sämtliche Kernstrahlen angeregt. Die im Faserachsenpunkt des Kernquerschnitts austretenden Meridionalstrahlen erfüllen einen Kreiskegel (man beachte in Fig. 6 die Zylindersymmetrie!), der durch den halben Öffnungswinkel Θ_{max} gekennzeichnet ist. Der Kegelmantel wird von Strahlen gebildet, die im Kern unter dem Grenzwinkel γ_c der Totalreflexion laufen. Dies gilt für jeden strahlenden Punkt des Kernquerschnitts der Faserendfläche, nicht nur für den Faserachsenpunkt, der in Fig. 6 als Beispiel gewählt ist. Es gilt das Brechungsgesetz

$$n_0 \sin \gamma_c = n_L \sin \Theta_{max} =: A_N \tag{6}$$

A_N heißt die numerische Apertur der Faser. Die numerische Apertur ist durch die Kernbrechzahl n_0 und den relativen Brechzahlunterschied Δ gegeben:

$$A_N = n_0 \sin \gamma_c = n_0 \sqrt{1 - \cos^2 \gamma_c} = n_0 \sqrt{1 - (n_a/n_0)^2} = \sqrt{n_0^2 - n_a^2} = n_0 \sqrt{2\Delta}. \tag{6a}$$

Bei kleinen Winkeln gilt die Näherung (mit $n_L = 1$)

$$\Theta_{max} \approx \sin \Theta_{max} = n_0 \cdot \sqrt{2\Delta} \tag{6b}$$

Zahlenbeispiel: Mit $n_0 = 1{,}47$ und $\Delta = 0{,}7\%$ erhält man $A_N = 0{,}174$ und $\Theta_{max} = 10{,}0^\circ$.

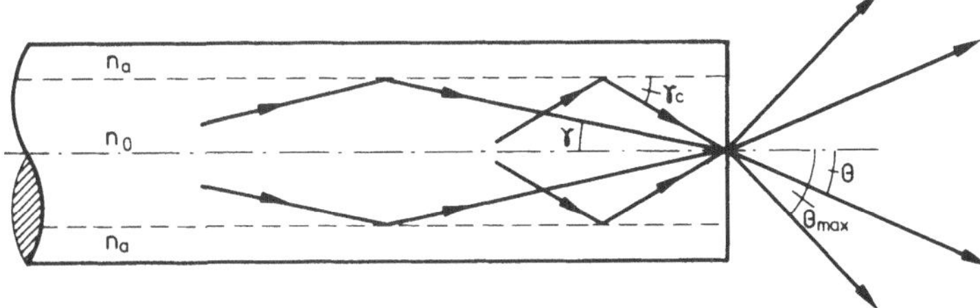

Fig. 6 Austritt von geführten Meridionalstrahlen aus einer Stufenprofilfaser in Luft ($n_L = 1$)

Die Neigungswinkel Θ der aus der Faser austretenden schiefen Kernstrahlen erfüllen den gleichen Winkelbereich $|\Theta| \leqslant \Theta_{max}$ wie die Meridionalstrahlen, denn für ihre Neigungswinkel γ innerhalb des Kerns gilt ebenso wie für die der Meridionalstrahlen die Beziehung $|\gamma| \leqslant \gamma_c = \arccos (n_a/n_0)$. Die in jedem Querschnittspunkt austretenden geführten Meridionalstrahlen und schiefen Strahlen erfüllen also einen Kreiskegel mit dem halben Öffnungswinkel Θ_{max} nach Gl. (6).

Alle Bahnen der hier betrachteten Lichtstrahlen (s. Fig. 6) können auch im entgegengesetzten Sinne durchlaufen werden. Dann haben wir den Fall der Einkopplung von geführten Kernstrahlen in die Faser. Der berechnete Austrittskegel ist also auch maßgebend dafür, welche Strahlen ein Faserende aus einem Strahlungsfeld als Kernstrahlen aufnehmen bzw. „akzeptieren" kann. Der bisher von uns Austrittskegel genannte Raumwinkelbereich heißt deshalb in der Literatur ausschließlich A k z e p t a n z k e g e l , sein halber Öffnungswinkel A k z e p t a n z w i n k e l $\Theta_A := \Theta_{max}$. Der Kernquerschnitt bildet dementsprechend die Akzeptanzfläche.

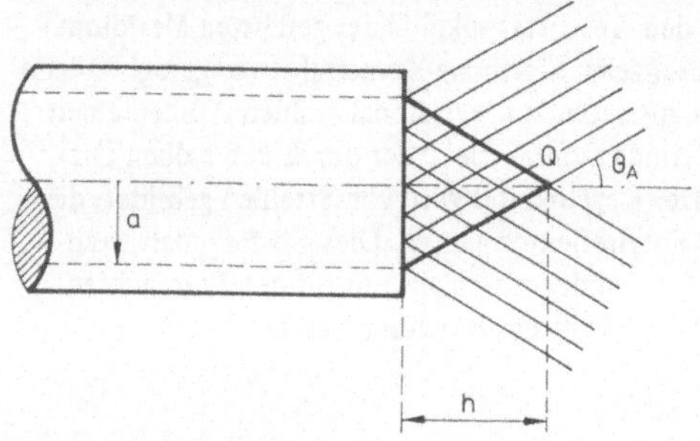

Fig. 7
Punktförmige Lichtquelle Q auf der optischen Achse, den Kernquerschnitt der Faserendfläche im Abstand $h = a/\tan \Theta_A$ bestrahlend (a Kernradius)

In Fig. 7 ist ein Akzeptanzkegel dargestellt, dessen Grundfläche der Kernquerschnitt πa^2 ist und dessen Kegelspitze Q im Abstand $h = a/\tan \Theta_A$ zentrisch über der Kernquerschnittsfläche liegt. Von jedem (z. B. isotrop) leuchtenden Punktsender, der sich innerhalb dieses Kegels befindet, akzeptiert die Faser alle Strahlen, deren Neigungswinkel zur Achse betragsmäßig $\leqslant \Theta_A$ sind. Alle diese Strahlen treffen den Kernquerschnitt. Von Lichtpunkten, die außerhalb dieses Kegels liegen, akzeptiert die Faser weniger Strahlen bzw. gar keine. Für die optimale unmittelbare E i n k o p p l u n g (ohne Linsen u. ä.) v o n L i c h t l e i s t u n g i n d i e F a s e r gilt deshalb folgende Regel: Die strahlende Fläche des optischen Senders bringe man möglichst nahe an die Kernquerschnittsfläche, damit die Faser von möglichst vielen strahlenden Punkten des Senders jeweils möglichst viele Strahlen akzeptiert. Es hat bei dieser unmittelbaren Einkopplung keinen Sinn, die strahlende Senderfläche größer als die Kernquerschnittsfläche zu machen. Die optimale Einkopplung ergibt sich, wenn die strahlende Senderfläche in unmittelbare Berührung mit der Kernquerschnittsfläche gebracht wird.

Aus dieser Betrachtung erkennt man auch, daß sich die Verwendung von Sammellinsen zur Verbesserung des Wirkungsgrades der Einkopplung optischer Leistung in die Faser nur dann lohnt, wenn die strahlende Senderfläche kleiner als die Akzeptanzfläche der Faser und gleichzeitig der Strahlungskegel des Senders größer als der Akzeptanzkegel der Faser ist (was beides bei Laserdioden der Fall ist). Nach dem Prinzip eines Scheinwerfers läßt sich in diesem Falle nämlich mit Hilfe einer geeigneten Sammeloptik die strahlende Fläche des Senders scheinbar vergrößern und in gleichem Maße der Strahlungsraumwinkel verringern, so daß die Anpassung des Senders an die Faser verbessert wird (s. a. Abschn. 4.9.2).

Für viele Anwendungen ist es wichtig, den R a u m w i n k e l Ω_A des im Normalschnitt kreisförmigen A k z e p t a n z k e g e l s zu kennen. Wir bestimmen ihn mit Hilfe der Fig. 8, die einen kegeltütenförmigen differentiellen Raumwinkel $d\Omega$ zeigt. Es ist

$$d\Omega = \frac{2\pi r \cdot R d\Theta}{R^2} = 2\pi \sin \Theta d\Theta$$

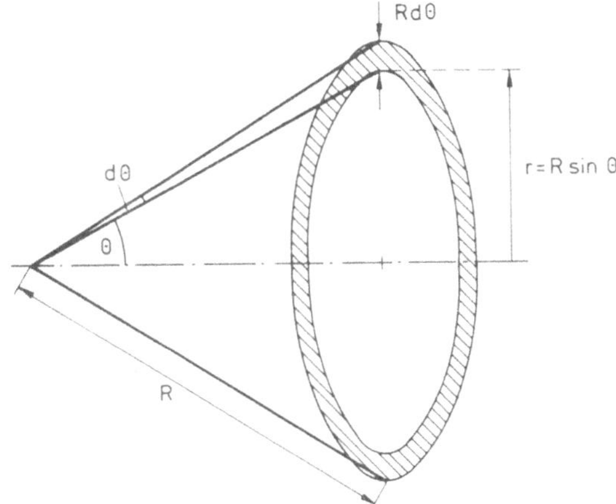

Fig. 8
Differentieller Raumwinkel $d\Omega$ mit Öffnungswinkel $d\Theta$ zur Berechnung des Raumwinkels Ω_A eines rotationssymmetrischen Akzeptanzkegels

Integration von $\Theta = 0$ bis $\Theta = \Theta_A$ liefert den Raumwinkel Ω_A des Akzeptanzkegels:

$$\Omega_A = \int_0^{\Omega_A} d\Omega = \int_0^{\Theta_A} 2\pi \sin\Theta \, d\Theta = -2\pi \int_{\cos\Theta = 1}^{\cos\Theta_A} d(\cos\Theta)$$

$$= -2\pi(\cos\Theta_A - 1) = 2\pi(1 - \cos\Theta_A) = 4\pi \sin^2\frac{\Theta_A}{2} \tag{7}$$

Für hinreichend kleine Akzeptanzwinkel Θ_A gilt mit der Beziehung $\sin(\Theta_A/2) \approx \frac{1}{2}\sin\Theta_A \approx \Theta_A/2$ die Näherung

$$\Omega_A \approx \pi\Theta_A^2 \approx \pi \cdot \sin^2\Theta_A = \pi A_N^2 \tag{7a}$$

Ausgedrückt durch die Brechzahlen der Faser ist mit Gl. (6)

$$\Omega_A = 2\pi(1 - \sqrt{1 - (n_0^2 - n_a^2)}) \approx 2\pi n_0^2\Delta = \pi(n_0^2 - n_a^2) \tag{7b}$$

Die Lichtleistungsaufnahme einer Stufenprofilfaser aus einem isotropen Strahlungsfeld ist also in erster Näherung direkt proportional der relativen Brechzahldifferenz Δ. Gleiches gilt auch für die Gradientenfaser (nur der Proportionalitätsfaktor ist in diesem Falle kleiner, s. Abschn. 4.8).

Bei der Bemessung des Brechzahlprofils einer Faser besteht also folgender Widerstreit der Möglichkeiten: eine große Brechzahldifferenz Δ erleichtert zwar nach Gl. (7b) die Einkopplung von Lichtleistung (z. B. aus einer LED) in die Faser, erhöht aber gleichzeitig gemäß Gl. (5) die Laufzeitdifferenzen zwischen den Moden und damit die Impulsaufweitung. Man muß also einen Kompromiß schließen, der je nach Anwendungsfall verschieden aussehen kann. So wird man beispielsweise bei Fasern für Kurzstreckensysteme, bei denen die Laufzeitunterschiede der Moden nicht so kritisch sind, zugunsten eines billigen LED-Senders die Brechzahldifferenz Δ lieber größer als im Falle eines Langstreckensystems wählen.

Ein einfaches Verfahren zur Messung der numerischen Apertur A_N nach Gl. (6) beruht auf der Messung der Intensitätsverteilung im Fernfeld einer strahlenden Glasfaserendfläche (die ein Normalschnitt sein muß) in Abhängigkeit vom Neigungswinkel Θ. Dabei ist allerdings darauf zu achten, daß die Faser einerseits keine Mantelmoden mehr führt, daß andererseits jedoch alle geführten Moden angeregt sind. Mit Hilfe von Gl. (6a) kann dann auch die relative Brechzahldifferenz Δ bestimmt werden; der Einfluß der Dotierung auf die Kernbrechzahl n_0 bleibt hierbei im allgemeinen innerhalb der Meßgenauigkeit, so daß er vernachlässigt werden kann.

4.5 Gradientenfasern mit Potenzprofil der Brechzahl; Grundsätzliches zur Signalbandbreite und zum Verlauf geführter Strahlen

Gradientenfasern sind im üblichen Sinne des Sprachgebrauchs vielwellige Fasern mit einem bereits international standardisierten Kerndurchmesser von $2a = 50\ \mu m$. Dieser Kerndurchmesser ist groß gegen die Betriebswellenlänge der verwendeten Strahlung, so daß die Strahlenoptik für viele Fälle noch nutzbringend anwendbar ist.

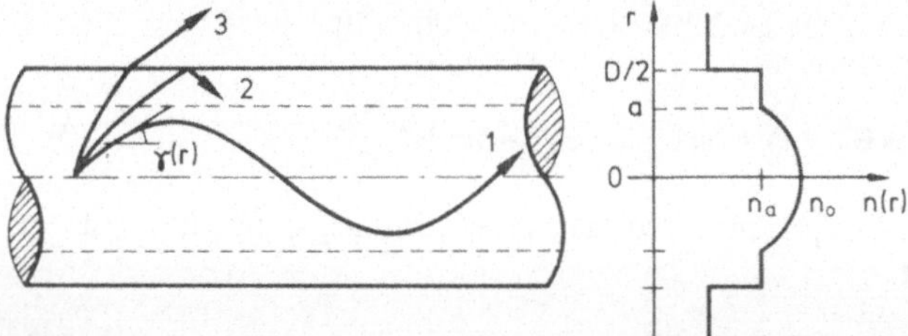

Fig. 9 Längsschnitt durch eine Gradientenfaser mit charakteristischen Strahlverläufen entsprechend Fig. 1 und Brechzahlprofil. a Kernradius; n_0, n_a Kernachsen- bzw. Mantelbrechzahl

Im Faserlängsschnitt der Fig. 9 sind verschiedene Strahlverläufe angedeutet, die Meridionalstrahlen bedeuten können oder aber als Projektionen von schiefen Strahlen auf die Meridionalebene (Papierebene) zu verstehen sind. Nur wenn der lokale Neigungswinkel $\gamma(r)$ eines Strahls im Kern betragsmäßig einen bestimmten Wert nirgends überschreitet, wird der Strahl durch den Kern geführt (Strahl 1 in Fig. 9). Für Meridionalstrahlen in Gradientenfasern mit parabolischem Brechzahlprofil wurden die Grenzen des Neigungswinkels gegen die Faserachse in Abschn. 3.8 angegeben. Strahlen mit zu großem Neigungswinkel gelangen in den Mantel (Strahl 2 und 3) oder in den Außenraum (Strahl 3) und sind deshalb für die Signalübertragung verloren.

Mantelwellen, die sich vorwiegend im Mantel ausbreiten, werden mehr oder weniger unvermeidlich durch jeden optischen Sender mit angeregt. Sie haben im allgemeinen eine erhebliche Dämpfung (bei praktischen Fasern infolge Absorption in einer äußeren Kunststoffschicht), so daß sie am empfängerseitigen Ende einer optischen Kabelstrecke im allgemeinen keine Rolle mehr spielen.

Bei Präzisionsmessungen an Fasern, z. B. der Dämpfung, ist es jedoch erforderlich, entweder (durch spezielle Einkopplung) keine Mantelmoden anzuregen oder aber die angeregten Mantelmoden „abzustreifen". Das geschieht mit Hilfe einer Modenfalle: die nackte, von Schutzschichten befreite Faser wird z. B. in einer Länge von etwa 20 cm in ein Glyzerin-Wasser-Bad getaucht, so daß die Mantelmoden möglichst ungehindert von der Faser in die Flüssigkeit übertreten können. Die Brechzahl der Flüssigkeit wird dabei der Mantelbrechzahl n_a der Faser hinreichend gut angepaßt. Oder aber man bestreicht die nackte Faser streckenweise z. B. mit einer stark absorbierenden Graphitschicht.

Das Brechzahlprofil $n(r)$ im Kern einer Gradientenfaser soll so ausgebildet sein, daß die Laufzeitunterschiede aller geführten Moden möglichst klein sind, so daß sich die unerwünschte Impulsaufweitung in hinreichend engen Grenzen hält. Im idealen Fall hätten alle geführten Moden die gleiche Laufzeit je Längeneinheit der Faser. Dann müßte das Brechzahlprofil nach dem Fermatschen Prinzip (s. Abschn. 3.4) fehlerfrei fokussierende Eigenschaften haben. Das parabolische Brechzahlprofil fokussiert aber schon die in Abschn. 3.9 allein betrachteten geführten Meridionalstrahlen nur näherungsweise. Deshalb ist es im allgemeinen noch nicht als optimal zu bezeichnen. Man betrachtet deshalb die Klasse der sog. Potenzprofile der Brechzahl

$$n^2(r) = \begin{cases} n_0^2 \left[1 - 2\Delta \left(\frac{r}{a}\right)^\alpha\right] & \text{für } 0 \leqslant r \leqslant a \\ n_0^2 \cdot (1 - 2\Delta) & \text{für } r \geqslant a \end{cases} \tag{8}$$

mit dem charakteristischen Potenzexponenten α; $\alpha = 2$ bedeutet das parabolische Brechzahlprofil nach Gl. (3.27). Die weiteren Größen in Gl. (8) haben die gleiche Bedeutung wie in Gl. (3.27). Das Stufenprofil der Brechzahl nach Abschn. 4.2.1 läßt sich durch den Grenzfall $\alpha \to \infty$ beschreiben. Man wählt α optimal im Sinne kleinster Modenlaufzeitdispersion (Modenlaufzeitunterschiede, s. Abschn. 4.7.7). Bei Vernachlässigung jeglicher Materialdispersion ist der optimale Potenzexponent ungefähr $2(1 - \Delta)$, liegt also dicht unterhalb 2 und hängt von der relativen Brechzahldifferenz Δ ab. Berücksichtigt man die Materialdispersion, d. h. die Wellenlängenabhängigkeit von n_0 und Δ in Gl. (8), dann stellt man fest, daß der optimale Potenzexponent wellenlängenabhängig ist. Die nutzbare Signalbandbreite B einer Faser der gegebenen Länge L hat dann in der Nachbarschaft einer bestimmten optimalen Wellenlänge ein Maximum. Dies ist in Fig. 10 verdeutlicht. Die Signalbandbreite B ist umgekehrt proportional zu den auf die Längeneinheit bezogenen Modenlaufzeitunterschieden, deshalb ist das Produkt $B \cdot L$ unabhängig von der Länge der Faser. Aus Fig. 10 entnimmt man z. B., daß der Potenzexponent 1,907 für die angegebene Faser bei $\lambda = 1{,}10\ \mu m$ optimal ist. Wegen der unvermeidbaren Abweichungen der tatsächlich realisierbaren Brechzahlprofile von der Potenzform nach Gl. (8) sind die im Mittel erreichten Bandbreite-Länge-Produkte mehr oder weniger geringer als die theoretisch möglichen Werte (s. Fig. 10). Typische Maximalwerte des BL-Produktes von erhältlichen Gradientenfasern liegen z. Z. bei 400 . . . 2000 MHz · km.

Zur Illustration des Verlaufs geführter Strahlen in Gradientenfasern mit Potenzprofil der Brechzahl sollen die Fig. 11 und 12 dienen, die Projektionen

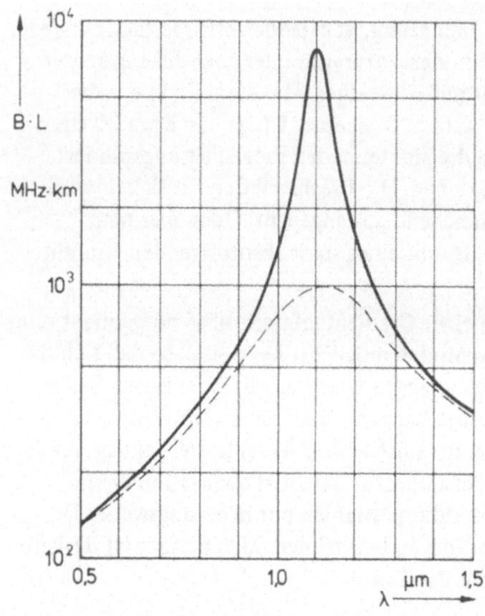

Fig. 10
Bandbreite-Länge-Produkt BL einer Gradienten-Quarzglasfaser mit GeO_2-dotiertem Kern und mit Potenzprofil Gl. (8) der Brechzahl (Δ = 1,36%, α = 1,907). Berechnete Werte (ausgezogene Kurve) und im Mittel praktisch erreichte Werte (gestrichelte Kurve)

verschiedener Strahlen auf eine Querschnittsebene zeigen. Die schiefen Strahlen beschreiben in Abhängigkeit von α kennzeichnende Rosettenbahnen, die im Fall $\alpha = 2$ in eine Ellipse übergehen. Die Helixstrahlen beschreiben in den Projektionen Kreisbahnen und die Meridionalstrahlen mehr oder weniger große Stücke eines Durchmessers. In Richtung der Faserachse (z-Achse) haben alle geführten Strahlen eine Periodenlänge, die im Falle des optimalen Potenzprofils dicht bei dem durch Gl. (3.31)

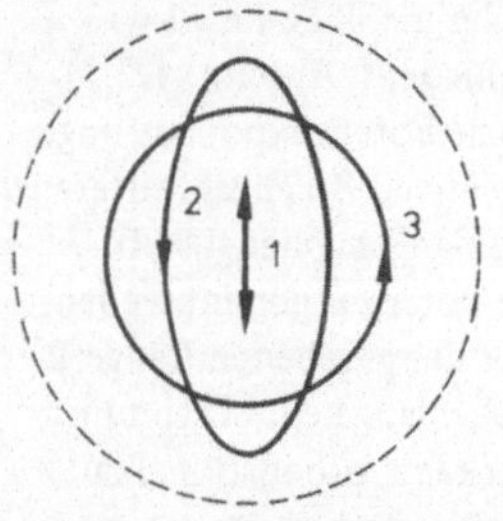

Fig. 11
Projektionen geführter Strahlen in einer Gradientenfaser mit parabolischem Brechzahlprofil auf eine Querschnittsebene
1 Meridionalstrahl, 2 schiefer Strahl, 3 Helixstrahl. Gestrichelt: Kern-Mantel-Grenze

gegebenen Wert für Meridionalstrahlen im parabolischen Profil liegt, aber für alle Strahlen etwas unterschiedlich ist. In Fig. 12 erkennt man mit wachsendem Potenzexponenten α den Übergang zum Grenzfall $\alpha \to \infty$ der Stufenprofilfaser (man vgl. Fig. 12d mit Fig. 2). Da die strahlenoptische Voraussetzung $\lambda \to 0$ nur näherungsweise erfüllt ist, gibt es auch in Gradientenfasern im praktischen Betrieb nur eine endliche Zahl geführter Moden (s. Abschn. 4.7).

Bisher wurde bei allen Betrachtungen stillschweigend vorausgesetzt, daß sich die Moden nach ihrer Anregung am Sendeort unabhängig voneinander ausbreiten. Tatsächlich ist das nicht der Fall. Wegen unvermeidlicher mikroskopischer Störungen im Fasermaterial

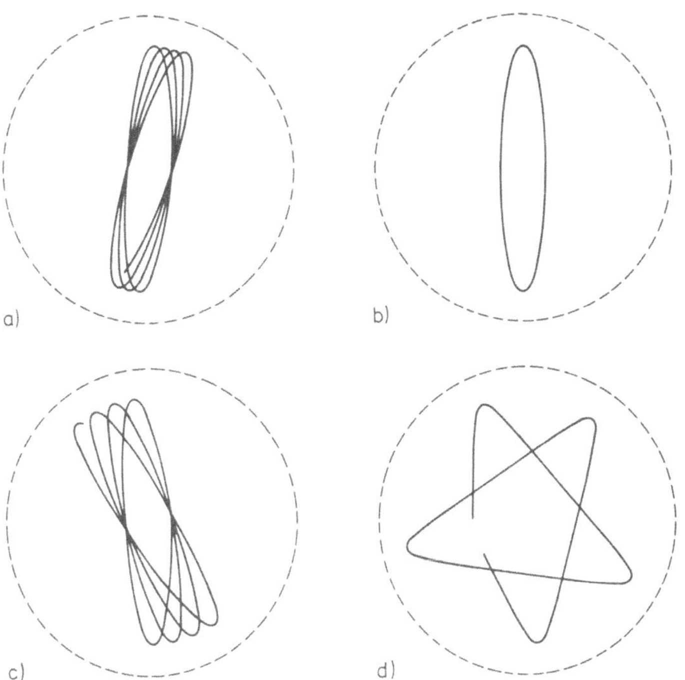

Fig. 12 Projektion schiefer Strahlen auf eine Querschnittsfläche des Kerns in Gradientenfasern mit Potenzprofil Gl. (8) der Brechzahl
a) $\alpha = 1{,}8$; b) $\alpha = 2{,}0$; c) $\alpha = 2{,}5$; d) $\alpha = 10$

und im Brechzahlprofil längs der Faser und der im Gefolge damit auftretenden Feldstörungen regt jeder einzelne Modus auch benachbarte Moden an, so daß sich die Energie eines zunächst einzeln angeregten Modus schließlich auf alle Moden verteilt. Diese Modenkonversion führt bei hinreichend langen Fasern zu einer stationären Energieverteilung auf die geführten Moden, die im allgemeinen von der Gleichverteilung abweicht. Die Modenkonversion hat weiterhin zur Folge, daß die Impulsaufweitung reduziert wird, da die einzelnen transportierten Energieanteile eine mittlere Laufzeit annehmen. Doch nimmt mit zunehmender Modenkonversion die Dämpfung zu, weil dabei immer auch stark gedämpfte Strahlungsmoden angeregt werden. Deshalb ist man bestrebt, den Effekt der Modenkonversion in Grenzen zu halten. Aus diesem Grunde ist es im allgemeinen auch notwendig, mechanische Zug- und Biegespannungen in einer Faser hinreichend gut zu vermeiden. Dies wird in optischen Kabeln z. B. dadurch sichergestellt, daß die Fasern in Kunststoffröhren lose gelagert werden (s. Fig. 1.32).

4.6 Laufzeit meridionaler Strahlen; Modengruppen und Impulsaufweitung in Gradientenfasern mit parabolischem Brechzahlprofil

Wir setzen wieder ein parabolisches Brechzahlprofil (gemäß Gl. (8) mit dem Potenzexponenten $\alpha = 2$) voraus und vernachlässigen die Effekte der Materialdispersion.
Uns interessiert die spezifische Laufzeit der Meridionalstrahlen, die durch Gl. (3.30) beschrieben werden:

$$r(z) = r_M \sin(2\pi z/p_z) \tag{9}$$

wobei die Periodenlänge p_z durch Gl. (3.31) gegeben ist:

$$p_z = \frac{2\pi a}{\sqrt{2\Delta}} \cdot \frac{n(r_M)}{n_0} \tag{9a}$$

Wir formen zunächst Gl. (9a) etwas um, indem wir die Ausbreitungskonstante β eines Meridionalstrahls einführen. Diese ist mit dem lokalen Neigungswinkel $\gamma(r)$ des Strahls zur Faserachse gemäß Gl. (3.14) und (3.22) gegeben durch

$$\beta = k \cdot n(r) \cdot \cos\gamma(r) = kn(r_M) \tag{10}$$

Ferner führen wir noch den universellen dimensionslosen Faserparameter (V-Parameter)

$$V := kan_0\sqrt{2\Delta} \tag{11}$$

ein, der an vielen Stellen der Theorie auftritt und der auch als „normierte Frequenz" bezeichnet wird, da er wegen $k = 2\pi/\lambda = \omega/c$ der optischen Betriebsfrequenz proportional ist. Mit Gl. (10) und (11) erhält man aus Gl. (9a)

$$p_z = 2\pi a^2 \cdot \frac{\beta}{V} \tag{12}$$

In dieser Form gilt, wie wir hier nicht beweisen wollen, Gl. (12) für alle geführten Moden einer Gradientenfaser mit einem parabolischen Brechzahlprofil. So hat z. B. beim Fortschreiten eines Lichtquants auf der Bahnkurve eines schiefen Strahls um die axiale Strecke p_z nach Gl. (12) bei gegebener Wellenlänge λ das Lichtquant in der Projektion auf eine Normalebene zur Faser genau einmal eine Ellipse beschrieben (s. Fig. 12b). Hätte das parabolische Brechzahlprofil ideal fokusierende Eigenschaften, dann müßten nach dem Fermatschen Prinzip (s. Abschn. 3.4) die Periodenlängen p_z aller geführten Strahlen gleich sein. Wegen der unterschiedlichen β-Werte ist dies jedoch nicht der Fall. Immerhin können wir aus Gl. (12) schließen: Alle geführten Moden mit gleichem β haben die gleiche Periodenlänge p_z und damit auch die gleiche Laufzeit. In der Tat zeigt eine nähere Betrachtung, daß es im parabolischen Brechzahlprofil zu jedem Meridionalstrahl mit gegebener Ausbreitungskonstante β im allgemeinen mehrere andere geführte Strahlen (schiefe und Helixstrahlen) gibt, die sich durch gleiches β und damit durch gleiche Gruppenlaufzeit $\tau_g = d\beta/d\omega$ auszeichnen. Solche Moden einheitlicher Laufzeit werden als Modengruppe bezeichnet. Sie treten auch in Fasern mit einem Potenzprofil

Gl. (8) der Brechzahl auf. In Fasern, deren Brechzahlprofil von einem Potenzprofil abweicht, treten solche Modengruppen im allgemeinen nicht auf. Ist jedoch die Abweichung hinreichend gering, wie es in praktischen Fasern oft der Fall ist, dann kommt es näherungsweise trotzdem noch zur Bildung solcher Modengruppen. Dies ist eine Folge der in geringem Umfang praktisch immer vorhandenen Modenkonversion (s. den letzten Absatz von Abschn. 4.5), die besonders stark zwischen solchen Moden wirksam ist, deren Ausbreitungskonstanten β sich nur sehr wenig voneinander unterscheiden. Die Modenkonversion hebt also gewissermaßen das Auseinanderfallen der β-Werte unter den Moden einer Gruppe mehr oder weniger auf, das eintritt, sobald das Brechzahlprofil vom Potenzprofil Gl. (8) abweicht.

Diese allgemeinen Betrachtungen haben wir vorausgeschickt, um zu zeigen, daß die Meridionalstrahlen hinsichtlich der Laufzeit als repräsentativ betrachtet werden können. Das heißt, daß die im folgenden abgeleiteten maximalen Laufzeitunterschiede der Meridionalstrahlen repräsentativ sind für die Impulsaufweitung der Faser. Dies gilt allerdings nur für das betrachtete parabolische Brechzahlprofil und allgemein auch für Potenzprofile Gl. (8), nicht jedoch für mehr oder weniger gestörte Potenzprofile oder beliebige Brechzahlprofile (in solchen Fällen können die größten unter geführten Moden auftretenden Laufzeitunterschiede erheblich größer sein als die nur unter Meridionalstrahlen vorkommenden).

Wir berechnen im folgenden die von der Bahnamplitude r_M des Meridionalstrahls abhängige Laufzeit $t_g(r_M)$ längs einer Faserstrecke L. Es wird sich herausstellen, daß im parabolischen Profil der Meridionalstrahl mit $r_M = a$ die größte Laufzeit, und mit $r_M \to 0^+$ die geringste Laufzeit hat.

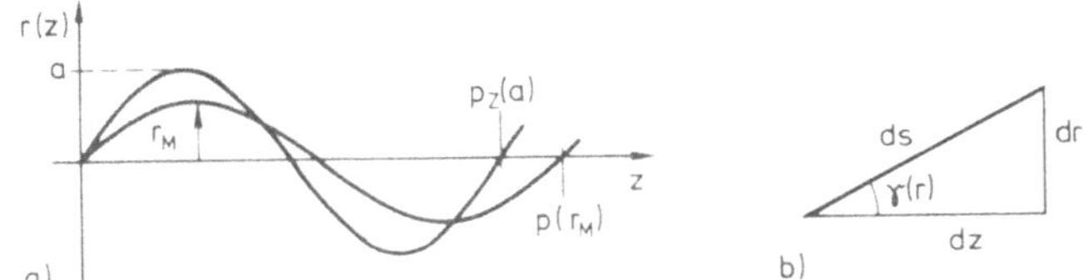

Fig. 13 a) Meridionalstrahlverlauf r(z) im parabolischen Brechzahlprofil mit Bahnperiode p_z in Abhängigkeit von der Bahnamplitude r_M
b) Zur Geometrie des Kurvenelements ds eines Meridionalstrahls

Für die gesuchte Laufzeit $t_g(r_M)$ erhalten wir mit dem Kurvenelement $ds = \sqrt{1 + (dr/dz)^2}dz = dz/\cos\gamma(r)$ (s. Fig. 13), der Strahlinvariante $n(r)\cos\gamma(r) = n(r_M) = \beta/k$ gem. Gl. (10) und dem lokalen Gruppenindex $N(r) = n(r) - \lambda dn/d\lambda$ (den wir später vereinfachend gleich n(r) setzen)

$$t_g(r_M) = \int_0^{L_g} \tau_g ds = \frac{1}{c}\int_0^L N \frac{dz}{\cos\gamma(r)} = \frac{1}{c}\cdot\frac{1}{n(r_M)}\int_0^L N n dz \approx \frac{1}{cn(r_M)}\int_0^L n^2 dz$$

L_g ist hierbei die geometrische Länge des Strahls und L die zugehörige Faserlänge.

Mit Gl. (8), (9) und (9a) folgt für das letzte Integral

$$\int_0^L n^2 dz = n_0^2 \int_0^L dz \left[1 - 2\Delta\left(\frac{r_M}{a}\right)^2 \sin^2 2\pi z/p_z\right]$$

$$= n_0^2 \int_0^L dz \left[1 - \Delta\left(\frac{r_M}{a}\right)^2 + \Delta\left(\frac{r_M}{a}\right)^2 \cos 4\pi z/p_z\right]$$

$$= n_0^2 \left\{\left[1 - \Delta\left(\frac{r_M}{a}\right)^2\right] L + \Delta\left(\frac{r_M}{a}\right)^2 \frac{p_z}{4\pi} \sin 4L/p_z\right\}$$

Der mit wachsender Faserlänge L sinusförmig schwankende Summand in der geschweiften Klammer beschreibt die längs einer Strahlperiode ortsveränderliche spezifische Laufzeit des Strahls. Bei hinreichend großer Faserlänge L sind diese Schwankungen relativ zum L-proportionalen Anteil der Laufzeit vernachlässigbar klein. In diesem Fall ($L \to \infty$) lautet die Meridionalstrahllaufzeit mit $n(r_M) = n_0 \sqrt{1 - 2\Delta(r_M/a)^2}$

$$t_g(r_M) = \frac{n_0}{c} L \cdot \frac{1 - \Delta(r_M/a)^2}{\sqrt{1 - 2\Delta(r_M/a)^2}}$$

Daraus folgt durch Reihenentwicklung näherungsweise $\left(\text{es ist } 1/\sqrt{1-2\epsilon} \approx 1 + \epsilon + \frac{3}{2}\epsilon^2\right)$

$$t_g(r_M) \approx \frac{n_0}{c} L \cdot \left[1 + \frac{1}{2}\Delta^2 \left(\frac{r_M}{a}\right)^4\right] \tag{13}$$

Man sieht also, daß die Meridionalstrahlen in Parabelprofilfasern mit zunehmender Strahlamplitude r_M größere Laufzeiten haben (s. dazu auch Fig. 23).

Die für die Impulsaufweitung maßgebende maximale Laufzeitdifferenz, bezogen auf die Längeneinheit, ist also im Rahmen unserer Näherungen

$$\Delta\tau_g := \frac{t_g(a) - t_g(0^+)}{L} \approx \frac{n_0}{c}\frac{1}{2}\Delta^2 \tag{14)*}$$

Wesentlich ist an Gl. (14), daß die Impulsaufweitung jetzt proportional Δ^2 ist, während sie bei Stufenprofilfasern linear mit Δ zunimmt (vgl. Gl. (5)). Wegen der Kleinheit der relativen Brechzahldifferenz Δ ist dies ein großer Vorteil.

Zahlenbeispiel: Sei $n_0 \approx 1{,}5$ und $\Delta = 0{,}01$, dann ist die Impulsaufweitung der Parabelprofilfaser ungefähr 0,25 ns/km, also wesentlich kleiner als bei einer Stufenprofilfaser mit gleichem Δ.

Bemerkungen: 1. Bei Berücksichtigung der Materialdispersion tritt in Gl. (14) der Gruppenindex N_0 an die Stelle der Brechzahl n_0 der Kernachse. Im Rahmen unserer Näherungen ist dies jedoch unwesentlich.

*) Zu Gl. (14) beachte man die Fußnote zu Gl. (4).

2. Nach Gl. (13) nimmt die Laufzeit mit wachsender Bahnamplitude r_M des Meridionalstrahls zu. Qualitativ stimmt dieses Verhalten mit dem einer Stufenprofilfaser überein, bei der die Laufzeit mit zunehmendem Neigungswinkel zur Faserachse ebenfalls zunimmt. Wie man sagt, ist die Gradientenfaser mit parabolischem Brechzahlprofil hinischtlich der Modenlaufzeit durch die Abnahme der Brechzahl mit zunehmendem Achsenabstand noch „unterkompensiert". Deshalb liegt die durch eine genauere Theorie bestätigte Vermutung nahe, daß ein Potenzprofil der Brechzahl mit einem Exponenten $\alpha < 2$ die Laufzeiten der Meridionalstrahlen noch besser aneinander anpassen würde als es beim parabolischen Brechzahlprofil der Fall ist. Tatsächlich ist dem so. Man findet für den optimalen Potenzexponenten α den Wert $2 - 2\Delta$ (wie schon in Abschn. 4.5 erwähnt). Anstelle des Faktors 1/2 in Gl. (14) tritt dann der Faktor 1/8, was noch einmal eine erhebliche Verringerung der Impulsaufweitung bedeutet. Allerdings kann diese Verbesserung infolge der bei der Faserfertigung unvermeidlich auftretenden Ungenauigkeiten des Brechzahlprofilverlaufs z. Zt. nur beschränkt realisiert werden. Immerhin sind Gradientenfasern mit etwa 0,1 ns/km Impulsaufweitung erfolgreich realisiert worden.

3. Berücksichtigt man die Materialdispersion der Faser, d. h. die Wellenlängenabhängigkeiten $n_0(\lambda)$ und $\Delta(\lambda)$, dann liefert die Theorie für den optimalen Exponenten α_{opt} eines Brechzahlpotenzprofils den Ausdruck (s. Abschn. 4.7.7)

$$\alpha_{opt} = 2(1 - P) - \Delta(2 - P) \qquad (15)$$

in dem die ebenfalls wellenlängenabhängige Größe

$$P := \frac{n_0}{N_0} \cdot \frac{\lambda}{\Delta} \cdot \frac{d\Delta}{d\lambda} \qquad (16)$$

P r o f i l d i s p e r s i o n genannt wird. Den infolge der Materialdispersion wellenlängenabhängigen optimalen Exponenten α_{opt} im Falle von GeO_2-dotierten SiO_2-Fasern zeigt die folgende Fig. 14. Da ein tatsächlich realisiertes Potenzprofil der Brechzahl jedoch einen wellenlängenunabhängigen Exponenten hat, z. B. $\alpha = 1{,}90$, ist eine solche Faser nur in einem beschränkten Bereich der optischen Wellenlängen optimal (wie z. B. in Fig. 10 gezeigt).

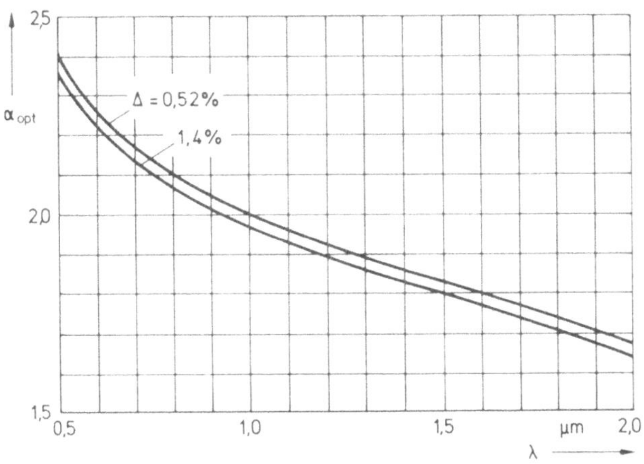

Fig. 14 Nach Gl. (15) und Gl. (16) berechnete Wellenlängenabhängigkeit des optimalen Potenzexponenten α_{opt} des Brechzahlprofils Gl. (8) von GeO_2-dotierten SiO_2-Fasern. Es besteht eine geringe weitere Abhängigkeit vom relativen Brechzahlunterschied Δ

4. Gl. (14) folgt auch aus der in Abschn. 4.7.7 skizzierten allgemeinen Theorie der Modenlaufzeiten in Fasern mit einem Potenzprofil Gl. (8) der Brechzahl. Nach unseren jetzigen speziellen Voraussetzungen ist der Potenzexponent $\alpha = 2$ und die Profildispersion Gl. (16) ist $P(\lambda) \equiv 0$. Deshalb ist die als Parameter in Fig. 23 verwendete Abweichung $\delta\alpha = \alpha - \alpha_{opt}$ des betrachteten Potenzexponenten $\alpha = 2$ vom optimalen $\alpha_{opt} = 2 - 2\Delta$ in unserem Falle $\delta\alpha = 2 - (2 - 2\Delta) = 2\Delta$. Die Laufzeit der Meridionalstrahlen in Fasern mit Parabelprofil und ohne Materialdispersion geht also aus Fig. 23 als Kurve hervor, die mit dem Parameter $\delta\alpha = \Delta(2 - P) = 2\Delta$ beziffert ist.

4.7 WKB-Optik der Strahlen (Moden) in vielwelligen Gradientenfasern

4.7.1 Die transversalen Resonanzbedingungen

Bisher haben wir konsequent die Strahlenoptik auf die Ausbreitungsvorgänge in vielwelligen Gradientenfasern angewendet. Wegen der Voraussetzung $\lambda \to 0$ haben wir z. B. ein Kontinuum verschiedener Meridionalstrahlen mit unterschiedlicher Amplitude r_M erhalten (s. Abschn. 3.9 und 4.6). Tatsächlich ist λ endlich, z. B. $\lambda = 0{,}04\ a$ (a = Kernradius) und deshalb existieren nur endlich viele unterschiedliche Meridionalstrahlen. Der Grenzfall der Strahlenoptik stellt also eine zu starke Idealisierung der Verhältnisse dar. Die Situation ist vergleichbar mit der Theorie des Wasserstoffatoms. Die klassische Mechanik führt zu einem Kontinuum von möglichen Elektronenbahnen. Die Bohrsche Theorie jedoch, die im wesentlichen eine klassische Mechanik ist, löste die Frage der diskreten Elektronenbahnen durch die Einführung von Quantenbedingungen, die später durch die Wellenmechanik als Resonanzbedingungen der Materiewellen gedeutet wurden. Der Bohrschen Atomtheorie entspricht in unserem Falle die WKB-Optik (s. Abschn. 3.11), die im wesentlichen eine Strahlenoptik für den Fall endlicher Wellenlängen ist, bei der die lokalen Wellenvektoren und ihre Komponenten (s. Abschn. 3.10) alle endlich sind und die Diskretheit der Zahl der geführten Moden durch t r a n s v e r s a l e R e s o n a n z b e d i n g u n g e n (s. Abschn. 4.3) erklärt wird. Diese Resonanzbedingungen sind die Bedingungen für azimutale und radiale Stehwellen in einem Faserquerschnitt. Wir gehen von folgender, schon in den Abschn. 3.5 und 3.10 entwickelten Vorstellung aus: Jeder Strahl läßt sich in hinreichend kleinen Raumbereichen näherungsweise als eine homogene Planwelle im homogenen Medium darstellen. Es existiert also in jedem Punkt des Strahlweges ein lokaler Ausbreitungsvektor $\vec{k}(r)$, der im Falle zylindersymmetrischer Fasern nur vom Achsenabstand r abhängt. Wir kennzeichnen hier der Einfachheit halber den lokalen Ausbreitungsvektor durch den Index n, der auf die lokale Brechzahl hindeuten soll. Zweckmäßigerweise verwenden wir im folgenden Zylinderkoordinaten r, φ, z.

Für den lokalen Ausbreitungsvektor in einem Punkt mit der lokalen Brechzahl n(r) gem. Fig. 15 gilt

$$|\vec{k}_n|^2 = k^2 n^2(r) = k_z^2 + k_r^2 + k_\varphi^2 \tag{17}$$

Dabei bedeuten $k_z = \beta$ die longitudinale oder axiale Komponente, k_r die radiale Komponente und k_φ die azimutale Komponente. Gelegentlich braucht man auch die meri-

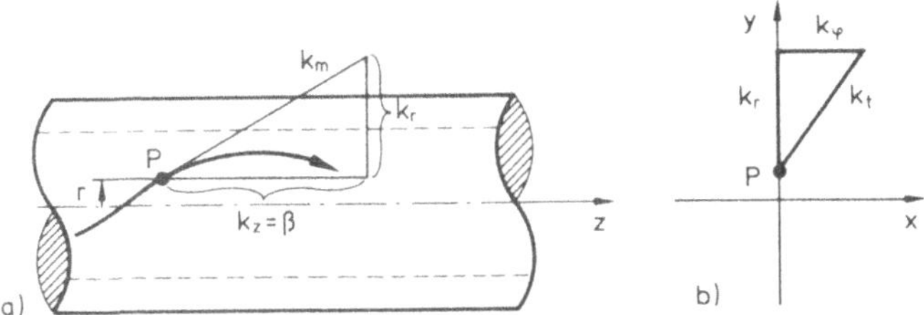

Fig. 15 Lokaler Ausbreitungsvektor $\vec{k}_n$ mit Meridionalkomponente k_m im Meridionalschnitt a) und Transversalkomponente k_t im Querschnitt b) einer Faser und den Komponenten k_r, k_φ, $k_z = \beta$ entsprechend den Zylinderkoordinaten

dionale Komponente $k_m = \sqrt{\beta^2 + k_r^2}$ und die transversale Komponente $k_t = \sqrt{k_r^2 + k_\varphi^2}$ (s. Fig. 15). Den Komponenten k_z, k_r, k_φ kann man, sofern sie positiv reell sind, entsprechende Wellenlängen λ_z, λ_r bzw. λ_φ in den drei Koordinatenrichtungen zuordnen, so daß gilt

$$k_z = \frac{2\pi}{\lambda_z}, \qquad k_r = \frac{2\pi}{\lambda_r}, \qquad k_\varphi = \frac{2\pi}{\lambda_\varphi} \tag{18}$$

Die A x i a l k o m p o n e n t e $k_z = \beta$ ist für jeden Modus eine konstante, invariante Größe, die Ausbreitungskonstante (s. Abschn. 3.5).

Die A z i m u t a l k o m p o n e n t e k_φ ist längs der Strahlbahn im allgemeinen nicht konstant, sondern eine Funktion von r. Dies folgt aus der a z i m u t a l e n R e s o - n a n z b e d i n g u n g , die jeder ausbreitungsfähige Modus erfüllen muß. Die azimutale Resonanzbedingung ist eine Bedingung (Stehwellenbedingung) für die azimutale Teilwelle eines Modus (vgl. Abschn. 4.3). Sie verlangt, daß die gesamte Phasenänderung bei einem konzentrischen Umlauf im Kernquerschnitt ein ganzzahliges Vielfaches von 2π sein muß,

$$\int_0^{2\pi} k_\varphi \cdot r d\varphi = \nu \cdot 2\pi \qquad (\nu = 0, 1, 2, 3, \ldots) \tag{19}$$

Für r = const ist auch k_φ = konstant, so daß gelten muß

$$\int_0^{2\pi} k_\varphi \cdot r d\varphi = k_\varphi \cdot r \cdot 2\pi = \nu 2\pi$$

Also ist
$$k_\varphi = \frac{\nu}{r} \tag{20}$$

Die Azimutalkomponente k_φ des lokalen Ausbreitungsvektors muß also die azimutale Resonanzbedingung (20) erfüllen. ν bezeichnet man als a z i m u t a l e M o d e n k e n n - z a h l. Sie gibt an, wieviel Feldmaxima (nämlich 2ν) im Nahfeld eines bestimmten Modus in azimutaler Umfangsrichtung auftreten (vgl. Fig. 19). Die azimutale Modenzahl des Grundmodus und aller Meridionalmoden ist $\nu = 0$.

Die Radialkomponente k_r ist ebenfalls eine Funktion des Abstands r von der Faserachse. Aus Gl. (17) und (20) folgt nämlich

$$k_r^2 = k^2 n^2(r) - \beta^2 - \left(\frac{\nu}{r}\right)^2 \tag{21}$$

k_r ist allerdings nur für solche Werte von r reell > 0, bei denen die rechte Seite von Gl. (21) positiv ist. Nur in einem solchen radialen Bereich besteht eine fortschreitende Ausbreitung der radialen Teilwelle des betrachteten Modus. Ein solcher Bereich ist im allgemeinen von zwei Brennlinien (Kaustiken) begrenzt, deren Radien z. B. r_1 und $r_2 > r_1$ seien. Die radiale Resonanzbedingung drückt die Forderung aus, daß die radiale Teilwelle zwischen den Kaustiken eine Stehwelle bildet:

$$\int_{r_1}^{r_2} k_r dr = \mu\pi \qquad (\mu = 0, 1, 2, \ldots) \tag{22}$$

Der Parameter μ ist die radiale Modenkennzahl, die die mögliche Zahl der Feldmaxima zwischen den Kaustiken angibt (vgl. Fig. 19). Gl. (22) gilt nur näherungsweise, weil Phasensprünge bei der Totalreflexion an den Kaustiken nicht berücksichtigt sind. Bei höheren Moden gilt Gl. (22) recht genau, bei niedrigen weniger gut (die strahlenoptische Voraussetzung ist schlechter erfüllt). Eine bessere Näherung ist die Gleichung

$$\int_{r_1}^{r_2} k_r dr = \left(\mu + \frac{1}{2}\right)\pi \tag{22a}$$

4.7.2 Der Grundmodus

Die Konsequenzen aus den Resonanzbedingungen Gl. (20) und (22) werden am besten durch eine graphische Veranschaulichung verständlich. Dabei setzen wir wieder ein parabolisches Brechzahlprofil gemäß

$$n^2(r) = \begin{cases} n_0^2\left[1 - 2\Delta\left(\frac{r}{a}\right)^2\right] & \text{für } r \leqslant a \\ n_0^2(1 - 2\Delta) =: n_a^2 & \text{für } r \geqslant a \end{cases} \tag{23}$$

voraus.

Wir betrachten zunächst den Grundmodus mit $\nu = 0$, der strahlenoptisch als Achsenstrahl (d. h. in der Faserachse verlaufender Strahl) dargestellt wird. Sein lokaler Ausbreitungsvektor ist überall axial gerichtet und hat den Betrag

$$k_z = \beta = kn_0 \tag{24}$$

(Bei endlicher Wellenlänge $\lambda > 0$ breitet sich der Grundmodus mit seinem Feld jedoch mehr oder weniger weit im Gebiet mit $r > 0$ aus, so daß genau genommen $\beta < kn_0$ gilt; s. Abschn. 4.10.2). Zur Veranschaulichung stellt man das Quadrat der Transversalkomponente k_t des lokalen Ausbreitungsvektors

$$k_t^2(r) = k^2n^2(r) - \beta^2 = k^2[n^2(r) - n_0^2]$$
$$= \begin{cases} -k^2n_0^2 2\Delta(r/a)^2 & \text{für } r \leqslant a \\ -k^2n_0^2 2\Delta & \text{für } r \geqslant a \end{cases} \tag{25}$$

und das Quadrat der entsprechenden azimutalen Komponente

$$k_\varphi^2(r) = (\nu/r)^2 \tag{26}$$

als Funktion des Achsenabstands r graphisch dar, wie in Fig. 16 gezeigt. Gl. (25) hat die Gestalt des Brechzahlprofils der Faser, verschoben um β^2 nach Gl. (24); Gl. (26) ist eine Hyperbel für positive ν, die sich in Grenzfall $\nu = 0^+$ den positiven Koordinatenachsen anschmiegt.

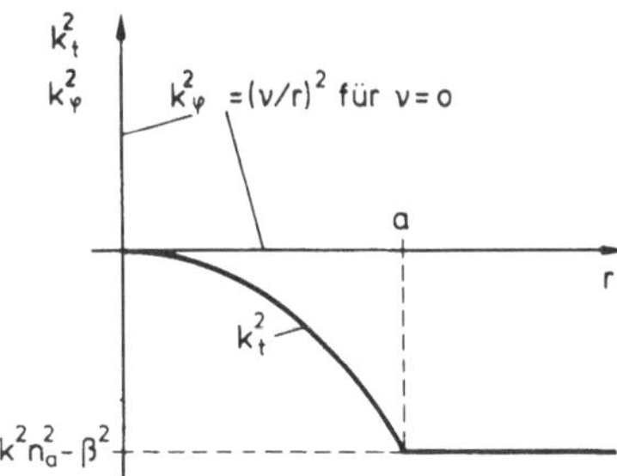

Fig. 16
Verlauf der quadrierten Azimutalkomponente k_φ^2 und der quadrierten Transversalkomponente k_t^2 des lokalen Ausbreitungsvektors des Grundmodus in Abhängigkeit vom Achsenabstand r

Bildet man $k_r^2 = k_t^2 - k_\varphi^2$, so erkennt man aus Fig. 16, daß für den Grundmodus die quadrierte Radialkomponente k_r^2 im Bereich $r > 0$ stets negativ ist:

$$k_r^2(r) < 0 \tag{27}$$

Also ist $k_r(r) = \pm j\alpha_r$ mit $\alpha_r = |k_r| > 0$. Die radiale Teilwelle des Grundmodus ist demnach gemäß

$$e^{-jk_r r} = \exp[-j(\overset{(+)}{-} j\alpha_r)r] = e^{\overset{-}{(+)}\alpha_r r} \tag{28}$$

mit einem radial exponentiell abklingenden Dämpfungsfaktor zu versehen, sie ist also keine radial nach außen (oder innen) fortschreitende Welle.

Die Aussage (27) ist gleichbedeutend mit der anderen, daß die beiden Kaustikradien $r_1 = r_2 = 0$ verschwinden. Aus der radialen Resonanzbedingung Gl. (22) folgt damit für die radiale Modenkennzahl des Grundmodus $\mu = 0$.

Bemerkungen: 1. Die Resonanzbedingung Gl. (22a) berücksichtigt das Versagen der Strahlenoptik für den praktischen Fall endlicher Wellenlängen, bei dem zwar $r_1 = 0$ ist, jedoch genauer genommen $r_2 > 0$ ist.

2. Das eingeklammerte positive Vorzeichen in Gl. (28) ist hier unphysikalisch.

4.7.3 Die Meridionalmoden

Wir betrachten jetzt geführte Meridionalstrahlen mit $\nu = 0$. Für ihre Ausbreitungskonstante β gilt

$$kn_a < \beta < kn_0 \tag{29}$$

(zum Grenzfall $\beta = kn_0$ s. Abschn. 4.7.2; der Grenzfall $\beta = kn_a$ tritt nur auf, wenn alle Leistung der Welle im Mantel transportiert wird, was im praktischen Betrieb unrealistisch ist). In diesem Falle liefert die Darstellung von $k_t^2(r) = k^2n^2(r) - \beta^2$ und $k_\varphi^2 = (\nu/r)^2$ die Fig. 17. Man erkennt aus der Figur, daß für Meridionalstrahlen in einem Bereich $0 < r < r_M$ die radiale Ausbreitungskomponente $k_r = \sqrt{k_t^2 - k_\varphi^2} = k_t$ positiv ist (schraffiert in Fig. 17). Die beiden Kaustikradien r_1 und r_2 sind also $r_1 = 0$ und $r_2 = r_M$. In dem Bereich zwischen 0 und r_M ist das Feld des betrachteten Meridionalmodus konzentriert; für $r > r_M$ klingt es exponentiell ab, weil in diesem Bereich $k_r^2 < 0$ ist und deshalb auch Gl. (28) gilt. Wir erkennen in r_M die Amplitude des Meridionalstrahlweges wieder (s. Abschn. 3.8 und 3.9).

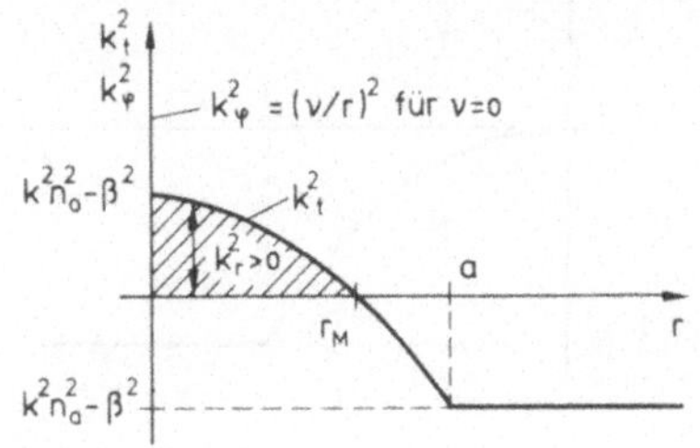

Fig. 17
Wie Fig. 16, jedoch für einen geführten Meridionalmodus. Schraffiert: $k_r^2 > 0$

Beim Grundmodus ist $r_M = 0$. Die Ausbreitungskonstante β kann nur solche Werte annehmen, für die die zugehörigen positiven k_r-Werte die Resonanzbedingung Gl. (22) erfüllen. Die geführten Meridionalstrahlen sind durch die Modenkennzahlen $\nu = 0$ und $\mu = 0, 1, 2, 3 \ldots, \mu_{max}$ gekennzeichnet. Der Grundmodus mit $\mu = 0$ (s. Abschn. 4.7.2) ist auch ein Meridionalstrahl. Für den höchsten Meridionalmodus gilt $\beta \gtrsim kn_a$ und $r_M \lesssim a$. Bei parabolischem Brechzahlprofil findet man (s. Abschn. 4.7.6)

$$\mu_{max} \approx \frac{1}{4} V = \frac{1}{4} kan_0 \sqrt{2\Delta} \tag{30}$$

Zahlenbeispiel: In einer Gradientenfaser mit parabolischem Brechzahlprofil und $a = 25\,\mu m$, $n_0 = 1{,}47$, $\Delta = 0{,}7\%$ gibt es bei $\lambda = 2\pi/k = 0{,}85\,\mu m$ nach Gl. (30) $\mu_{max} = 8$ verschiedene Meridionalmoden, dazu kommt als neunter der Grundmodus mit $\mu = 0$.

4.7.4 Schiefe Moden und Helixmoden

Als nächsten Strahlentyp betrachten wir einen geführten schiefen Strahl. Wie im Falle aller geführten Strahlen liegt seine Ausbreitungskonstante β im Bereich der Ungleichung (29), $kn_a < \beta < kn_0$. Die in diesem Falle wesentlichen Abhängigkeiten der Komponenten des lokalen Ausbreitungsvektors von der radialen Koordinate r sind in Fig. 18

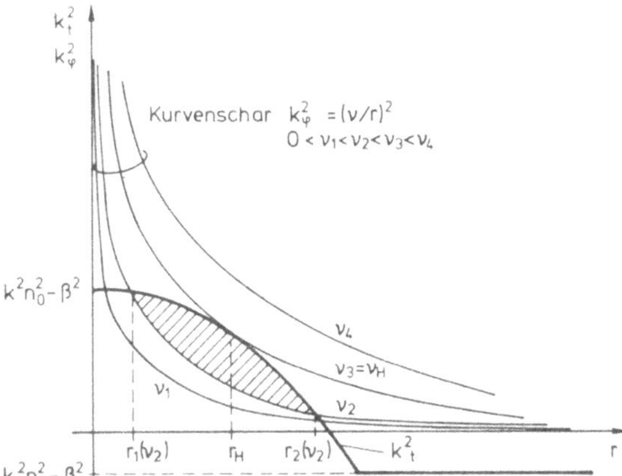

Fig. 18
Wie Fig. 16, jedoch für einen geführten schiefen Strahl ($0 < r_1 < r_2$) bzw. für einen Helixstrahl ($r_1 = r_2 = r_H > 0$). Schraffiert: $k_r^2 > 0$ für ν_2

dargestellt. Wenn ν hinreichend klein ist, gibt es im allgemeinen zwei Kaustiken $r_1 > 0$ und $r_2 > r_1$ und es ist $k_r^2(r)$ positiv im Bereich zwischen r_1 und r_2 (schraffiert in Fig. 18), so daß hier k_r reell ist. $k_r > 0$ ($k_r < 0$) bedeutet die Ausbreitung der radialen Teilwelle nach außen (bzw. nach innen). Außerhalb der äußeren Kaustik ($r > r_2$) und ebenso innerhalb der inneren Kaustik ($r < r_1$) ist k_r rein imaginär, deshalb klingt das Feld des schiefen Modus hier exponentiell ab (s. Gl. (28)). Die beiden Kaustiken sind auch in Fig. 12 deutlich zu erkennen.

Die schiefen Strahlen sind durch zwei nicht verschwindende Modenkennzahlen ν und μ gekennzeichnet. Das zugehörige azimutale und radiale Stehwellenmuster tritt in der Nah-

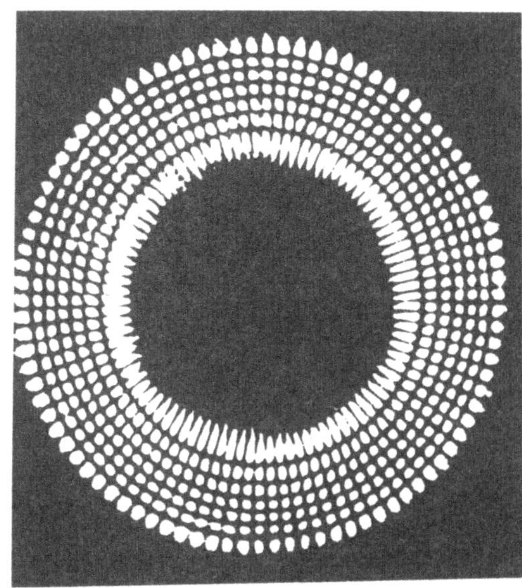

Fig. 19
Strahlungsdichteverteilung (Nahfeld) eines selektiv angeregten höheren Modus mit den Kennzahlen $\nu = 47$ und $\mu = 7$ auf der strahlenden Endfläche einer Glasfaser mit Gradientenprofil der Brechzahl (nach Stewart, Plessey Co.)

feldaufnahme in Fig. 19 deutlich in Erscheinung. In besonderen Fällen können die beiden Kaustiken zusammenfallen; in diesem Fall ist $r_1 = r_2 = r_H$ (s. Fig. 18). Der Strahl ist dann ein Helixstrahl, der eine Schraubenkurve im konstanten Abstand r_H von der Faserachse beschreibt. Die Projektion eines Helixstrahls auf eine Querschnittsebene ist also ein Kreis. Für die Helixstrahlen gilt nach Gl. (22) $\mu = 0$ und nach Gl. (19) $\nu = 1, 2, 3, 4 \ldots, \nu_{max}$. Der höchste Helixmodus hat eine Ausbreitungskonstante $\beta \gtrapprox kn_a$. Da er jedoch einen konstanten Neigungswinkel $\gamma_H > 0$ zur optischen Achse hat, so daß $\beta = kn(r_H) \cdot \cos \gamma_H$ gelten muß, ist der zugehörige größte Radius r_{Hmax} eines geführten Helixstrahls im allgemeinen erheblich kleiner als der Kernradius a. Im Falle des parabolischen Profils findet man

$$r_{Hmax} = \frac{1}{\sqrt{2}} a \tag{31}$$

und (s. Abschn. 4.7.6)

$$\nu_{max} = \frac{1}{2} V = \frac{1}{2} kan_0 \sqrt{2\Delta} \tag{32}$$

Durch Vergleich von Gl. (32) mit (30) erkennt man, daß es in der Gradientenfaser mit Parabelprofil doppelt so viele Helixstrahlen wie geführte Meridionalstrahlen gibt (den Grundmodus nicht mitgezählt).

Zu Fig. 18 ist wieder zu beachten, daß die Ausbreitungskonstante β eines betrachteten Modus durch die radiale Resonanzbedingung Gl. (22) bestimmt ist. Im Falle eines geführten schiefen Strahls hat daher β im allgemeinen einen anderen Wert als im Falle eines Helixstrahls.

4.7.5 Leckmoden und Strahlungsmoden

Moden, d. h. Wellenformen, die nur noch teilweise oder gar nicht mehr durch das Brechzahlprofil der Faser geführt werden, werden als Leckmoden bzw. Strahlungsmoden bezeichnet. Kennzeichnend für diese Moden ist es, daß ihre Ausbreitungskonstante β kleiner ist als die Wellenzahl kn_a des Mantelmaterials[1]):

$$0 < \beta < kn_a \tag{33}$$

Wie sich Leck- und Strahlungsmoden voneinander unterscheiden, wird aus den Fig. 20 und 21 klar, in denen wieder die Quadrate k_t^2, k_φ^2 und k_r^2 der transversalen, azimutalen bzw. radialen Komponente des lokalen Ausbreitungsvektors in Abhängigkeit vom Achsenabstand r dargestellt sind.

---

[1]) Der Fall $\beta = kn_a$ tritt auf, wenn sich die Wellenlänge λ eines geführten Modus der Grenzwellenlänge λ_g des betrachteten Modus nähert, oberhalb der er nicht mehr ausbreitungsfähig ist (s. Abschn. 4.10.3). In einem unendlich ausgedehnten Fasermantel breitet sich also die Intensität des Wellenfeldes bei der Grenzwellenlänge so weit aus, daß praktisch alle Feldenergie im Mantel vorhanden ist. Für die Grundwelle gilt $\lambda_g = \infty$!

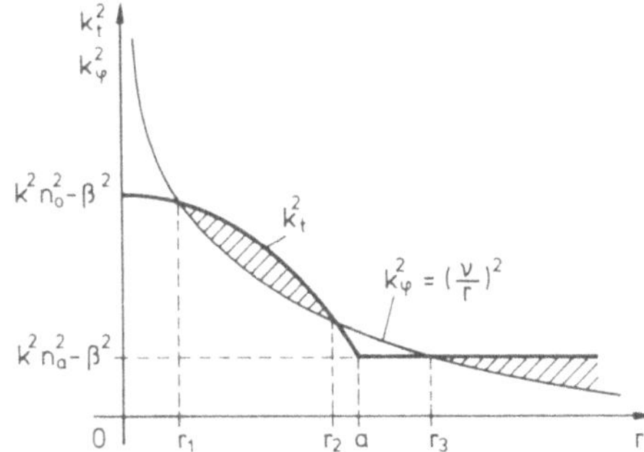

Fig. 20
Wie Fig. 16, jedoch für einen Leckmodus mit drei Kaustiken. Schraffiert sind die positiven Differenzen $k_2^2 = k_t^2 - k_\varphi^2 > 0$

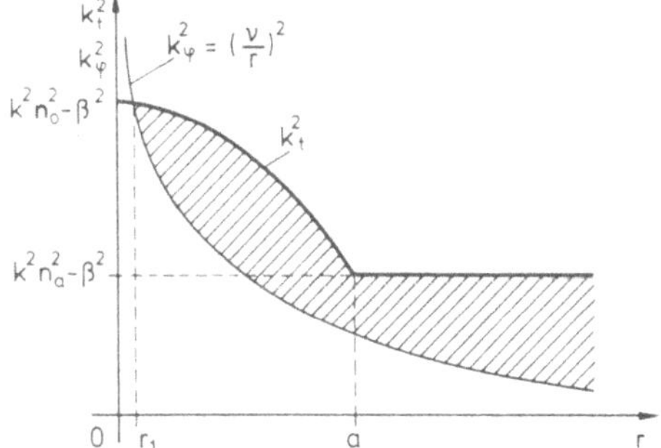

Fig. 21
Wie Fig. 20, jedoch für einen Strahlungsmodus mit nur einer Kaustik. Schraffiert: $k_r^2 > 0$

L e c k m o d e n haben gem. Fig. 20 drei Kaustiken, für deren Radien $0 < r_1 < r_2 < a$ und $r_3 > a$ gilt. Zwischen r_1 und r_2 verhält sich der Leckmodus wie ein geführter schiefer Modus (vgl. Abschn. 4.7.4). Aber für $r > r_3$ ist die radiale Komponente k_r des lokalen Ausbreitungsvektors auch wieder positiv reell, deshalb existiert in diesem Bereich eine fortschreitende Welle, die Leistung in Richtung wachsender Achsenabstände r mit sich führt. Diese Leistung entweicht aus dem Kern der Faser durch „Tunneleffekt" und ist für die Signalübertragung verloren. Im Bereich des „Tunnels" zwischen den Kaustiken r_2 und r_3 existiert nur eine sog. evaneszente, d. h. exponentiell abklingende Welle, weil k_r hier imaginär ist (s. Gl. (28)). Wenn die Tunnelbreite $(r_3 - r_2)$ hinreichend groß ist, kann die Dämpfung der Leckwellen infolge Abstrahlung sehr klein sein, so daß die Leckwellen noch einen Beitrag zur Signalübertragung liefern, sofern sie angeregt werden. Die Größen k_r und β müssen im Bereich des Kerns zwischen r_1 und r_2 die radiale Resonanzbedingung Gl. (22) erfüllen. Deswegen gibt es nur eine diskrete Anzahl von Leckwellen.

S t r a h l u n g s m o d e n haben gem. Fig. 21 nur eine innere Kaustik $r_1 > 0$, die innerhalb (wie in Fig. 21) oder auch außerhalb des Kerns verlaufen kann. Der Effekt der Führung durch den Kern infolge einer transversalen Resonanzbedingung fehlt völlig. Deshalb entweicht die Energie der Strahlungsmoden mehr oder weniger rasch aus dem Kern der Faser und trägt deshalb nichts zur Signalübertragung bei. Wegen der fehlenden radialen Resonanzbedingung gibt es ein Kontinuum von Strahlungsmoden.

4.7.6 Modengruppen und Modenkennzahlebene

Die geführten Moden und auch die nur teilweise geführten Leckmoden müssen nach Abschn. 4.7.1 transversale Resonanzbedingungen erfüllen. Deshalb können sie durch je eine diskrete azimutale und radiale Modenkennzahl ν bzw. μ voneinander unterschieden werden. Einen raschen Überblick über die Gesamtheit der existenzfähigen geführten Moden erhält man, wenn man gem. Fig. 22 jeden dieser Moden in der Modenkennzahlebene durch einen Punkt ν, μ darstellt ($\nu, \mu = 0, 1, 2, 3, \ldots$). Den Meridionalmoden ($\nu = 0$) entsprechen Punkte auf der Ordinatenachse, den Helixmoden ($\mu = 0$) entsprechen Punkte auf der Abszissenachse. Dem Ursprung (0, 0) entspricht der Grundmodus.

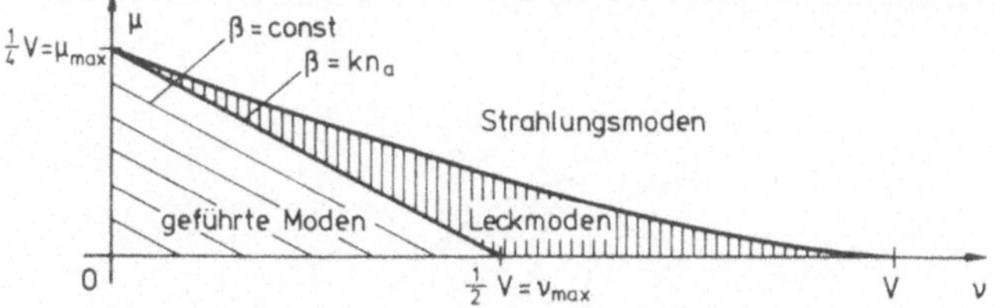

Fig. 22 Modenkennzahlebene mit Abszisse ν und Ordinate μ für eine Faser mit parabolischem Brechzahlprofil. Die Bereiche für geführte Moden (schräg schraffiert), Leckmoden (senkrecht schraffiert) und Strahlungsmoden sind bezeichnet. Eingetragen sind ferner Geraden gleicher Hauptmodenzahl $m = 2\mu + \nu$ bzw. gleicher Ausbreitungskonstante β

Von besonderem Interesse ist folgende Frage: Wo liegen in der ν-μ-Ebene die in Fasern mit Potenzprofil Gl. (8) der Brechzahl nach Abschn. 4.6 existierenden Modengruppen mit gleicher Ausbreitungskonstante β und damit auch gleicher Gruppenlaufzeit? Für parabolische Profile ($\alpha = 2$) ist diese Frage relativ einfach zu beantworten. In die radiale Resonanzbedingung Gl. (22) hat man aus Gl. (21) den Integranden k_r einzuführen, der das parabolische Brechzahlprofil Gl. (23) und die Ausbreitungskonstante β enthält. Das Integral der Resonanzbedingung ist in diesem Falle geschlossen ausrechenbar. Führt man noch den universellen Faserparameter $V = k_0 a\sqrt{2\Delta}$ nach Gl. (11) ein, so läßt sich Gl. (22) wie folgt schreiben:

$$\mu = \frac{V}{8\Delta}\left[1 - \left(\frac{\beta}{k_0}\right)^2\right] - \frac{\nu}{2}$$

Hierbei ist $k_0 = kn_0$ die Wellenzahl des Faserachsenmaterials. Man erkennt, daß alle Moden mit gleicher H a u p t m o d e n k e n n z a h l

$$m := 2\mu + \nu = \frac{V}{4\Delta}\left[1 - \left(\frac{\beta}{k_0}\right)^2\right] \tag{34}$$

gleiche Ausbreitungskonstanten β haben und damit nach früher Gesagtem (Abschn. 4.6) auch gleiche Gruppenlaufzeit. Die Hauptmodenkennzahl m charakterisiert also eine M o d e n g r u p p e , deren Ort in der ν-μ-Ebene eine Gerade $2\mu + \nu = m$ ist (s. Fig. 22).

Die maximale Hauptmodenzahl für geführte Moden ergibt sich aus Gl. (34), wenn man für die geführten Moden höchster Ordnung $\beta^2 = k_a^2 = k^2 n_a^2 = k^2 n_0^2 \cdot (1 - 2\Delta)$ einsetzt. Man erhält so

$$m_{max} = \frac{1}{2} V \tag{35}$$

Mit Gl. (34) folgen daraus die Maximalwerte Gl. (30) und (32) für die radiale bzw. azimutale Modenkennzahl. Diese Maximalwerte definieren zusammen mit dem Ursprung als Ort der geführten Moden ein Dreieck in der Modenkennzahlebene Fig. 22. Falls der Exponent α im Potenzprofil Gl. (8) der Brechzahl nur wenig vom Wert 2 abweicht, sind Gl. (34) und (35) noch als gute Näherungen zu gebrauchen; die Kurven gleicher Ausbreitungskonstante β verformen sich dann nur wenig gegenüber Fig. 22.

Durch eine ähnliche Betrachtung findet man, daß die Leckmoden (s. Abschn. 4.7.5) im senkrecht schraffierten Bereich der Modenkennzahlebene nach Fig. 22 lokalisiert sind (parabolisches Brechzahlprofil vorausgesetzt).

Die Gesamtzahl M aller geführten Moden ist im Falle eines parabolischen Brechzahlprofils vom Dreieck mit den Eckpunkten $(\nu, \mu) = (\nu_{max}, 0)$, $(0, 0)$ und $(0, \mu_{max})$ umschlossen. Man erhält daher

$$M = 4 \cdot \frac{1}{2} \cdot \nu_{max} \mu_{max} = \frac{1}{4} V^2 \tag{36}$$

Der erste Faktor 4 in dieser Gleichung, der nur wellentheoretisch zu begründen ist, ist hier noch zu berücksichtigen, weil jeder Modus (mit Ausnahme des Grundmodus) doppelt entartet ist: einmal tritt jeder Modus in zwei orthogonalen Polarisationen auf, zum anderen noch in zwei verschiedenen Orientierungen, die sich dadurch unterscheiden, daß in den Lösungen der Wellengleichungen die Glieder $\cos(\nu\varphi)$ durch $\sin(\nu\varphi)$ ersetzt werden können (φ = azimutale Koordinate; s. Abschn. 4.10). Der Grundmodus tritt nur in zwei verschiedenen Polarisationen auf (s. Abschn. 4.10.2). In einer Faser mit einem Potenzprofil nach Gl. (8) ist die Gesamtzahl M der geführten Moden anstelle von Gl. (36) gegeben durch (s. Anhang zu diesem Abschnitt)

$$M = \frac{1}{2} \left(\frac{\alpha}{\alpha + 2} \right) V^2 \tag{36a}$$

Aus Gl. (36a) folgt z. B., daß Stufenprofilfasern, die durch $\alpha \to \infty$ gekennzeichnet sind, bei gegebenem V-Parameter doppelt so viele Moden führen können wie Fasern mit parabolischem Brechzahlprofil ($\alpha = 2$).

Zahlenbeispiel: Bei $\lambda = 0{,}85\ \mu m$ hat nach Gl. (11) der V-Parameter einer Faser mit parabolischem Brechzahlprofil und den Daten $a = 25\ \mu m$, $n_0 = 1{,}47$ und $\Delta = 1\%$ den Wert $V = 38{,}42$. Nach Gl. (36) kann deshalb die betrachtete Faser $M = \frac{1}{4}(38{,}42)^2 = 369$ verschiedene Moden im Kern führen.

Gl. (36) liefert für kleine Werte des V-Parameters Gl. (11) nur eine mehr oder weniger grobe Näherung, da dann die Voraussetzungen der Strahlenoptik bzw. WKB-Optik nicht mehr hinreichend gut erfüllt sind. Für eine Einwellenfaser gilt z. B. M = 2, weil der Grundmodus in zwei orthogonal polarisierten Teilmoden geführt wird. Damit folgt aus Gl. (36): $V = 2\sqrt{2} = 2{,}82$ und mit $\alpha = \infty$ folgt aus Gl. (36a) $V = 2{,}00$. Aus der exakten Wellentheorie folgt andererseits, daß eine Parabelprofilfaser für alle $V < 3{,}53$ einwellig ist, und eine Stufenprofilfaser für alle $V < 2{,}405$ (der letzte Zahlenwert ergibt sich als erste Nullstelle der Besselfunktion nullter Ordnung). Die Näherung Gl. (36a) ist also auch im Falle von Wenigwellenfasern mit Potenzprofil Gl. (8) der Brechzahl noch recht gut.

Anhang: Berechnung der Anzahl M geführter Moden in einer Faser mit Potenzprofil Gl. (8) der Brechzahl.

Mit Rücksicht auf den folgenden Abschn. 4.7.7 betrachten wir zunächst die Anzahl $M(\beta_1)$ aller geführten Moden, deren Ausbreitungskonstante β im Bereich $\beta_1 \leqslant \beta \leqslant kn_0$ mit $\beta_1 \geqslant kn_a$ liegt. In der Modenkennzahlebene erfüllen diese Moden einen dreieckigen Zwickel mit gekrümmter Hypothenuse, der nur im Falle des parabolischen Profils ($\alpha = 2$) ein Dreieck (s. Fig. 22) bildet. Die beiden Kennzahlen ν und μ sowie die Ausbreitungskonstante β sind Invariante eines Modus. Jedoch ist eine der drei Invarianten schon eindeutig durch die beiden anderen bestimmt. Deshalb können wir die radiale Modenkennzahl μ nach Gl. (22) als Funktion $\mu(\beta, \nu)$ auffassen. Damit läßt sich die Anzahl $M(\beta_1)$ wie folgt schreiben:

$$M(\beta_1) = 4 \sum_{\nu=0}^{\nu_{max}(\beta_1)} \mu(\beta_1, \nu)$$

Der Faktor 4 berücksichtigt wieder je zwei Orientierungen und Polarisationen. Da die Grundwelle allerdings nur in einer Orientierung auftritt, gilt der Ansatz in guter Näherung nur für größere Modenzahlen, die wir hier voraussetzen. Wegen dieser Voraussetzung kann man die Summe näherungsweise durch ein Integral ersetzen:

$$M(\beta_1) = 4 \int_0^{\nu_{max}(\beta_1)} d\nu \cdot \mu(\beta_1, \nu)$$

Die obere Integrationsgrenze hängt von β_1 ab. Setzt man den Integrand gemäß Gl. (22) ein, so folgt

$$M(\beta_1) = \frac{4}{\pi} \int_0^{\nu_{max}(\beta_1)} d\nu \int_{r_1(\nu)}^{r_2(\nu)} dr \sqrt{k^2 n^2(r) - \beta_1^2 - (\nu/r)^2}$$

Hier beachte man, daß die Kaustikradien von ν abhängen. Trotzdem lassen sich die Integrationen vertauschen:

$$M(\beta_1) = \frac{4}{\pi} \int_{r_{min}}^{r_{max}(\beta_1)} dr \int_{\nu_1(r)=0}^{\nu_2(r)} d\nu \sqrt{k^2 n^2(r) - \beta_1^2 - (\nu/r)^2}$$

Hier ist zu beachten, daß der Integrand des zweiten Integrals an den Grenzen ν_1, ν_2 verschwindet. Die Grenzen des ersten Integrals gehören zum Meridionalmodus der Modengruppe, deren Ausbreitungskonstante β_1 ist; deshalb gilt (wie man aus Fig. 17 sieht)

$r_{min} = 0$ und $r_{max} = r_M$, wo r_M die Bahnamplitude dieses Meridionalstrahls ist. Führt man die Integrationsvariable $y := \nu/r$ ein, so folgt

$$M(\beta_1) = \frac{4}{\pi} \int_0^{r_M} dr \cdot r \int_0^{\nu_2/r} dy \sqrt{k^2 n^2(r) - \beta_1^2 - y^2}$$

Das zweite Integral ist geschlossen lösbar und ergibt $(\pi/4)(k^2 n^2(r) - \beta_1^2)$. Also folgt

$$M(\beta_1) = \int_0^{r_M} r[k^2 n^2(r) - \beta_1^2]\, dr \tag{36b}$$

Von dieser Gleichung werden wir im Anhang zu Abschn. 4.7.7 Gebrauch machen. Hier interessiert uns jedoch die Anzahl M sämtlicher geführter Moden. Deshalb ist zu setzen $r_M = a$ und für β_1 der Minimalwert kn_a der Ausbreitungskonstanten geführter Moden. Mit dem Profil Gl. (8) ist $\beta_{1\,min}^2 = k_0^2(1 - 2\Delta)$ und aus Gl. (36b) erhält man

$$M = M(kn_a) = 2\Delta k_0^2 \int_0^a r \left[1 - \left(\frac{r}{a}\right)^{\alpha}\right] dr$$

Die Integration ist leicht auszuführen. Mit dem Faserparameter $V = kn_0 a\sqrt{2\Delta}$ nach Gl. (11) erhält man schließlich die trotz verschiedener benutzter Näherungen recht gut brauchbare Formel Gl. (36a).

4.7.7 Gruppenlaufzeit und chromatische Dispersion eines Modus; optimales Potenzprofil der Brechzahl

In Fasern mit einem beliebigen Verlauf des Brechzahlprofils hat im allgemeinen jeder geführte Modus eine andere Ausbreitungskonstante β, die genau genommen mit zwei Indizes ν, μ zu versehen ist. Die auf die Länge L der Faser bezogene Gruppenlaufzeit t_g des Modus ist (s. Abschn. 2.14)

$$\tau_g := \frac{t_g}{L} = \frac{d\beta}{d\omega} \tag{37}$$

wobei ω die optische Kreisfrequenz ist. Im folgenden werden wir, wie häufig üblich, die spezifische Gruppenlaufzeit τ_g schlechtweg Gruppenlaufzeit nennen. Zweckmäßigerweise berechnet man den Differentialquotienten $d\beta/d\omega$ auf folgende Weise:

$$\frac{d\beta}{d\omega} = \frac{d\beta}{dk_0} \cdot \frac{dk_0}{dk} \cdot \frac{dk}{d\omega} \tag{37a}$$

Der zweite Faktor auf der rechten Seite ergibt

$$\frac{dk_0}{dk} = \frac{d(kn_0)}{dk} = n_0 + k\frac{dn_0}{dk} = n_0 - \lambda\frac{dn_0}{d\lambda} = N_0 \tag{37b}$$

d. h. den Gruppenindex (s. Abschn. 2.14) des Kernachsenmaterials. Der dritte Faktor auf der rechten Seite von (37a) ergibt

$$\frac{dk}{d\omega} = \frac{d(\omega/c)}{d\omega} = \frac{1}{c} \tag{37c}$$

d. h. die Freiraum-Lichtlaufzeit $1/c \approx 3{,}33\ \mu s/km$. Für die Modengruppenlaufzeit τ_g kommt es also im wesentlichen auf den ersten Faktor $d\beta/dk_0$ in Gl. (37a) an,

$$\tau_g = \frac{N_0}{c} \cdot \frac{d\beta}{dk_0} \tag{37d}$$

Man beachte, daß N_0/c die Gruppenlaufzeit einer homogenen Planwelle im homogenen Kernachsenmaterial bedeutet (s. Abschn. 2.14). Der Differentialquotient $d\beta/dk_0$ pflegt für die einzelnen Moden wegen der schwachen Führung praktischer Fasern sehr nahe bei 1 zu liegen, so daß man schreibt

$$\frac{d\beta}{dk_0} =: 1 + \tau \tag{37e}$$

Die Abweichungen[1]) τ (ohne Index) der Größe $d\beta/dk_0$ von 1, nämlich

$$\tau = \frac{\tau_g - N_0/c}{N_0/c} \tag{37f}$$

sind wesentlich für die Modenlaufzeitunterschiede, die man durch optimale Wahl des Exponenten α des Potenzprofils Gl. (8) der Brechzahl möglichst gering zu halten anstrebt. Man erhält den Differentialquotienten $d\beta/dk_0$ zum Beispiel, indem man die von β abhängige radiale Resonanzbedingung Gl. (22) nach k_0 differenziert, wobei $d\mu/dk_0 = 0$ ist und ferner zu beachten ist, daß auch Δ von k_0 abhängt. Einfacher ist es jedoch, das genannte Verfahren auf Gl. (36b) anstelle von Gl. (22) anzuwenden. Auf diese Weise erhält man für die Modengruppenlaufzeit τ_g, bezogen auf die Laufzeit N_0/c einer homogenen Planwelle im homogenen Kernachsenmaterial, in Abhängigkeit von β, ein Potenzprofil Gl. (8) der Brechzahl vorausgesetzt,

$$\frac{\tau_g(\beta)}{N_0/c} = \frac{2-P}{2+\alpha} \cdot \frac{\beta}{k_0} + \frac{P+\alpha}{2+\alpha} \cdot \frac{k_0}{\beta} \tag{38}$$

(Die Ableitung von Gl. (38) findet der Leser im Anhang am Ende dieses Abschnitts). Dabei bedeutet der Parameter P die schon in Gl. (16) angegebene Profildispersion

$$P := \frac{n_0}{N_0} \cdot \frac{\lambda}{\Delta} \cdot \frac{d\Delta}{d\lambda} \tag{38a}$$

---

[1]) Ordnet man dem betrachteten Modus gemäß der Gleichung $N_{eff} := c\tau_g$ einen *effektiven Gruppenindex* N_{eff} zu, so läßt sich Gl. (37f) auch in der Form

$$\tau = \frac{N_{eff} - N_0}{N_0} \tag{37g}$$

schreiben.

Man sieht aus Gl. (38), daß im Potenzprofil Gl. (8) Moden mit gleichem β gleiche Gruppenlaufzeit haben, also eine Modengruppe bilden (vgl. Abschn. 4.6 und 4.7.6).

Für die minimale Modengruppenlaufzeit $\tau_{g\,min}$ findet man aus Gl. (38) den Ausdruck

$$\frac{\tau_{g\,min}}{N_0/c} = \frac{2}{2+\alpha} \cdot \sqrt{(2-P)(\alpha+P)} \tag{38b}$$

Dazu gehört die Ausbreitungskonstante

$$\beta_{(min)} = k_0 \cdot \sqrt{\frac{\alpha+P}{2-P}} \tag{38c}$$

die im Bereich der Ungleichung (29) der Ausbreitungskonstanten für geführte Moden

$$k_0 \cdot \sqrt{1-2\Delta} \leqslant \beta_{(min)} \leqslant k_0 \tag{38d}$$

liegen sollte. Aus dieser Ungleichung erhält man mit Gl. (38c) ein Intervall für den Exponenten α,

$$\alpha_{min} := 2[(1-P) - \Delta(2-P)] \leqslant \alpha \leqslant 2(1-P) =: \alpha_{max}$$

Als optimaler Wert α_{opt} empfiehlt sich hiernach das arithmetische Mittel der Intervallgrenzen

$$\alpha_{opt} := \frac{\alpha_{min} + \alpha_{max}}{2} = 2(1-P) - \Delta(2-P) \tag{39}$$

Dieser Wert wurde schon in Gl. (15) genannt und seine Wellenlängenabhängigkeit diskutiert (s. Fig. 14).

Fig. 23 vermittelt in normierter Form einen Überblick über die Gruppenlaufzeiten τ_g der geführten Moden in Fasern mit einem Potenzprofil Gl. (8) der Brechzahl. Als Abszisse

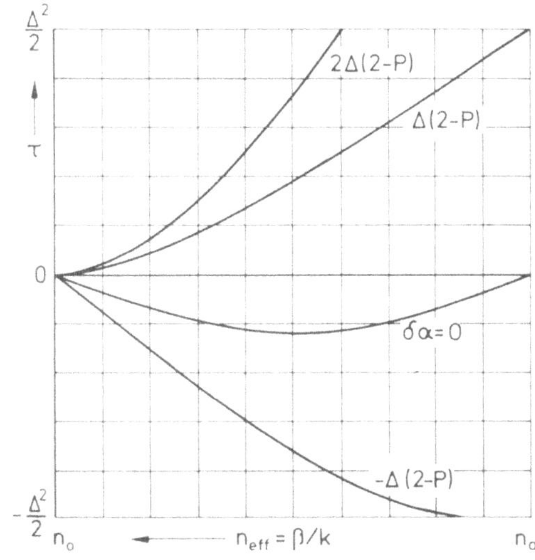

Fig. 23
Relative Abweichung τ nach Gl. (37f) und (38) der Gruppenlaufzeit τ_g eines geführten Modus von der Gruppenlaufzeit N_0/c einer homogenen Planwelle im homogenen Kernachsenmaterial in Abhängigkeit von der Ausbreitungskonstante β des geführten Modus in Fasern mit Potenzprofil (8) der Brechzahl. Parameter ist die Abweichung $\delta\alpha := \alpha - \alpha_{opt}$ des Potenzexponenten α vom optimalen Wert α_{opt} nach Gl. (39)

ist die normierte Ausbreitungskonstante β/k (mit $k = 2\pi/\lambda$) benutzt, die auch als effektive Brechzahl $n_{eff} := \beta/k$ eines Modus bezeichnet wird. Man sieht deutlich aus der Figur, daß der optimale Potenzexponent α_{opt} nach Gl. (39) minimale Modenlaufzeitunterschiede, nämlich höchstens $\frac{1}{8}\Delta^2 \cdot N_0/c$, garantiert. Bereits kleine Abweichungen $\delta\alpha := \alpha - \alpha_{opt}$ vom optimalen Potenzexponenten vergrößern die Modenlaufzeitdispersion erheblich. Vernachlässigt man die Materialdispersion und damit die Profildispersion ($P = 0$), dann ist nach Gl. (39) $\alpha_{opt} = 2(1 - \Delta)$. Zum Parabelprofil mit $\alpha = 2$ gehört in diesem Falle die in der Figur mit $\delta\alpha = \alpha - \alpha_{opt} = \Delta(2 - P)$ bezifferte Kurve. Man sieht also, daß das Parabelprofil keineswegs optimal ist.

Auf den Zusammenhängen, die in Fig. 23 dargestellt sind, beruht ein in der Praxis vielfach angewendetes Verfahren zur Bestimmung der Abweichung $\delta\alpha = \alpha - \alpha_{opt}$ des Profilexponenten α einer Faser von seinem Optimalwert α_{opt}. Zu diesem Zweck regt man (idealerweise) nur eine Modengruppe an, d. h. nur geführte Moden mit gleicher Ausbreitungskonstanten β. Dies geschieht näherungsweise, indem man einen gepulsten Laserstrahl der interessierenden Wellenlänge λ senkrecht auf die Frontfläche der Testfaser in bestimmtem Abstand $r_0 < a$ von der Faserachse fokussiert. Dadurch werden vorzugsweise ein Meridionalstrahl der Bahnamplitude $r_M = r_0$ sowie weitere Moden der zugehörigen Modengruppe angeregt, deren Ausbreitungskonstante $\beta_M = kn(r_M) = kn(r_0) \approx kn_0[1 - \Delta(r_0/a)^\alpha]$ ist (s. Gl. (3.22) und (8)). Variiert man den Fokusachsenabstand r_0 im Bereich von $r_0 = 0$ bis $r_0 = a$, dann durchläuft die Ausbreitungskonstante den für geführte Moden kennzeichnenden Bereich von kn_0 bis kn_a, entsprechend dem Abszissenbereich der Fig. 23. Die dabei auftretenden Laufzeitänderungen der in die Faser eingekoppelten Laserimpulse werden (z. B. am Bildschirm eines Oszillographen) gemessen und über $(r_0/a)^2$ aufgetragen. (Genau genommen sollte man über $(r_0/a)^\alpha$ auftragen, aber von α ist im allgemeinen nur bekannt, daß es ziemlich dicht beim Wert 2 liegt.) Die so gewonnenen Meßkurven werden mit theoretischen Kurven entsprechend Fig. 23 verglichen. Der Vergleich liefert direkt eine Aussage über die Abweichung $\delta\alpha$. Solche Messungen werden als differentielle Modenlaufzeitmessungen bezeichnet.

Als chromatische Dispersion oder Gruppenlaufzeitstreuung wird der Differentialquotient $d\tau_g/d\lambda$ bezeichnet (vgl. Abschn. 2.15). Er ist die entscheidende Größe für die sog. chromatische Laufzeitdispersion eines Modus. Jeder optische Sender besitzt eine mehr oder weniger große spektrale Breite $\Delta\lambda$, über die sich seine Leistung verteilt. Bei Laserdioden ist z. B. $\Delta\lambda = 1$ nm und bei kurzwelligen LED z. B. $\Delta\lambda = 40$ nm. Innerhalb des Wellenlängenintervalls $\Delta\lambda$ variiert („streut") die Gruppenlaufzeit um den Wert $\Delta\tau_g$, für den näherungsweise

$$\Delta\tau_g \approx \frac{d\tau_g}{d\lambda} \cdot \Delta\lambda \tag{40}$$

gilt. Dieser Laufzeitunterschied führt also zu einer Impulsaufweitung längs der Faser, die proportional zur spektralen Breite $\Delta\lambda$ des optischen Senders ist. Differenziert man Gl. (37d) nach λ und beachtet Gl. (37b), so erhält man für die chromatische Dispersion eines Modus

$$\frac{d\tau_g}{d\lambda} = \left(-\frac{\lambda}{c} \cdot \frac{d^2 n_0}{d\lambda^2}\right) \frac{d\beta}{dk_0} - \frac{k}{c\lambda} N_0^2 \frac{d^2\beta}{dk_0^2} \tag{41}$$

Der erste Summand auf der rechten Seite von Gl. (41) ist näherungsweise (weil $d\beta/dk_0$ nur sehr wenig von Eins abweicht) gleich der Laufzeitstreuung einer homogenen Planwelle im homogenen Kernachsenmaterial. Er verschwindet im Wendepunkt der Kurve $n_0(\lambda)$ (s. Fig. 2.16), der deshalb besonders interessant ist. Der erste Summand rührt also im wesentlichen von der M a t e r i a l d i s p e r s i o n des Kernachsenmaterials her, die wir hier mit

$$M_0(\lambda) := -\frac{\lambda}{c} \cdot \frac{d^2 n_0}{d\lambda^2} \tag{41a}$$

abkürzen (s. Abschn. 2.15). Der zweite Summand auf der rechten Seite von Gl. (41) ist näherungsweise (weil $N_0 \approx n_0$ ist) gleich der chromatischen Dispersion des betrachteten Modus in einer Faser ohne Materialdispersion. Der zweite Summand ist also im wesentlichen durch die W e l l e n l e i t e r d i s p e r s i o n (s. Abschn. 2.16) bedingt; deshalb schreiben wir für ihn

$$W(\lambda) := -\frac{k}{c\lambda} N_0^2 \frac{d^2\beta}{dk_0^2} \tag{41b}$$

Bei Benutzung der normierten, in Fig. 23 dargestellten Gruppenlaufzeitabweichung τ nach Gl. (37f) erhält man mit Gl. (41a) statt (41) den Ausdruck

$$\frac{d\tau_g}{d\lambda} = M_0(\lambda) \cdot (1 + \tau) + \frac{N_0}{c} \frac{d\tau}{d\lambda} \tag{41c}$$

der für die Analyse meßtechnisch gewonnener Laufzeitspektren $\tau_g(\lambda)$ nützlich ist.

Bei der Auswertung von Gl. (41) beachte man, daß die Größe

$$\frac{d^2\beta}{dk_0^2} = \frac{d}{dk_0}(1 + \tau) = \frac{d\tau}{dk_0} = \frac{d\tau}{d\beta} \cdot \frac{d\beta}{dk_0} = \frac{d\tau}{d\beta}(1 + \tau) \approx \frac{1}{k} \frac{d\tau}{d(\beta/k)} \tag{41d}$$

der lokalen Steigung der Kurven in Fig. 23 in etwa proportional ist.

Die Impulsaufweitung infolge chromatischer Dispersion der einzelnen Moden spielt in vielwelligen Gradientenfasern nach dem heutigen Stand der Technik (s. Fig. 10) bei Verwendung von Laserdioden mit einer spektralen Halbwertsbreite von z. B. 1 nm im Vergleich zur Impulsaufweitung infolge der Modenlaufzeitunterschiede (s. Abschn. 4.6) nur eine untergeordnete Rolle. Dies gilt insbesondere im Bereich der optischen Langwellen (1,3 μm bis 1,6 μm), wo die Materialdispersion der Quarzglasfasern besonders gering ist (s. Abschn. 2.15 und Fig. 2.16). Bei Verwendung einer LED liefert die chromatische Dispersion jedoch, wegen der großen spektralen Halbwertsbreite dieser optischen Sender, im allgemeinen einen wesentlichen Beitrag zur Impulsaufweitung, der im optischen Langwellenbereich sogar dominiert.

Zahlenbeispiel: Nach Gl. (40) beträgt die chromatisch bedingte Impulsaufweitung bei einer Laserdiode mit $\Delta\lambda = 1$ nm und $\lambda = 850$ nm, wo die Materialdispersion des Quarzglases in etwa den Wert $d\tau_g/d\lambda = -90$ ps/(km · nm) annimmt (s. Fig. 2.16), betragsmäßig 90 ps/km. Die Wellendispersion ist im allgemeinen noch kleiner. Die gesamte Impulsaufweitung handelsüblicher Gradientenfasern beträgt dagegen bestenfalls wenige Zehntel ns/km (s. Abschn. 2.6).

Zur Anwendung der Gl. (41) auf die Grundwelle in Einwellenfasern s. Abschn. 4.10.4.

Anhang: Ableitung der Gl. (38)

Die Herleitung des Ausdrucks Gl. (38) für die Gruppenlaufzeit der Moden erfordert die Berechnung des Differentialquotienten $d\beta/dk_0$, wie man durch Vergleich mit Gl. (37d) sieht. Wir gehen von Gl. (36b) aus, da diese Gleichung nach der Ausbreitungskonstanten β aufgelöst werden kann (statt β_1 können wir hier β schreiben). Aus Gl. (36b) folgt nämlich

$$\beta^2 = \frac{2}{r_M^2} \int_0^{r_M} r k^2 n^2(r)\, dr - \frac{2}{r_M^2} M(\beta)$$

Für das Brechzahlprofil setzen wir zunächst sehr allgemein mit der Profilfunktion f(r):

$$n^2(r) = n_0^2[1 - 2\Delta f(r)]$$

Modenanzahl $M(\beta)$ und Integrationsgrenzen bleiben bei differentiellen Änderungen von $k_0 := kn_0$ infolge optischer Frequenzänderung konstant. Deshalb folgt nach Differentiation

$$2\beta \frac{d\beta}{dk_0} = \frac{2}{r_M^2} \int_0^{r_M} r \frac{\partial}{\partial k_0} \{k_0^2[1 - 2\Delta f(r)]\} dr$$

und weiter

$$\frac{\beta}{k_0} \cdot \frac{d\beta}{dk_0} = \frac{1}{r_M^2} \int_0^{r_M} r \left\{ 2 - 4\Delta f - 2k_0 \frac{d\Delta}{dk_0} f \right\} dr$$

$$= 1 - \frac{2}{r_M^2} \left(2\Delta + k_0 \frac{d\Delta}{dk_0} \right) \int_0^{r_M} r f(r)\, dr$$

Hier hat man jetzt den Parameter

$$P := -\frac{k_0}{\Delta} \frac{d\Delta}{dk_0} = -\frac{k_0}{\Delta} \frac{d\Delta}{d\lambda} \cdot \frac{d\lambda}{dk} \cdot \frac{dk}{dk_0} = \frac{n_0}{N_0} \frac{\lambda}{\Delta} \frac{d\Delta}{d\lambda}$$

der Profildispersion gemäß Gl. (38a) einzuführen, für die Profilfunktion f(r) die spezielle Potenzfunktion aus Gl. (8) zu setzen, das Integral auszurechnen und schließlich die Bahnamplitude r_M des Meridionalstrahls mit Hilfe der Beziehung

$$\beta = kn(r_M) = k_0\sqrt{1 - 2\Delta(r_M/a)^\alpha}$$

(s. Gl. (3.22)) durch die Ausbreitungskonstante β auszudrücken. Auf diese Weise folgt

$$\frac{\beta}{k_0} \cdot \frac{d\beta}{dk_0} = 1 - \frac{2-P}{2+\alpha}\left[1 - \left(\frac{\beta}{k_0}\right)^2\right]$$

und nach Umformung schließlich Gl. (38).

4.8 Numerische Apertur einer Gradientenfaser

In einer Gradientenfaser mit dem beliebigen Brechzahlprofil n(r) seien alle geführten Meridionalstrahlen angeregt. Wir fragen entsprechend unserem Vorgehen in Abschn. 4.4 nach dem Bereich der Neigungswinkel $\Theta(r)$, unter welchen die Meridionalstrahlen im betrachteten Punkt mit dem Abstand r von der Faserachse aus der Endfläche austreten (s. Fig. 24).

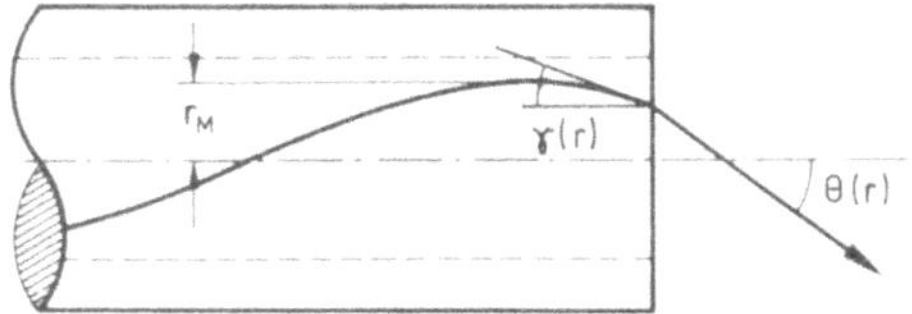

Fig. 24
Meridionalstrahl und Austrittswinkel $\Theta(r)$ aus der Faserendfläche einer Gradientenfaser in einem Punkt mit dem Achsenabstand r

Treten die Strahlen in Luft (Brechzahl $n_L \approx 1$) aus, so ist die lokale numerische Apertur $A_N(r)$ im Austrittspunkt definitionsgemäß

$$A_N(r) := n_L \cdot \sin\Theta_{max}(r) = \sin\Theta_{max}(r) \tag{42}$$

Der maximale Austrittswinkel $\Theta_{max}(r)$ heißt auch Akzeptanzwinkel (vgl. Abschn. 4.4), weil er den maximalen Neigungswinkel kennzeichnet, unter dem ein geneigter Strahl auf die Endfläche im betrachteten Punkt auffallen darf, um als geführter Meridionalstrahl von der Faser akzeptiert zu werden. Die zugehörigen Meridionalstrahlen haben die maximal mögliche Bahnamplitude $r_{M\,max} = a$. Aus dem Brechungsgesetz folgt mit dem Neigungswinkel $\gamma(r)$ des geführten Meridionalstrahls (s. Fig. 24)

$$A_N(r) = n(r) \cdot \sin\gamma_{max}(r) = \sqrt{n^2(r) - n^2(r)\cos^2\gamma_{max}(r)}$$

Wegen des Zusammenhangs Gl. (10) mit der Ausbreitungskonstanten β folgt schließlich für die lokale numerische Apertur

$$A_N(r) = \sqrt{n^2(r) - n^2(a)} \tag{43}$$

Im Gegensatz zur Stufenprofilfaser (vgl. Abschn. 4.4) nimmt die numerische Apertur einer Gradientenfaser mit wachsendem Abstand r von der Faserachse ab, wie in Fig. 25 veranschaulicht. Für Fasern mit parabolischem Brechzahlprofil nach Gl. (8) mit $\alpha = 2$ gilt

$$A_N(r) = n_0\sqrt{2\Delta} \cdot \sqrt{1 - \left(\frac{r}{a}\right)^2} \tag{44}$$

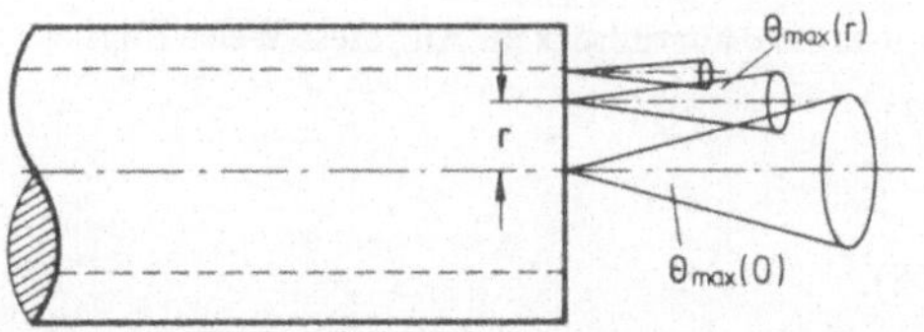

Fig. 25 Die ortsabhängige lokale numerische Apertur einer Gradientenfaser

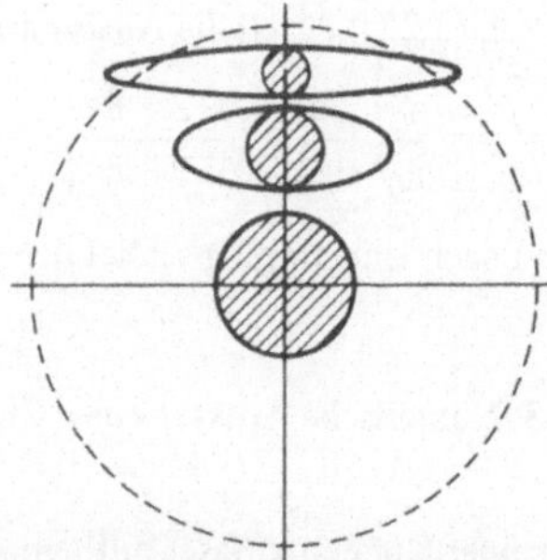

Fig. 26 Querschnitte der lokalen Akzeptanzkegel einer Gradientenfaser. Schraffierte Kreisflächen: geführte Moden; nicht schraffierte elliptische Flächen: Leckmoden. Gestrichelt: Kern-Mantel-Grenze

Der maximale Wert

$$A_N(0) = n_0\sqrt{2\Delta} = \sin \Theta_{max}(0) \qquad (44a)$$

heißt schlechthin die n u m e r i s c h e A p e r t u r d e r F a s e r.

Die geführten s c h i e f e n S t r a h l e n haben beim Austritt aus der Faserendfläche Neigungswinkel $\Theta(r)$ im gleichen Bereich wie die geführten Meridionalstrahlen. Deshalb erfüllen die gesamten geführten Strahlen beim Austritt einen Kreiskegel mit dem lokalen Akzeptanzwinkel $\Theta_{max}(r)$ als halbem Öffnungswinkel. Berücksichtigt man auch noch die Leckmoden, so findet man, daß Leckmoden und geführte Moden zusammen beim Austritt aus der Faserendfläche im Falle $r > 0$ einen Kegel mit elliptischem Querschnitt erfüllen. Die große Halbachse des elliptischen Querschnitts steht senkrecht auf dem Faserendflächendurchmesser, auf dem der betrachtete Austritts- bzw. Eintrittspunkt der Lichtstrahlen liegt, und wächst mit zunehmendem Abstand von der Faserachse (s. Fig. 26). Im Kernmittelpunkt hat der Akzeptanzkegel kreisförmigen Querschnitt.

Der zum Kernrand hin abnehmende Akzeptanzwinkel für geführte Strahlen hat im Vergleich zu einer Stufenprofilfaser mit gleicher relativer Brechzahldifferenz Δ einen verringerten Einkoppelwirkungsgrad (s. Abschn. 4.9) zur Folge. Das ist der Preis, den man für den Modenlaufzeitausgleich durch das Gradientenprofil zu zahlen hat.

Der lokale Akzeptanzkegel mit der numerischen Apertur Gl. (44) erfüllt in Luft einen Akzeptanz-Raumwinkel Ω_A, der für den Einkoppelwirkungsgrad maßgebend ist (s. Abschn. 4.9). Aus Gl. (7) erhält man:

$$\Omega_A(r) = 4\pi \sin^2 \frac{\Theta_{max}(r)}{2} \approx \pi \sin^2 \Theta_{max}(r) = \pi A_N^2(r)$$

$$= \pi n_0^2 2\Delta \left[1 - \left(\frac{r}{a}\right)^2\right] \qquad (45)$$

Für den quadratischen Mittelwert $\overline{A_N^2(r)}$ der numerischen Apertur, gemittelt über den Kernquerschnitt, erhält man aus der Gleichung

$$\overline{A_N^2(r)} \cdot a^2 = \int_0^{a^2} A_N^2(r) d(r^2) = A_N^2(0) \int_0^{a^2} \left[1 - \left(\frac{r}{a}\right)^2\right] d(r^2)$$

den Wert

$$\overline{A_N^2(r)} = \frac{1}{2} A_N^2(0) \tag{46}$$

Bei gleicher relativer Brechzahldifferenz ist der mittlere Akzeptanzraumwinkel einer Parabelprofil-Gradientenfaser also nur halb so groß wie der einer Stufenprofilfaser. Daraus folgt, daß z. B. bei voller Ausleuchtung des Kernquerschnitts der Faserfrontfläche durch eine LED die Einkoppeldämpfung 3 dB größer ist (s. Abschn. 4.9).

Auf der Ortsabhängigkeit der Akzeptanzkegel gem. Fig. 25 beruhen verschiedene Verfahren zur Messung des Brechzahlprofils einer Faser. Das genaueste Verfahren dieser Art, das sich auch für Einwellenfasern eignet, ist die sog. Strahlungsfeldmethode. Ein Laserstrahl wird mit Hilfe eines Mikroskopobjekts auf die Frontfläche der Faser fokussiert. Der Fokus sollte möglichst geringen Durchmesser, z. B. 1,0 μm, haben. Die numerische Apertur des fokussierten Strahls sollte etwa 1,0 betragen, also erheblich größer sein, als die größte lokale numerische Apertur der Faser. Der Fokus wird längs eines Durchmessers über den Faserquerschnitt geführt. Nur ein Bruchteil der fokussierten Lichtleistung wird dabei in Form geführter Wellen vom Kern der Faser entsprechend dem lokalen Akzeptanzkegel akzeptiert. Der im allgemeinen größte Teil der fokussierten Lichtleistung verläßt die von einer Anpassungsflüssigkeit der Brechzahl $n_F = n_a$ umgebene Faser wieder. Diese ins Strahlungsfeld der Faser übergegangene Lichtleistung wird von einer Optik aufgefangen und in Abhängigkeit von der radialen Koordinate r des Fokus gemessen. Daraus ergibt sich nach einer Eichung das Brechzahlprofil. Auf diese Weise sind die in Fig. 1.28 und Fig. 1.29 dargestellten Brechzahlprofile gewonnen worden.

4.9 Modelle optischer Sender und Einkoppelwirkungsgrad

Um den Wirkungsgrad der Einkopplung optischer Strahlungsleistung in eine Faser zu berechnen, muß man von der Faser die Akzeptanzfläche (Kernquerschnittsfläche) und die lokalen Akzeptanzwinkel kennen. Von der Strahlungsquelle (Sender) muß die aktive Fläche und die (lokale) Strahlungscharakteristik bekannt sein. Wir werden hier davon ausgehen, daß die strahlende Fläche des Senders eben ist und in unmittelbaren Kontakt mit dem Kernquerschnitt der Glasfaserfrontfläche gebracht wird, also keine speziellen Mikrolinsen verwendet werden, mit denen sich der Einkoppelwirkungsgrad im allgemeinen mehr oder weniger verbessern läßt (s. Abschn. 4.4).

4.9.1 Strahlungscharakteristiken einfacher Sendermodelle

Wir betrachten einen Punkt des strahlenden differentiellen Flächenelements dA eines optischen Senders. Die optische Leistung dP, die, ausgehend vom betrachteten Punkt, in einen kegelförmig gedachten differentiell kleinen Raumwinkel $d\Omega$ gesendet wird, ist im allgemeinen proportional diesem Raumwinkel:

$$dP = I \cdot d\Omega \tag{47}$$

Der Proportionalitätsfaktor I heißt die Strahlstärke, wird gemessen in W/ster und ist im allgemeinen eine Funktion der Strahlrichtung, die gem. Fig. 27 durch den Neigungswinkel Θ zur Flächennormale und einen Azimutwinkel φ gekennzeichnet werden kann: $I(\Theta, \varphi)$. Im Falle der Rotationssymmetrie gilt $I(\Theta)$. Betrachtet man die Strahlstärke $I(\Theta, \varphi)$ als Ortsvektoren, die vom strahlenden Punkt ausgehen, dann beschreiben die Vektorspitzen eine Fläche, die Strahlungscharakteristik genannt wird. Ein isotroper Punktstrahler der Strahlstärke I = const hat als Strahlungscharakteristik eine Kugel. Seine gesamte ausgestrahlte Leistung ist $P_1 = 4\pi I$ (in Watt). Er stellt eine sehr starke Idealisierung praktischer Strahlungsquellen dar. Eine etwas weniger starke Idealisierung ist der isotrope punktförmige Halbraumstrahler. Seine Strahlungscharakteristik ist eine Halbkugel vom Radius der Strahlstärke I. Seine gesamte abgestrahlte Leistung ist $P_2 = 2\pi I$.

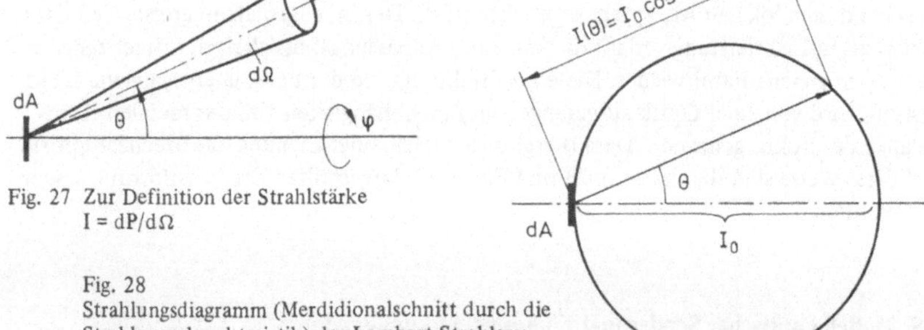

Fig. 27 Zur Definition der Strahlstärke $I = dP/d\Omega$

Fig. 28 Strahlungsdiagramm (Merdidionalschnitt durch die Strahlungscharakteristik) des Lambert-Strahlers: ein Kreis

Praktische Halbleitersender haben mit zunehmendem Neigungswinkel Θ mehr oder weniger stark abnehmende Strahlstärken. Lichtemittierende Dioden (LED) haben näherungsweise die Charakteristik $I(\Theta)$ eines Lambert-Strahlers, der gekennzeichnet ist durch

$$I(\Theta) = I_0 \cos \Theta \tag{48}$$

Seine Strahlungscharakteristik ist eine Kugel, die die aktive Fläche des Senders im betrachteten strahlenden Punkt berührt (Fig. 28). Die gesamte ausgestrahlte Leistung P_3 eines Lambertstrahlers berechnet sich aus

$$P_3 = \int_{\Theta=0}^{\pi/2} I(\Theta)\, d\Omega(\Theta)$$

Wegen der Rotationssymmetrie kann man setzen (s. Fig. 8) $d\Omega(\Theta) = 2\pi \sin \Theta \, d\Theta$. Also folgt mit Gl. (48)

$$P_3 = 2\pi I_0 \int_0^{\pi/2} \cos\Theta \sin\Theta \, d\Theta = 2\pi I_0 \int_{\cos\Theta = 0}^{1} \cos\Theta \, d(\cos\Theta) = \pi I_0$$

Das ist bei gleicher maximaler Strahlstärke I_0 nur halb so viel wie die Gesamtleistung P_1 des isotropen Halbraumstrahlers.

Die strahlende Endfläche einer Faser muß bei allen Steckverbindungen als Senderfläche für die abgehende Faser angesehen werden. Wir betrachten deshalb die strahlende Endfläche einer Stufenprofil- oder Gradientenfaser als Strahlungsquelle (s. Abschn. 4.4 und 4.8) und nehmen an, daß von jedem Punkt des Kernquerschnitts innerhalb des Akzeptanzkegels die Strahlstärke I_0 ausgeht. Dann beträgt die von einem Punkt abgestrahlte Leistung $P_4 = \pi I_0 A_N^2(r)$ mit der lokalen numerischen Apertur $A_N(r)$. Um die gesamte, von allen Punkten der strahlenden Endfläche abgestrahlte Leistung berechnen zu können, braucht man den Begriff der Strahldichte.

Haben alle Punkte eines strahlenden Flächenelements dA die gleiche Strahlungscharakteristik, dann ist die Strahldichte L, auch Radianz genannt und in W/(ster m^2) gemessen, durch den Proportionalitätsfaktor L in der folgenden Gleichung definiert (s. Fig. 29):

$$d^2P = L \cdot d\Omega dA_s = L \cos\Theta \, d\Omega dA \tag{49}$$

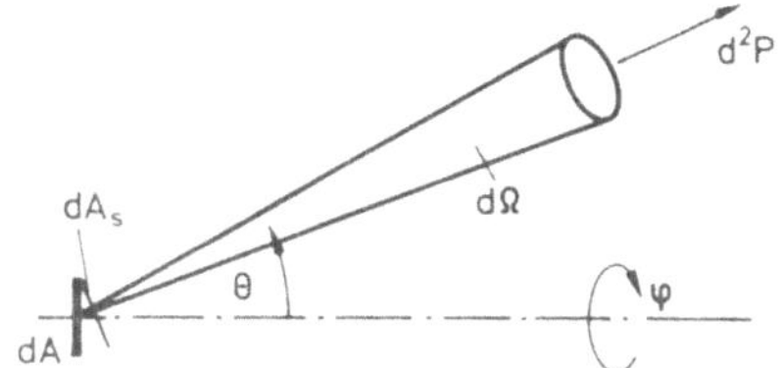

Fig. 29
Zur Definition der Strahldichte L: d^2P ist die elementare abgestrahlte Leistung; dA_s die scheinbare strahlende Fläche, das ist die Projektion der tatsächlichen Fläche dA auf die Normalebene zur betrachteten Strahlungsrichtung

Es ist also mit Gl. (47)

$$L = \frac{d^2P}{d\Omega dA_s} = \frac{dI}{dA_s} = \frac{dI}{dA \cdot \cos\Theta} \tag{50}$$

Hier bedeutet dA_s die scheinbare strahlende Fläche (s. Fig. 29).

Durch die Angabe der Strahldichte L in Abhängigkeit von den Punktkoordinaten des strahlenden Flächenelements und den Koordinaten Θ, φ der Strahlungsrichtung ist ein optischer Sender erst vollständig im Hinblick auf den hier zu diskutierenden Einkoppelwirkungsgrad beschrieben. So kann die Strahldichte einer Laserdiode näherungsweise (insbesondere die Rotationssymmetrie ist eine Näherung) durch die Gleichung

$$L(r, \Theta) = L_0 \exp\left[-\left(\frac{r}{r_1}\right)^2 - \left(\frac{\sin\Theta}{\sin\Theta_1}\right)^2\right] \tag{51}$$

beschrieben werden. Die Koordinaten r, Θ bedeuten den Abstand des strahlenden Flächenelements von der Symmetrieachse (der optischen Achse) bzw. den Neigungswinkel der Strahlungsrichtung (s. Fig. 29). Die Konstante r_1 ist dem Radius der strahlenden Fläche proportional und erfüllt die Nebenbedingung $r_1 \sin \Theta_1 = \lambda/2\pi$. Die Nebenbedingung besagt anschaulich, daß die Strahlungscharakteristik einer Laserdiode eine um so schlankere Keule ist, d. h. eine um so weniger divergierende Form hat, je größer der Radius der strahlenden Fläche im Verhältnis zur Wellenlänge λ ist. Das ist ein Beugungsphänomen. Der Gl. (51) liegt die Annahme zugrunde, daß die Laserdiode im Grundmodus strahlt, der ebenso wie im Falle einer Faser eine Gaußsche Verteilung der Strahldichte hat (vgl. Abschn. 4.10.2).

Ist die Strahldichte L eines optischen Senders gegeben, dann erhält man die gesamte abgestrahlte Leistung P_g durch Integration; im Falle von Gl. (51) also aus dem Integral (R sei der Radius der strahlenden Fläche und $d\Omega(\Theta) = 2\pi \sin \Theta d\Theta$ ein Raumwinkelelement nach Fig. 8)

$$P_g = 2\pi \int_0^{\pi/2} d\Theta \sin \Theta \int_0^R drL(r, \Theta)$$

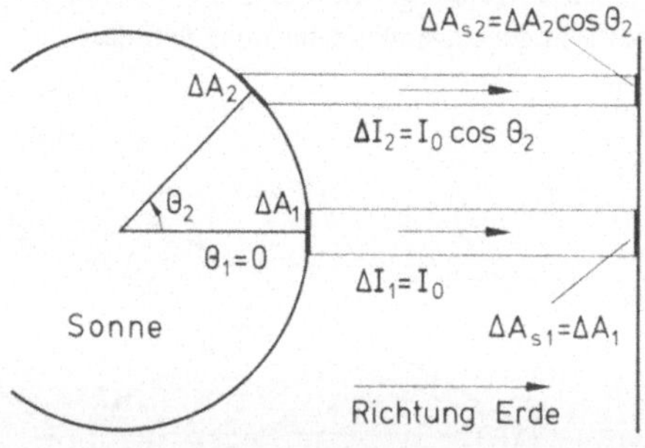

Fig. 30
Die Sonne als Lambertstrahler: zwei strahlende Oberflächenelemente $\Delta A_1 = \Delta A_2$, betrachtet von der Erde aus

Bemerkung zum Lambertstrahler: Ein Lambertstrahler, der z. B. durch eine glühende Fläche gut realisiert werden kann, hat die schon seit ca. 200 Jahren bekannte Eigenschaft, daß sein Strahlungsfeld durch eine konstante Strahldichte L = const charakterisiert ist. Das zeigt sich unmittelbar daran, daß ein glühender Körper konstanter Temperatur (näherungsweise z. B. auch die Sonne) dem Auge wie eine einheitlich helle Scheibe erscheint. Dies sieht man bei Betrachtung der Fig. 30 ein. Die perspektivische Verkleinerung der scheinbaren Fläche ΔA_s eines strahlenden Oberflächenelements ΔA in den Randzonen der Sonne ist gerade ebenso groß wie die Abnahme der Strahlstärke $I(\Theta)$ dieses Oberflächenelements mit zunehmendem Neigungswinkel Θ zur Flächennormalen, so daß die Strahldichte L, die ein Erdbewohner registriert, unabhängig von der Position auf der Sonne konstant bleibt:

$$L_1 = \frac{\Delta I_1}{\Delta A_{s1}} = \frac{I_0}{\Delta A_1} = \frac{\Delta I_2}{\Delta A_{s2}} = \frac{I_0 \cos \Theta_2}{\Delta A_2 \cos \Theta_2} = L_2$$

4.9.2 Einkoppelwirkungsgrad

Der Wirkungsgrad η bei der Einkopplung von optischer Leistung in eine Faser ergibt sich aus der Strahlungscharakteristik bzw. der Strahldichtecharakteristik des Senders, den lokalen Akzeptanzkegeln der Faser und den geometrischen Gegebenheiten durch Anwendung der Definition

$$\eta := \frac{\text{von der Faser aufgenommene Nutzleistung}}{\text{gesamte Strahlungsleistung des Senders}}$$

Die Nutzleistung ist als Leistung der im Kern geführten Moden zu verstehen.

Bringt man einen isotropen Punktstrahler auf die Frontfläche einer Faser, wo die lokale Apertur $A_N(r)$ ist (s. Abschn. 4.8), dann ist der Einkoppelwirkungsgrad

$$\eta_1(r) = \frac{I_0 \cdot \pi A_N^2(r)}{I_0 \cdot 4\pi} = \frac{1}{4} A_N^2(r) \tag{52}$$

gleich dem Verhältnis der Raumwinkel, die von der akzeptierten Strahlung der Faser bzw. von der emittierten Strahlung des Senders erfüllt werden. η_1 ist im allgemeinen auf der Faserachse (r = 0) am größten. Mit Gl. (44a) gilt

$$\eta_{1\,max} = \frac{1}{4} A_N^2(0) = \frac{1}{2} n_0^2 \Delta \tag{52a}$$

Z a h l e n b e i s p i e l : Es sei $A_N(0) = 0{,}12$, dann ist $\eta_1 = 0{,}36\%$. Aus Gl. (52) folgt die wesentliche Erkenntnis, daß der Einkoppelwirkungsgrad direkt proportional zur relativen Brechzahldifferenz ist. Von dieser Tatsache wird bei Kurzstreckensystemen, bei denen die Modenlaufzeitdispersion unkritisch ist, häufig Gebrauch gemacht, um den Sender- und Empfängeraufwand herabsetzen zu können, indem man Δ größer wählt (z. B. 2,5%, statt 0,8%).

Rechnet man etwas realistischer mit einem isotropen punktförmigen Halbraumstrahler (s. Abschn. 4.9.1), der im Zentrum des Kerns der Faserfrontfläche plaziert und richtig orientiert ist, erhält man einen gegenüber Gl. (52a) doppelt so großen Wirkungsgrad

$$\eta_2 = \frac{1}{2} A_N^2(0) \qquad (\text{z. B.} = 0{,}72\%) \tag{53}$$

Verwendet man als Sender eine L E D , die wir als L a m b e r t s t r a h l e r betrachten können und die zweckmäßigerweise (um absolut genommen möglichst viel Sendeleistung einkoppeln zu können) eine aktive Fläche haben sollte, die nach Form und Größe dem Kernquerschnitt entspricht, dann erhält man bei einer Stufenprofilfaser den Wirkungsgrad

$$\eta_3 = \frac{\pi A_N^2 \cdot I_0}{\pi \cdot I_0} = A_N^2 = n_0^2 \cdot 2\Delta \qquad (\text{z. B.} = 1{,}44\%) \tag{54}$$

Man sieht an der Verbesserung des Wirkungsgrads von η_1 über η_2 nach η_3, daß es vorteilhaft ist, als Sender einen Strahler zu verwenden, der seine Leistung hinreichend gebündelt abstrahlt.

Bei Verwendung einer Gradientenfaser mit parabolischem Brechzahlprofil und der numerischen Faser-Apertur $A_N(0) = A_N$ erhält man anstelle von Gl. (54) jedoch nur den halben Wert, weil der Mittelwert der lokalen Akzeptanz-Raumwinkel nur den halben Wert hat wie der Akzeptanzraumwinkel auf der Faserachse (s. Abschn. 4.8).

Wegen der günstigeren keulenförmigen Strahlungscharakteristik von Laserdioden ist der mit ihnen erreichbare Einkoppelwirkungsgrad erheblich besser als im Fall von LED; 50% und mehr sind erreichbar, insbesondere dann, wenn man noch fokussierende Elemente benützt. Dies lohnt sich, weil die strahlende Fläche der Laserdioden im allgemeinen erheblich kleiner ist als der Kernquerschnitt und ihre numerische Apertur größer ist als die üblicher Vielwellenfasern. (Beachte: eine fokussierende Optik vergrößert die Flächen und reduziert die Öffnungswinkel von Strahlenkegeln.) Eine einfache fokussierende Optik entsteht z. B., wenn man das Faserende in einer Flamme kurzzeitig zum Schmelzen bringt. Dann entsteht infolge von Oberflächenspannungen eine halbkugelförmige brechende Fläche, die den Wirkungsgrad der Einkopplung schon fühlbar verbessern kann.

Optimale Anpassung von Sender und Empfänger kann man z. B. erreichen, wenn der Sender eine strahlende Faserendfläche ist und die empfangende Faser identische Daten hat. Bringt man die beiden Faserstirnflächen konzentrisch stumpf aufeinander, dann ist der Wirkungsgrad idealerweise $\eta_4 = 100\%$. Diese Situation liegt bei der Realisierung von Steck- und Spleißverbindungen vor. Wegen unvermeidlicher geometrischer Toleranzen erhält man jedoch mehr oder weniger große Leistungsverluste, insbesondere dann, wenn die verbundenen Fasern unterschiedliche Daten haben oder z. B. einen exzentrisch gelegenen oder elliptisch deformierten Kern haben. Fig. 31 gibt von den auftretenden Verlusten eine Vorstellung. Die Verluste von Steckverbindungen sind im allgemeinen wegen der Reflexionen an der End- und Frontfläche (je etwa 4%) größer als die von vorzugsweise geschweißten Spleißverbindungen.

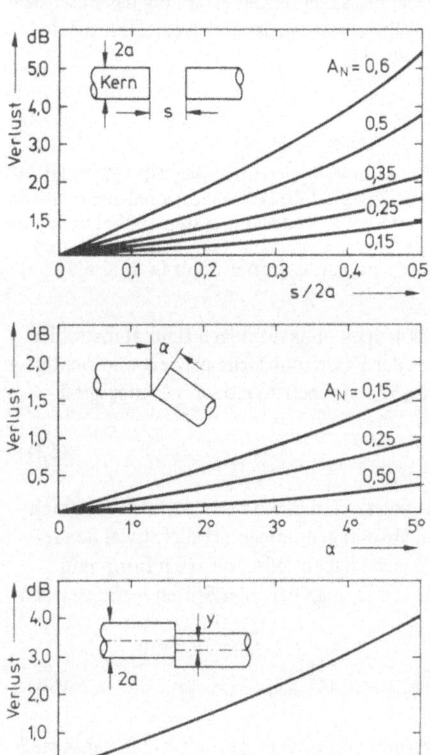

Fig. 31
Optische Verluste in Steckverbindungen von Stufenprofilfasern (charakterisiert durch unterschiedliche numerische Apertur A_N) in Abhängigkeit vom
a) Endabstand s (bezogen auf den Kerndurchmesser 2a)
b) Winkelversatz α
c) seitlichen Versatz y (bezogen auf den Kerndurchmesser 2a)

4.10 Einwellenfasern

In den vorangegangenen Abschnitten dieses Kapitels haben wir ausschließlich vielwellige Fasern behandelt. Zum Studium der Impulsausbreitung in solchen Fasern genügt es für zahlreiche Anwendungsfälle, die theoretischen Hilfsmittel der geometrischen Optik bzw. ihrer für unsere Zwecke geeigneten Verfeinerung, der WKB-Optik, heranzuziehen, wie wir es getan haben. Bei einwelligen Fasern ist es jedoch wegen ihrer geringen Kernabmessungen notwendig, die Wellenoptik zur Berechnung der Felder und der interessierenden Übertragungsparameter anzuwenden. Die folgende Behandlung der Grundwelle in Einwellenfasern ist in diesem Sinne auch als Beispiel für die Anwendung der Wellenoptik auf Probleme der Glasfasern überhaupt zu betrachten. Allerdings werden wir auch im Rahmen der Wellenoptik von Vereinfachungen und Näherungen Gebrauch machen. Die wichtigste Näherung resultiert aus der schwachen Führung der üblichen Fasern, d. h. aus der Kleinheit der maximalen, im Kern auftretenden relativen Brechzahldifferenz Δ gemäß Gl. (1), die bei einwelligen Fasern im allgemeinen weniger als 0,5% beträgt. Die schwache Führung hat nämlich zur Folge, daß die Grundwelle (wie jede geführte Welle) nahezu rein transversal ist, wie eine homogene Planwelle. Außerdem sind im Grenzfall $\Delta \to 0^+$ alle Moden einheitlich linear polarisiert. Deswegen genügt es für die meisten Zwecke, die s k a l a r e W e l l e n o p t i k anzuwenden, die von einer skalaren Wellengleichung ausgeht. (Die strenge Wellenoptik gründet sich auf vektorielle Wellengleichungen für die Feldstärken; s. Abschn. 2.2 und folgende).

Benutzt man zur optischen Übertragung nur die Grundwelle einer (rotationssymmetrischen) Einwellenfaser, dann sind für Impulsverzerrungen nur noch die Material- und Wellenleiterdispersion maßgebend (s. Abschn. 4.7.7), die zusammen die chromatische Dispersion bilden. Die daraus resultierenden Laufzeitunterschiede hängen von der spektralen Breite $\Delta\lambda$ des optischen Senders ab; wenn $\Delta\lambda$ hinreichend klein ist, ist diese Abhängigkeit eine Proportionalität: Fall der linearen chromatischen Dispersion. Die chromatische Dispersion der Grundwelle in Quarzglasfasern hat nach Abschn. 2.16 eine Nullstelle bei $\approx 1{,}3\ \mu$m; in deren Umgebung ist die chromatische Dispersion in zweiter Näherung quadratisch, d. h. die Laufzeitunterschiede sind proportional $(\Delta\lambda)^2$. Wegen der Dispersionsnullstelle ist der optische Langwellenbereich (um 1,3 μm) der bevorzugte Einsatzbereich für einwellige Fasern, in dem man praktische Bandbreite-Längen-Produkte über 20 GHz · km erreichen kann (vgl. dazu entsprechende Werte von Gradientenfasern in Fig. 10).

Insbesondere ist es in neuester Zeit gelungen, das Brechzahlprofil und damit die Wellenleiterdispersion der Grundwelle so zu formen, daß die chromatische Dispersion $d\tau_g/d\lambda$ zwei oder drei Nullstellen, z. B. im Falle zweier Nullstellen bei 1,30 μm und 1,55 μm, aufweist. Dies erreicht man mit Hilfe von Mehrfachstufenprofilen, die mäanderartig verlaufen. In diesem Falle ist die optische Bandbreite hoher erreichbarer Signalbandbreiten, für die das BL-Produkt ein Maß ist, besonders groß. Diese günstigen Umstände, zusammen mit der geringen Dämpfung, die im optischen Langwellenbereich zu realisieren ist (s. Abschn. 1.7.1), machen die Einwellenfaser zum attraktivsten Übertragungsmedium für die künftige Breitbandkommunikation.

4.10.1 Die Separation der skalaren Wellengleichung: die Modenkennzahlen β und ν

Wir gehen von der skalaren Wellengleichung (2.11)

$$\Delta a = \epsilon\mu_0 \frac{\partial^2 a}{\partial t^2} \tag{55}$$

aus, die wegen der bestehenden Voraussetzungen für jede der kartesischen Koordinaten der elektrischen und magnetischen Feldstärke gilt. Sei nun

$$a(t) = \mathrm{Re}\,[\underline{A}e^{j\omega t}] \tag{56}$$

der reelle Momentanwert der wegen $\Delta \to 0^+$ näherungsweise rein transversalen elektrischen Feldstärke, deren Vektor also fast ganz in einem Querschnitt der Faser liegt; $\omega = 2\pi f = 2\pi c/\lambda$ ist die optische Kreisfrequenz, λ die Freiraum-Wellenlänge. Für die komplexe Amplitude $\underline{A}$ erhält man aus Gl. (55) mit (56) die zeitfreie skalare Wellengleichung

$$\Delta\underline{A} + k_n^2\underline{A} = 0 \tag{57}$$

wo schon der Betrag

$$k_n(r) = \frac{\omega}{c}\sqrt{\epsilon_r(r)} = kn(r) = \frac{2\pi}{\lambda}n(r) \tag{58}$$

des lokalen Ausbreitungsvektors (s. Abschn. 3.10) eingesetzt wurde. In Zylinderkoordinaten r, φ, z, die dem Glasfaserproblem angemessen sind, lautet die Wellengleichung (57)

$$\Delta\underline{A} = \frac{\partial^2\underline{A}}{\partial r^2} + \frac{1}{r}\frac{\partial\underline{A}}{\partial r} + \frac{1}{r^2}\frac{\partial^2\underline{A}}{\partial\varphi^2} + \frac{\partial^2\underline{A}}{\partial z^2} = -k_n^2\underline{A} \tag{59}$$

Als Lösung von Gl. (59) bewährt sich der sog. Separationsansatz, in dem die funktionalen Abhängigkeiten von den Koordinaten in getrennten Faktoren auftreten:

$$\underline{A}(r, \varphi, z) = R(r)\cdot\phi(\varphi)\cdot Z(z) \tag{60}$$

Geht man hiermit in Gl. (59) ein und teilt anschließend durch $R\cdot\phi\cdot Z \neq 0$, so erhält man (die entstandenen gewöhnlichen Differentialquotienten sind durch gestrichene Ausdrücke bezeichnet):

$$\underbrace{\frac{1}{R}\left(R'' + \frac{1}{r}R'\right)}_{=:\,f(r)} + \frac{1}{r^2}\cdot\underbrace{\frac{1}{\phi}\phi''}_{=:\,g(\varphi)} + \underbrace{\frac{1}{Z}Z''}_{=:\,h(z)} = -k_n^2 < 0 \tag{61}$$

In den drei Summanden der linken Seite von Gl. (61) erkennt man, wie angedeutet, drei verschiedene Funktionen f(r), g(φ) bzw. h(z), die je nur von einer Koordinate abhängen. Die bewichtete Summe dieser Funktionen ergibt die negative Größe $-k_n^2$, die in unserem Falle nur vom Achsenabstand r abhängt und gemäß Gl. (58) das Brechzahlprofil enthält. Offenbar ist also die linke Seite von Gl. (61) auch nur eine Funktion von r. Dann müssen aber die „Funktionen" $g(\varphi)$ und $h(z)$ jeweils konstant sein. Weil weiterhin die linke Seite von Gl. (61) in der Summe etwas Negatives ergeben muß, liegt die Vermutung nahe, daß die Ausdrücke $g(\varphi)$ und $h(z)$ negativ konstant sein müssen. Wir führen deshalb zwei reelle Größen ν und β, sog. Separationskonstanten, ein, von denen wir zunächst nur voraussetzen, daß sie reell seien, und schreiben damit:

$$g(\varphi) = \frac{1}{\phi} \cdot \phi'' = -\nu^2 \leqslant 0 \tag{62}$$

$$h(z) = \frac{1}{Z} \cdot Z'' = -\beta^2 < 0 \tag{63}$$

Dann wird aus Gl. (61), wenn wir noch mit R multiplizieren:

$$R'' + \frac{1}{r} R' + \left[k_n^2 - \beta^2 - \left(\frac{\nu}{r}\right)^2 \right] \cdot R = 0 \tag{64}$$

Anstelle der einen partiellen Differentialgleichung (59) in den 3 Variablen r, φ und z haben wir also, dank des Separationsansatzes (60), drei gewöhnliche Differentialgleichungen (62), (63) und (64) in den Variablen r, φ bzw. z erhalten.

In dem eckigen Klammerausdruck der Gl. (64) erkennt man das Quadrat der Radialkomponente k_r des lokalen Ausbreitungsvektors $\vec{k}_n = \vec{k}_n(r)$ wieder, wenn man mit Gl. (21) vergleicht. Offenbar haben dann die S e p a r a t i o n s k o n s t a n t e n β u n d ν die schon von früher (Abschn. 3.5 und 4.7) bekannte physikalische Bedeutung der A u s b r e i t u n g s k o n s t a n t e n β bzw. der a z i m u t a l e n M o d e n - k e n n z a h l ν, die wir hier auf unmittelbare wellenoptische Weise wiedergefunden haben. Die folgende Integration der Differentialgleichungen (62) und (63) wird diese Aussage erhärten.

Die Gl. (62) und (63) sind Schwingungsdifferentialgleichungen

$$\phi'' + \nu^2\phi = 0 \tag{62a}$$

$$Z'' + \beta^2 Z = 0 \tag{63a}$$

Ihre Lösungen in komplexer Schreibweise sind

$$\phi(\varphi) = \phi_1 e^{j\nu\varphi} + \phi_2 e^{-j\nu\varphi} \tag{62b}$$

bzw. $$Z(z) = Z_1 e^{j\beta z} + Z_2 e^{-j\beta z} \tag{63b}$$

In den beiden Summanden von Gl. (63b) erkennt man die komplexen räumlichen Phasenfaktoren einer längs der Faser hin- bzw. zurücklaufenden harmonischen Welle. Zur Kennzeichnung von Moden genügt es, sich auf positive Werte $\beta > 0$ zu beschränken, denn negative Werte bringen nichts Neues. Entsprechend bedeuten in Gl. (62b) die beiden komplexen Phasenfaktoren zwei in azimutaler Richtung (in und entgegen Uhrzeigerrichtung) umlaufende Wellen. Ohne Beschränkung der Allgemeinheit kann man sich hier auch wieder auf nicht negative Werte $\nu \geqslant 0$ beschränken; $\nu = 0$ bedeutet offenbar den Grundmodus, der keine azimutale Teilwelle enthält ($k_\varphi = 0$; s. Abschn. 4.7.2). Aber aus physikalischen Gründen müssen wir im Falle $\nu > 0$ noch die weitere Forderung stellen, daß die azimutalen Teilwellen eines Modus in der Variablen φ mit 2π periodisch sind, denn sonst würden die Lösungen Gl. (62b) keine konsistenten Wellenformen ergeben, die in azimutaler Richtung den Charakter stehender Wellen haben müssen (s. Fig. 19). Also folgt in Übereinstimmung mit den früheren Überlegungen, daß die azimutale Modenkennzahl ν nur ganzzahlige Werte annehmen kann. Im folgenden betrachten wir nun den Grundmodus mit $\nu = 0$.

4.10.2 Die Grundwelle: Feld und Ausbreitungskonstante

Zur Bestimmung der Feldform der Grundwelle ist mit $\nu = 0$ aus der Gl. (64),

$$\frac{d^2R}{dr^2} + \frac{1}{r}\frac{dR}{dr} + [k^2n^2(r) - \beta^2]R = 0 \tag{65}$$

die Feldfunktion R(r) bei gegebenem Brechzahlprofil n(r) zu berechnen. Die Grundwelle ist wegen der vorausgesetzten schwachen Führung praktisch eine TEM-Welle wie die homogene Planwelle (s. Abschn. 2.12) und kann in zwei orthogonal polarisierten Zuständen auftreten. Deswegen können wir annehmen, nachdem wir in der Querschnittsebene der Faser kartesische Koordinaten x, y eingeführt haben, daß die komplexen Amplituden der transversalen Feldstärkekomponenten des einen im folgenden betrachteten Polarisationszustandes folgende Form haben:

$$\underline{E}_x = R(r) \cdot e^{-j\beta z} \tag{66}$$

$$\underline{H}_y = \sqrt{\frac{\epsilon(r)}{\mu_0}}\,\underline{E}_x = n(r) \cdot \frac{\underline{E}_x}{\eta} \tag{67}$$

wo $\eta = \sqrt{\mu_0/\epsilon_0}$ den Feldwellenwiderstand des Vakuums bedeutet (s. Abschn. 2.12). Alle anderen Feldstärkekomponenten sind (näherungsweise) Null.

B e m e r k u n g : Die soeben gemachten Aussagen über den TEM-Charakter und die Polarisierung der Grundwelle enthalten schon Information, die wir eigentlich erst beweisen müssen. Man betrachte sie deshalb hier zunächst als Hypothesen, die sich bei genauer Durchführung der folgenden Überlegungen bestätigen.

Die Differentialgleichung (65) enthält als unbestimmten Parameter die Ausbreitungskonstante β. Diese muß für geführte Moden im Bereich $kn_a < \beta < kn_0$ liegen (s. Gl. (3.22) und Abschn. 4.7). Die Grundwelle ist dadurch ausgezeichnet, daß sie die größte Ausbreitungskonstante unter allen Moden besitzt; denn die Grundwelle hat ihre Feldenergie am stärksten von allen Moden in der Nähe der Faserachse konzentriert, wo die Brechzahl (üblicherweise) am größten sein soll. Alle anderen möglichen Werte von β müssen also zu Meridionalmoden höherer Ordnung gehören (s. Abschn. 4.7.3). Im Einwellenbereich einer Faser ist jedoch außer der Grundwelle keine weitere Welle ausbreitungsfähig, so daß nur ein β-Wert existiert.

Mathematisch gesehen spielt die A u s b r e i t u n g s k o n s t a n t e β in Gl. (65) die Rolle eines E i g e n w e r t e s, die z u g e h ö r i g e F e l d f u n k t i o n R(r) h e i ß t E i g e n f u n k t i o n. Ohne die Berücksichtigung physikalischer Randbedingungen hätte Gl. (65) für jeden Wert β eine Lösung R(r) (genauer gesagt zwei linear unabhängige Lösungen, weil Gl. (65) von zweiter Ordnung ist). Aber die naheliegenden physikalischen Randbedingungen

$$R(r \to \infty) \to 0 \tag{68}$$

und $$R(0) = \text{endlich} \tag{69}$$

lassen nur bestimmte diskrete β-Werte zu. Bedingung Gl. (68), die genau genommen das „hinreichend rasche" Verschwinden des Feldes in großem Abstand von der Faserachse fordert, und Bedingung Gl. (69) sollen sicherstellen, daß die transportierte Leistung der als Lösung betrachteten Welle endlich bleibt. Jenseits eines gewissen Radius r_M, d. h. für $r > r_M$, muß die Feldfunktion R(r) also asymptotisch gegen Null abklingen. Das ist nach Abschn. 4.7.3 der Fall, wenn das Quadrat $k_r^2 = k^2n^2(r) - \beta^2$ der radialen Komponente des lokalen Ausbreitungsvektors, das als Koeffizient von R(r) in der Wellengleichung (65) auftritt, negativ ist. Der Radius r_M ist der von Abschn. 4.7.3 bekannte Radius der äußeren Kaustik der Meridionalmoden, der aus $k_r^2(r_M) = 0$ folgt. Nehmen wir (im Bereich $r > r_M$) $R(r) > 0$ an, dann muß nach Gl. (65) die Krümmung d^2R/dr^2 der Kurve R(r) stets positiv sein, weil die beiden weiteren Summanden in Gl. (65) stets negativ sind. Der zu R(r) gehörige Eigenwert β hat deshalb sicherzustellen, daß die Krümmung gerade nur so groß ist, daß noch $R(r) \to 0$ für $r \to \infty$ gewährleistet ist.

B e m e r k u n g : Bei Stufenprofilfasern bestimmt man den Eigenwert β aus der Randbedingung an der Kern-Mantel-Grenze (Stetigkeit der tangentialen Feldstärkekomponenten). Das ist nur scheinbar ein Widerspruch zu den hinreichenden Randbedingungen Gl. (68) und (69). Denn bei der Lösung der Wellengleichung (65) wählt man zunächst für den Kernbereich (bzw. Mantelbereich) eine geeignete Zylinderfunktion, die für jeden β-Wert die Randbedingung Gl. (68) (bzw. (69)) erfüllt. Die Stetigkeitsbedingung sondert dann erst den richtigen β-Wert aus.

Zum weitergehenden Verständnis der Natur der Eigenfunktionen R(r) formen wir Gl. (65) etwas um:

$$\left\{ \frac{d^2}{dr^2} + \frac{1}{r}\frac{d}{dr} + k^2n^2(r) \right\} R(r) = \beta^2 R(r) \tag{70}$$

In der geschweiften Klammer steht hier ein Differentialoperator, der vom Brechzahlprofil abhängt. Angewendet auf die gesuchte Feldfunktion R(r) soll sich also eine neue Funktion ergeben, die der gesuchten Funktion R(r) direkt proportional ist. Es ist einleuchtend, daß nur sehr spezielle Funktionen diese harte Bedingung (zusammen mit den Randbedingungen) erfüllen. Dies sind gerade die Eigenfunktionen des Differentialoperators {. . .}. Die zugehörigen Proportionalitätsfaktoren heißen Eigenwerte. Jede Eigenfunktion stellt eine mögliche Wellenform (Modus oder Eigenwelle) dar. Die Eigenfunktionen von Gl. (70) sind im hier betrachteten Falle $\nu = 0$ Meridionalmoden. Je nach Brechzahlprofil n(r) und Wellenlänge $\lambda = 2\pi/k$, die beide in den Differentialoperator der Gl. (70) eingehen, gibt es im allgemeinen nur eine endliche Zahl von geführten Meridionalmoden, die daran kenntlich sind, daß der zugehörige Eigenwert die Bedingung der Führung ($kn_a < \beta < kn_0$) erfüllt.

Für das folgende Beispiel nehmen wir als Brechzahlprofil ein unendlich ausgedehntes Parabelprofil

$$n^2(r) = n_0^2\left[1 - 2\Delta\left(\frac{r}{a}\right)^2\right] \tag{71}$$

an (in Fig. 32 gestrichelt). Dieses Profil ist allerdings nur eine Näherung für die realistischeren Potenzprofile Gl. (8), die sich durch einen Mantel ($r > a$) mit konstanter Brechzahl auszeichnen (in Fig. 32 ausgezogene Kurve). Das Profil Gl. (71) hat jedoch den Vorteil, daß es im Gegensatz zu Gl. (8) einfache analytische Lösungen von Gl. (70) liefert, an denen wir im Rahmen dieser Einführung viele wesentliche Sachverhalte zeigen können. Sofern die Felder der betrachteten Moden nicht allzu weit in den Mantel (d. h. in den Bereich $r > a$) eindringen, kann das Brechzahlprofil Gl. (71) als brauchbare Näherung für praktisch vorkommende Profile betrachtet werden, ungeachtet der Tatsache, daß es in größerem Achsenabstand zu Brechzahlen < 1 und schließlich für $r > a/\sqrt{2\Delta} =: r_0$ zu negativen Brechzahlen führt, also völlig unphysikalisch ist. Nichtsdestoweniger liefert dieses Profil die Grundlagen für die exakte Feldberechnung in schwach führenden Fasern mit beliebigen, rotationssymmetrischen Brechzahlprofilen (s. die entsprechende spätere Bemerkung).

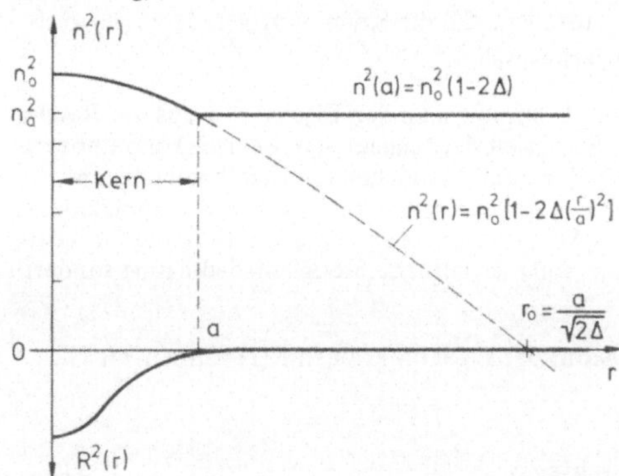

Fig. 32
Parabelprofil der quadrierten Brechzahl $n^2(r)$ mit Mantel (ausgezogene Kurve) und unendlich ausgedehntes Parabelprofil (gestrichelt; mit der Nullstelle bei r_0) als vereinfachende Näherung. a Kernradius. Außerdem ist ein gaußförmiges Intensitätsprofil $R^2(r)$ der Grundwelle dargestellt. Man beachte, daß mit praktischen Zahlenwerten z. B. $r_0 = 12a$ gilt

Berechnen wir nun die Feldfunktion $R(r)$ der Grundwelle aus Gl. (65)! Man weiß aus Erfahrung, daß die Intensitätsverteilung der Grundwelle in Abhängigkeit vom Faserachsenabstand r weitgehend unabhängig von der Feinstruktur des Brechzahlprofils einer Gaußschen Glockenkurve ähnelt (s. Fig. 33). Das ist nicht verwunderlich, denn bekanntermaßen hat auch die Grundwelle der Strahlung von Lasern (insbesondere von Gas- und Festkörperlasern) ein gaußförmiges Intensitätsprofil. Im Unterschied zur Glasfasergrundwelle ist ein Laserstrahl jedoch nicht geführt, breitet sich deshalb geradlinig aus und divergiert schwach, entsprechend einem Öffnungswinkel von z. B. zwei mrad. Das Brechzahlprofil der Glasfaser hat also nur die Aufgabe, die Welle auch entlang (hinreichend schwach) gekrümmter Bahnen zu führen und die divergierende Wirkung der Beugung, die bei Freiraumausbreitung auftritt, zu kompensieren. Wegen der geringen zu kompensierenden Divergenz nicht geführter Laserstrahlen genügt schon die geringe relative Brechzahldifferenz $\Delta \lessapprox 1\%$ zur Führung in Glasfasern.

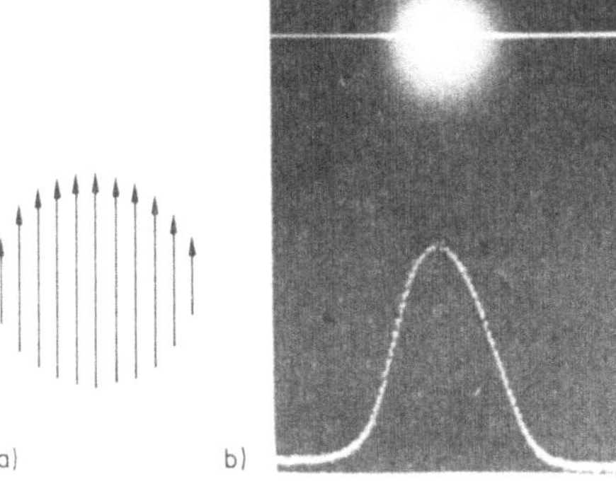

Fig. 33
Polarisationsrichtung der transversalen elektrischen Feldstärke (schematisch; a) und Bildschirmaufnahme der Intensitätsverteilung (b) des Grundmodus in einer schwach führenden Einwellenfaser. Die schwache Unsymmetrie des Intensitätsprofils kann auf Störungen des Brechzahlprofils oder auf der Anwesenheit eines Obermodus (vgl. Fig. 37) beruhen

Die weitgehende Übereinstimmung des Intensitätsprofils von Grundwellen-Laserstrahlen und der Grundwelle in Glasfasern hat, beiläufig bemerkt, die praktisch bedeutsame Konsequenz, daß sich ein Gaußscher Laserstrahl mit sehr gutem Wirkungsgrad als Grundwelle in eine Faser einkoppeln läßt, wenn die Querschnitte einigermaßen angepaßt sind.

Aus den genannten Gründen machen wir den folgenden Ansatz für die Feldfunktion, der die Randbedingungen Gl. (68) und (69) erfüllt:

$$R(r) = R_0 \cdot e^{-(r/w_0)^2} \tag{72}$$

R_0 ist ein (hier unwesentlicher) Amplitudenfaktor und w_0 bedeutet den $1/e$-Radius der Feldfunktion oder auch den $1/e^2$-Radius des Intensitätsprofils $R^2(r)$; w_0 wird auch schlechthin „Fleckgröße" genannt (s. Fig. 34). Geht man mit dem Ansatz Gl. (72) in die Wellengleichung (65) ein und verwendet das Brechzahlprofil Gl. (71), dann erhält man folgende quadratische Gleichung in r:

$$r^2 \left(\frac{4}{w_0^4} - \frac{2\Delta k_0^2}{a^2} \right) + \left(k_0^2 - \beta^2 - \frac{4}{w_0^2} \right) = 0 \tag{73}$$

die für alle r identisch erfüllt sein muß, wenn unser Ansatz Gl. (72) eine Lösung sein soll. Also müssen die beiden Klammerausdrücke jeweils Null sein. Aus diesen beiden Bedingungen erhält man die Fleckgröße

$$w_0 = \sqrt{\frac{2a}{kn_0\sqrt{2\Delta}}} = \frac{a}{\sqrt{V/2}} \tag{74}$$

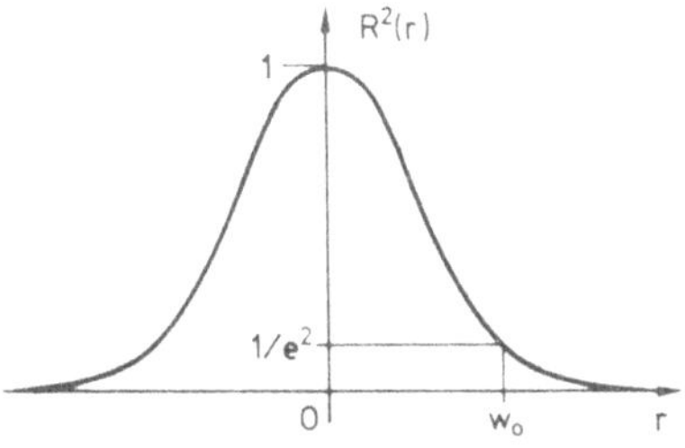

Fig. 34
Zur Definition der Fleckgröße w_0

und die Ausbreitungskonstante β der Grundwelle:

$$\beta = kn_0 \sqrt{1 - 2\frac{\sqrt{2\Delta}}{kn_0 a}} = kn_0 \sqrt{1 - \frac{4\Delta}{V}} \tag{75}$$

In Gl. (74) und Gl. (75) haben wir den Faserparameter $V = kan_0\sqrt{2\Delta}$ (die normierte Frequenz) nach Gl. (11) eingeführt, mit dem sich einfachere Ausdrücke ergeben. Die Gl. (72) beschreibt mit Gl. (74) eindeutig den Feldverlauf der gesuchten Grundwelle und Gl. (75) gibt ihre Ausbreitungskonstante an. Elektrische und magnetische Feldstärke ergeben sich dann aus Gl. (66) bzw. (67). Zum Polarisationszustand der Grundwelle s. Fig. 33.

Zahlenbeispiel: Sei $\lambda = 1{,}3\ \mu m$; die Kernachsenbrechzahl sei $n_0 = 1{,}453$, die bei GeO_2-Dotierung des SiO_2-Kerns einem Gehalt von 3,9 Mol-% längs der Kernachse entspricht (s. Fig. 2.13); die Mantelbrechzahl sei $n_a = n(a) = n_0\sqrt{1 - 2\Delta} = 1{,}447$, entsprechend reinem Quarzglas (s. Fig. 2.13); der Kernradius sei $a = 5{,}0\ \mu m$; dann ist $\Delta = 0{,}412\%$ und $V = 2\pi a n_0\sqrt{2\Delta}/\lambda = 3{,}187$. Damit ist die Fleckgröße $w_0 = 3{,}96\ \mu m$ und die Ausbreitungskonstante ist $\beta = 0{,}9974 \cdot kn_0$, also nur sehr wenig kleiner als die Wellenzahl $k_0 = kn_0$ des Kernachsenmaterials.

Weiterführende Bemerkungen: 1. Das unendlich ausgedehnte Parabelprofil Gl. (71) der Brechzahl haben wir deshalb unserer Diskussion zugrunde gelegt, weil es für das Grundwellenintensitätsprofil eine exakte Gaußsche Glockenfunktion Gl. (72) liefert. Schon beim Parabelprofil mit Mantel (d. h. mit $n(r) = n(a) = \text{const}$ für $r \geqslant a$) gilt die Gaußform nur noch näherungsweise, desgleichen auch für das Stufenprofil der Brechzahl. Auch die Feldfunktionen aller anderen (höheren) Moden lassen sich für das unendlich ausgedehnte Parabelprofil Gl. (71) der Brechzahl durch geschlossene Ausdrücke analytisch darstellen, und zwar erhält man für die Feldfunktionen sog. Gauß-Laguerre-Funktionen:

$$R_{\nu p}(r) \sim r^\nu \cdot L_p^\nu\left(V\frac{r^2}{a^2}\right) \cdot e^{-\frac{V}{2}\frac{r^2}{a^2}} \tag{76}$$

Hierbei ist $\nu = 0, 1, 2, \ldots$ die azimutale und $p = 0, 1, 2, \ldots$ die (genaue wellenoptische) radiale Modenkennzahl; $(\nu, p) = (0, 0)$ bedeutet den Grundmodus; $\nu = 0$ bedeuten die Meridionalmoden, $p = 0$ die Helixmoden. Ein Modus (ν, p) besitzt auf einem Umfangkreis $r = \text{const}$, wenn überhaupt, 2ν Intensitätsmaxima und auf einem Radius $\varphi = \text{const}$, der Intensitätsmaxima durchläuft, p Intensitätsnullstellen. Die Funktionen $L_p^\nu(x)$ sind die verallgemeinerten Laguerreschen Polynome

$$L_p^\nu(x) = \sum_{i=0}^{p} \binom{p+\nu}{p-i} \frac{(-x)^i}{i} \tag{77}$$

vom Grade p und der Ordnung ν. Trotz des unphysikalischen Brechzahlprofils Gl. (71), das den Lösungen Gl. (76) zugrunde liegt, bilden diese eine exakte Grundlage für die Berechnung der Feldfunktionen im Falle beliebiger rotationssymmetrischer und schwach führender Brechzahlprofile. Für $\nu = \text{const}$ bilden die Lösungen (76) nämlich ein orthogonales Funktionensystem, das sich auch normieren läßt. Deshalb kann man bei gegebenem ν eine gesuchte Feldfunktion als entsprechende Reihenentwicklung (ähnlich wie bei Fourier-Reihen) ansetzen, in der die zweite Kennzahl p als Summationsindex dient. Die als Unbekannte eingeführten Koeffizienten dieser Reihenentwicklung werden sodann bestimmt. Die Figuren 35 und 36 illustrieren dieses Verfahren anhand eines konkreten Beispiels. Man erkennt aus den Figuren z. B., daß ein starker Brechzahleinbruch (s. Abschn. 1.7) auch einen Einbruch des Intensitätsprofils zur Folge haben kann.

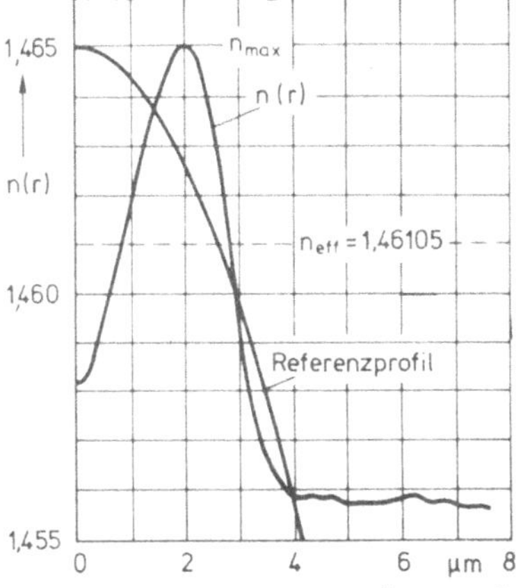

Fig. 35
Gemessenes Brechzahlprofil n(r) mit starkem Einbruch („Dip") in Achsennähe r = 0 und Referenzprofil nach Gl. (71). Kernradius a = 4,0 µm; die relative Brechzahldifferenz $\Delta = 0{,}629\%$ ist auf die maximale Brechzahl n_{max} bezogen; die Ausbreitungskonstante des Grundmodus ist $\beta = 0{,}9973\ kn_{max} = kn_{eff}$

2. Die Moden in einer schwach führenden rotationssymmetrischen Faser sind im Rahmen der Näherung der skalaren Optik *einheitlich* linear polarisiert, d. h. die transversale elektrische Feldstärke hat in allen Punkten einer Querschnittsebene zu allen Zeiten die gleiche Richtung (s. Fig. 33a). Aus diesem Grunde sind zur Bezeichnung dieser Moden die Buchstaben $LP_{\nu p}$ mit den Modenkennzahlen ν, p als Indizes gebräuchlich. In Fasern mit starker Wellenführung sind die Moden jedoch mit wenigen Ausnahmen sogenannte hybride Moden, die geringe longitudinale Feldstärkekomponenten E_z und H_z haben. Beim Übergang zur schwachen Führung ($\Delta \to 0^+$) gehen die hybriden Moden paarweise durch Überlagerung in einen rein transversalen LP-Modus über. Der Grundmodus in stark führenden Fasern heißt in der Literatur meistens HE_{11}. Bei ihm ist die longitudinale Komponente E_z größer als $\eta(r) \cdot H_z$, wobei $\eta(r)$ den lokalen Feldwellenwiderstand des Fasermaterials bedeutet.

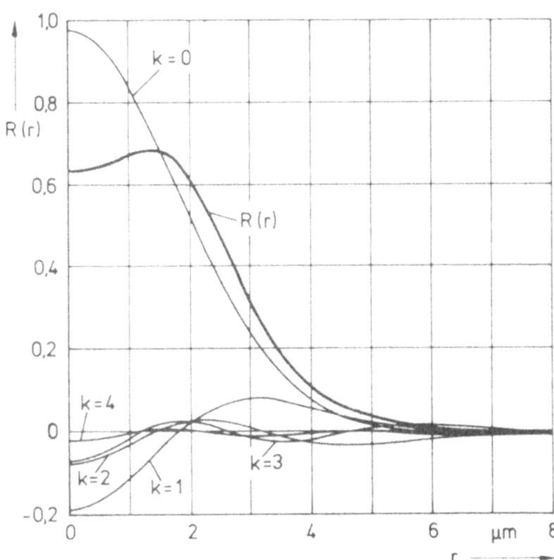

Fig. 36
Berechnete Grundwellenfunktion R(r) bei λ = 826 nm (V = 5,00) im gemessenen Brechzahlprofil der Fig. 35. Die ersten 5 Gauß-Laguerre-Funktionen der Reihenentwicklung sind angedeutet (k = 0, 1, 2, 3, 4)

4.10.3 Die Grenzwellenlänge

Jeder geführte Modus in einem längshomogenen Wellenleiter ist im allgemeinen nur oberhalb einer gewissen Grenzfrequenz f_g (oder unterhalb einer entsprechenden Grenzwellenlänge λ_g) existenzfähig. Damit also ein bestimmter Modus im Kern einer Faser geführt wird, muß die Betriebswellenlänge λ kleiner als die Grenzwellenlänge λ_g sein. Das Kriterium für die Führung der Moden durch den Faserkern leitet sich aus der wellenlängenabhängigen Ausbreitungskonstanten $\beta(\lambda)$ ab. Im Grenzfall $\lambda \to 0$ (s. Fig. 2.19) konzentriert sich die Energie eines Modus ganz auf den Bereich der Faserachse und deshalb ist $\beta = kn_0$ (es ist angenommen, daß die Brechzahl entlang der Faserachse maximal ist). Nur der Grundmodus in einer Faser mit einem Mantel konstanter Brechzahl $n_a < n_0$, der unendlich ausgedehnt ist, hat die Eigenschaft, auch noch für $\lambda \to \infty$ als geführter Modus existenzfähig zu sein. Mit zunehmendem λ wird zwar ein immer größer werdender Bruchteil der Grundwellenenergie im Mantel transportiert, so daß die Führung entsprechend schwächer wird, aber die Führung bleibt erhalten, so daß im Grenzfall $\lambda \to \infty$ noch $\beta = kn_a$ gilt. Die Grenzwellenlänge dieses Grundmodus ist also $\lambda_g = \infty$ (s. Fig. 2.17). Moden mit $\beta = k_z < kn_a$ sind Leck- oder Strahlungsmoden, die nicht geführt werden (s. Abschn. 4.7.5). Der mit größer werdender Wellenlänge λ abnehmende „Grad" der Führung äußert sich in der Praxis als wachsende unerwünschte zusätzliche Dämpfung, die auftritt, sobald die Faser stärker gekrümmt wird. Die auf der konvexen Seite der Krümmung laufende (träge!) Energie des betrachteten Modus wird dann in größerem Abstand von der Faserachse gewissermaßen fortgeschleudert, d. h. abgestrahlt, so daß sie für die Signalübertragung verloren geht. Um diese sog. Biegeverluste in geringsten Grenzen zu halten, ist man daran interessiert, daß die Grundwellenenergie möglichst nahe der Faserachse konzentriert bleibt. Andererseits will man mit der Betriebswellenlänge λ im Einwellenbereich der Fasern bleiben. Deshalb pflegt man Einwellenfasern so zu dimensionieren, daß für Betriebswellenlängen z. B. um $\lambda \approx 1{,}3\ \mu m$ die größte Grenzwelle eines zweiten geführten Modus (kurz erster Obermodus genannt) etwa bei $\lambda_g = 1{,}1\ \mu m$ liegt.

Bemerkung: Der Grundmodus in einer unphysikalischen Faser mit unendlich ausgedehntem Parabelprofil Gl. (71) der Brechzahl hat jedoch eine endliche Grenzwellenlänge. Diese folgt aus Gl. (75) für $\beta = 0$ (statt aus der Bedingung $\beta = kn_a$ bei einer üblichen Faser). Man erhält für den V-Parameter V_g bei der Grenzwellenlänge den Wert $V_g = 4\Delta$ (statt $V_g = 0$ bei einer üblichen Faser) und daraus $\lambda_g = \pi a n_0/\sqrt{2\Delta}$ (statt $\lambda_g = \infty$).

Der erste Obermodus nach der Grundwelle hat im Querschnitt der Faser eine Intensitätsverteilung, die als Aufnahme des sog. Nahfeldes einer strahlenden Faserendfläche in Fig. 37b dargestellt ist. Seine wellenoptischen Modenkennzahlen (s. Abschn. 4.10.2) sind $\nu = 1$ und $p = 0$. Auf einem konzentrischen Kreis r = const treten also bestenfalls zwei Intensitätsmaxima auf. Dieser Modus ist ein Helixmodus (s. Abschn. 4.7.4).

Für die Feldfunktion R(r) des ersten Obermodus machen wir den nach Fig. 37 naheliegenden Ansatz

$$R(r) = R_0 \cdot r \cdot e^{-(r/w_0)^2} \qquad (78)$$

und setzen wieder das unendlich ausgedehnte Parabelprofil Gl. (71) voraus. Mit $\nu = 1$

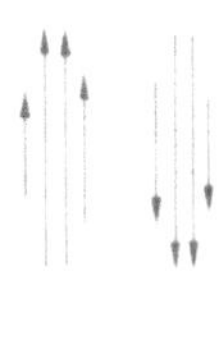
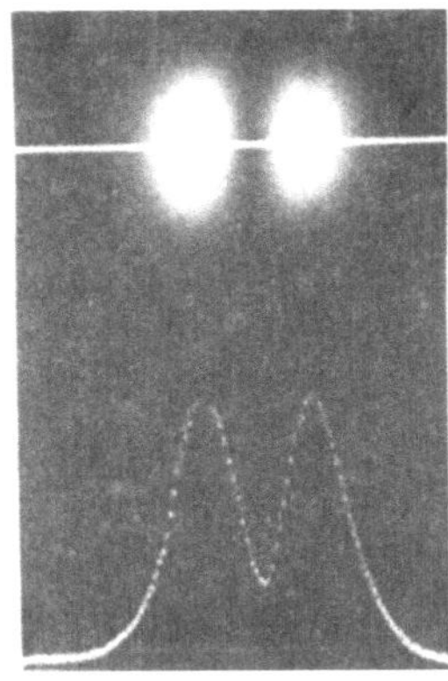

Fig. 37
Polarisationsrichtung der transversalen elektrischen Feldstärke (a) und Bildschirmaufnahme der Intensitätsverteilung (b) des ersten Obermodus ($\nu = 1$, $p = 0$) in einer schwach führenden Einwellenfaser. Das endliche zentrale Intensitätsminimum deutet auf eine geringe Anwesenheit der Grundwelle hin

lautet jetzt die Wellendifferentialgleichung (64)

$$\frac{d^2R}{dr^2} + \frac{1}{r}\frac{dR}{dr} + \left[k^2n^2(r) - \beta^2 - \frac{1}{r^2}\right]R = 0 \tag{79}$$

Setzt man hierin das Profil Gl. (71) und den Ansatz Gl. (78) ein, so erhält man die in r^2 quadratische Gleichung

$$r^4\left(\frac{4}{w_0^4} - \frac{2\Delta k_0^2}{a^2}\right) + r^2\left(k_0^2 - \beta^2 - \frac{8}{w_0^2}\right) = 0$$

Diese Gleichung ist für alle r identisch erfüllt, wenn die beiden Klammerausdrücke verschwinden. Hieraus erhält man für den Parameter w_0 der Gaußfunktion den gleichen Wert Gl. (74) wie im Falle der Grundwelle, nämlich

$$w_0 = \sqrt{\frac{2a}{kn_0\sqrt{2\Delta}}} = \frac{a}{\sqrt{V/2}} \tag{80}$$

Dieser Parameter w_0 wird allerdings nur im Falle der Grundwelle als Fleckgröße bezeichnet, obwohl er auch ein Maß für die Flächenausdehnung der Obermodenintensität ist. Für die Ausbreitungskonstante folgt

$$\beta = kn_0\sqrt{1 - 4\frac{\sqrt{2\Delta}}{kn_0a}} = kn_0\sqrt{1 - \frac{8\Delta}{V}} \tag{81}$$

Wegen des unphysikalischen Brechzahlprofils Gl. (71) ist der betrachtete Obermodus ebenso wie der Grundmodus (s. Abschn. 4.10.2) auch noch für $0 < \beta < kn(a)$ als geführter Modus existenzfähig. Die theoretische Grenzwellenlänge, die aus $\beta = 0$ folgt, ist jedoch nicht repräsentativ für die Grenzwellenlänge dieses Modus in praktischen Fasern, die einen Mantel mit $n(r) = n(a) = n_a = n_0\sqrt{1 - 2\Delta}$ im Bereich $r > a$ haben. Eine brauchbare Näherung für λ_g erhält man jedoch aus der Bedingung $\beta(\lambda_g) = kn_a$, die für Fasern mit unendlich ausgedehntem Mantel der Brechzahl n_a gilt. Für den Faserparameter V_g bei der Grenzwellenlänge λ_g erhält man mit dieser Bedingung aus Gl. (81) den Näherungswert

$$V_g = 4{,}00 \tag{82}$$

woraus als Grenzwellenlänge folgt

$$\lambda_g = \frac{\pi}{2} a n_0 \sqrt{2\Delta} \tag{83}$$

Die genaue Theorie ergibt für Fasern mit Parabelprofil im Kern und einem Mantel mit n_a = const statt Gl. (82) den Wert $V_g = 3{,}518$ und für Stufenprofilfasern ($\alpha = \infty$ im Potenzprofil Gl. (8)) den Wert $V_g = 2{,}405$, das ist die erste Nullstelle der Besselfunktion erster Ordnung.

Zahlenbeispiel: Nach Gl. (83) hat die im Zahlenbeispiel des Abschn. 4.10.2 spezifierte Faser die Grenzwellenlänge $\lambda_g = 1{,}036\ \mu$m. Eine entsprechende Faser mit Mantel für $r > a$ hat jedoch $\lambda_g = 1{,}180\ \mu$m als Grenzwellenlänge. Im Rahmen unserer groben Annahmen ist die Näherung recht befriedigend.

Bei einer Faser mit Mantel sind die Grenzwellenlängen aller höheren Obermoden durch die Bedingung $\beta(\lambda_g) = kn_a$ gegeben. Bei der Grenzwellenlänge erstreckt sich das Intensitätsprofil $R^2(r)$ bereits unendlich weit in den Mantel hinein (den man sich unendlich ausgedehnt denke), was bei der Grundwelle erst im Grenzfall $\lambda \to \infty$ geschieht. Das hat bei praktischen Fasern mit endlichem Manteldurchmesser zur Folge, daß ein Modus bei Annäherung an die Grenzwellenlänge eine zunehmende Dämpfung erfährt. Regt man also bei einer Dämpfungsmessung nicht nur die Grundwelle, sondern auch die erste Oberwelle an (was praktisch immer der Fall ist), dann erscheint bei $\lambda \approx \lambda_g$ eine Dämpfungserhöhung, die in der Praxis zur Bestimmung der Grenzwellenlänge einer Einwellenfaser ausgenutzt wird. Die so bestimmte Grenzwellenlänge liegt bei praktischen, meistens aufgetrommelten Fasern einige Zehn bis etwa 100 nm unterhalb des Wertes, den man mit Hilfe der unrealistischen Annahmen eines unendlich ausgedehnten Mantels mit konstanter Brechzahl $n_a = n_0\sqrt{1-2\Delta}$ und einer ungekrümmten Faser errechnet. Man spricht deshalb von einer effektiven Grenzwellenlänge, die allein für die Praxis von Interesse ist.

4.10.4 Die Laufzeit der Grundwelle

In Abschn. 4.7.7 haben wir bereits zur Berechnung der Gruppenlaufzeit τ_g sehr allgemeine Zusammenhänge abgeleitet, die wir jetzt auf die Grundwelle in einer Faser mit dem unendlich ausgedehnten Parabelprofil Gl. (71) der Brechzahl anwenden. Nach Gl. (37d) ist

$$\tau_g = \frac{1}{c} N_0 \frac{d\beta}{dk_0} \tag{84}$$

Hierbei bedeutet c die Freiraum-Lichtgeschwindigkeit und N_0 den Gruppenindex des Kernachsenmaterials (s. Fig. 2.13). Die Ausbreitungskonstante β der Grundwelle ist durch Gl. (75) bekannt, so daß wir den in Gl. (84) auftretenden Differentialquotient

$d\beta/dk_0$ (mit $k_0 := kn_0$) berechnen können:

$$\frac{d\beta}{dk_0} = \frac{1 - \frac{\sqrt{2\Delta}}{k_0 a}}{\sqrt{1 - 2\frac{\sqrt{2\Delta}}{k_0 a}}} \tag{85}$$

Dieser Differentialquotient weicht, wie schon in Abschn. 4.7.7 erläutert, nur sehr wenig von 1 ab, so daß man

$$\frac{d\beta}{dk_0} =: 1 + \tau \tag{86}$$

setzt, wobei die normierte, dimensionslose Laufzeitdifferenz

$$\tau = \frac{\tau_g - N_0/c}{N_0/c} \tag{87}$$

die relative Abweichung der Grundwellenlaufzeit τ_g von der Laufzeit N_0/c einer homogenen Planwelle im homogenen Kernachsenmaterial bedeutet. Mit der Näherung

$$\frac{1}{\sqrt{1-2x}} \approx 1 + x + \frac{3}{2}x^2$$

erhält man aus Gl. (85)

$$\tau \approx \frac{\Delta}{(k_0 a)^2} = \frac{2\Delta^2}{V^2} = \frac{1}{8}\left[1 - \left(\frac{\beta}{kn_0}\right)^2\right]^2 \tag{88}$$

Hier ist wieder der V-Parameter der Faser, $V = kan_0\sqrt{2\Delta}$, eingeführt worden. Ferner haben wir mit Gl. (75) die normierte Laufzeitdifferenz τ in Abhängigkeit von der Ausbreitungskonstanten β dargestellt, so daß sie zum Zwecke eines Vergleichs auch in Fig. 23 des Abschn. 4.7.7 eingetragen werden kann.

Zahlenbeispiel: Die Faser des Zahlenbeispiels aus Abschn. 4.10.2 hat nach Gl. (88) bei $\lambda = 1{,}3\ \mu m$ die normierte Grundwellenlaufzeitdifferenz $\tau \approx 3{,}3423 \cdot 10^{-6}$. Die Gruppenlaufzeit des Grundmodus unterscheidet sich also in der Tat nur sehr wenig von der Gruppenlaufzeit einer homogenen Planwelle im homogenen Kernachsenmaterial.

Durch Bildung des 2. Differentialquotienten $d^2\beta/dk_0^2$ mit Hilfe von Gl. (88) ist auch die praktisch wichtigere chromatische Dispersion $d\tau_g/d\lambda$ verfügbar, die nach Gl. (41) allgemein lautet:

$$\frac{d\tau_g}{d\lambda} = -\frac{\lambda}{c} \cdot \frac{d^2 n_0}{d\lambda^2} \cdot \frac{d\beta}{dk_0} - \frac{k}{c\lambda} N_0^2 \cdot \frac{d^2\beta}{dk_0^2} \tag{89}$$

Wie schon in Abschn. 4.7.7 erläutert, ist der erste Summand auf der rechten Seite von Gl. (89) im wesentlichen von der Materialdispersion, der zweite überwiegend von der Wellenleiterdispersion bestimmt.

Von besonderem Interesse für praktische Anwendungen ist die Wellenlänge λ_0 (bzw. sind die Wellenlängen λ_0), bei der die chromatische Dispersion Gl. (89) verschwindet. Bei dieser Wellenlänge tritt in erster Näherung keine Impulsaufweitung längs der Faser auf, weil die verschiedenen spektralen Energieanteile innerhalb der geringen Halbwertsbreite $\Delta\lambda$ einer Laserdiode praktisch keine Laufzeitunterschiede haben. Der Differentialquotient $d\beta/dk_0$ in Gl. (89) ist nach Gl. (85) nahezu Eins. Der erste Summand auf der rechten Seite von Gl. (89) ist deshalb praktisch die chromatische Dispersion einer homogenen Planwelle im homogenen Kernachsenmaterial. Für die chromatische Dispersion dieser Welle gilt (s. Abschn. 2.15)

$$\frac{d\tau_g}{d\lambda} = -\frac{\lambda}{c}\frac{dn_0^2}{d\lambda^2} \tag{90}$$

Sie verschwindet im Minimum der Kurven des Kernachsen-Gruppenindex $N_0(\lambda)$ (s. Fig. 2.13), das mit dem Wendepunkt der Brechzahlkurven $n_0(\lambda)$ zusammenfällt (s. Abschn. 2.15). Die zugehörige charakteristische Wellenlänge λ_{0M}, die sogenannte Nullstelle der Materialdispersion, beträgt bei reinem Quarzglas 1,273 μm und nimmt mit wachsender GeO_2-Dotierung, die für den Faserkern oft verwendet wird, etwas zu (s. Fig. 2.16). Wegen der Wellenleiterdispersion, d. h. wegen des zweiten Summanden auf der rechten Seite von Gl. (89), der wesentlich vom Brechzahlprofil der Faser bestimmt wird, ist die Nullstelle λ_{0F} der chromatischen Dispersion der Grundwelle von der Nullstelle λ_{0M} der Materialdispersion im allgemeinen mehr oder weniger verschieden, wie beispielsweise in Fig. 2.18 zu erkennen ist. Daß dies jedoch nicht so sein muß, geht aus Fig. 38 hervor, in der beispielhalber die aus dem gemessenen Laufzeitspektrum $\tau_g(\lambda)$ bestimmte chromatische Dispersion

$$C(\lambda) := \frac{d\tau_g(\lambda)}{d\lambda} = M(\lambda)(1+\tau) + W(\lambda) \tag{91}$$

einer Einwellenfaser aus Quarzglas dargestellt ist, deren Kern undotiert und deren Mantel

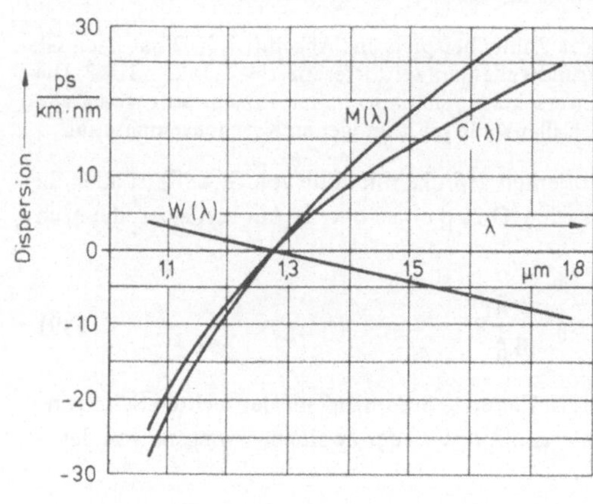

Fig. 38
Chromatische Dispersion C(λ) einer einwelligen Quarzglasfaser mit undotiertem Kern und F-dotiertem Mantel und zugehörige Materialdispersion M(λ) und Wellenleiterdispersion W(λ)

zur Verringerung der Brechzahl mit Fluor dotiert ist. Die Materialdispersion

$$M(\lambda) := -\frac{\lambda}{c}\frac{d^2 n_0}{d\lambda^2} \tag{92}$$

des Kernmaterials ist aus Materialdaten durch Rechnung bestimmt worden, so daß sich (mit $|\tau| \ll 1$) als Differenz die Wellenleiterdispersion

$$W(\lambda) = C(\lambda) - M(\lambda)(1+\tau) \approx C(\lambda) - M(\lambda) \tag{93}$$

ergibt. Nach Gl. (89) gilt auch

$$W(\lambda) = -\frac{k}{c\lambda} N_0^2 \frac{d^2\beta}{dk_0^2} = \frac{1}{c} N_0 \frac{d\tau}{d\lambda} \tag{94}$$

mit τ nach (87).

In welcher Weise sich die Wellenleiterdispersion W(λ) nach Gl. (94) formen läßt, um in einem großen Wellenlängenbereich die Materialdispersion M(λ)(1 + τ) derart zu kompen-

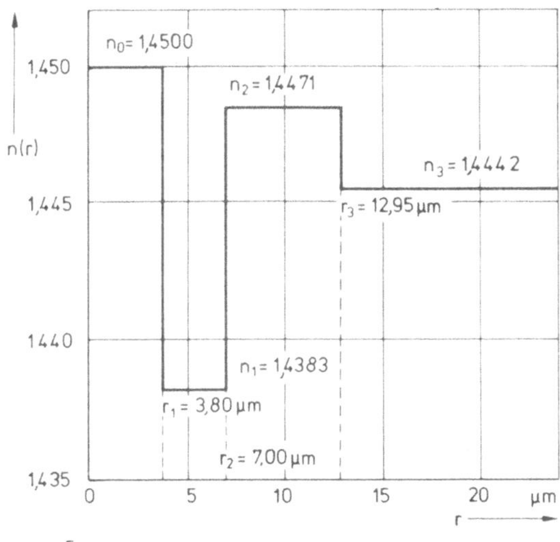

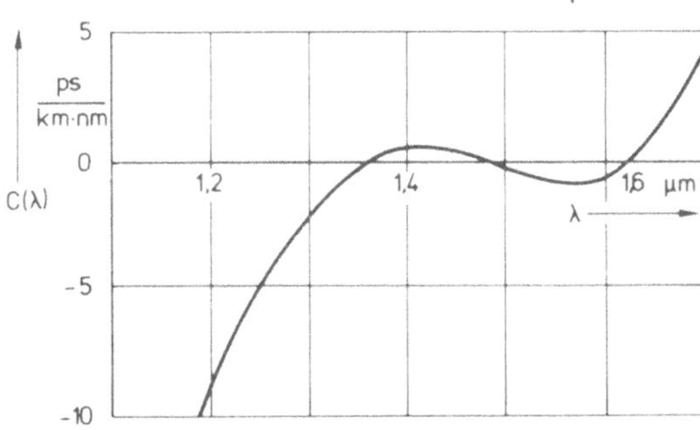

Fig. 39
Dreistufenprofil der Brechzahl (a) einer Quarzglasfaser mit undotiertem Kern und drei fluordotierten Mänteln und berechnete chromatische Dispersion der Grundwelle (b). Die angegebenen Brechzahlen gelten bei $\lambda = 1{,}064\ \mu m$

sieren, daß die resultierende chromatische Dispersion Gl. (91) der Grundwelle betragsmäßig sehr klein bleibt, zeigt Fig. 39 als Beispiel. Das Dreistufenprofil der Brechzahl in Fig. 39a ist so bemessen worden, daß die chromatische Dispersion $C(\lambda)$ drei Nullstellen aufweist (die in unserem Falle bei den Wellenlängen 1,36 μm, 1,48 μm und 1,625 μm liegen) und im Wellenlängenbereich zwischen $\lambda_1 = 1{,}33$ μm und $\lambda_2 = 1{,}65$ μm betragsmäßig kleiner als 1 ps/(km · nm) ist. Den Bereich geringster chromatischer Dispersion wählt man zweckmäßig in Übereinstimmung mit dem Bereich (bzw. den Bereichen) geringster Dämpfung (s. Fig. 1.23). Nach diesem Muster bemessene Fasern haben weitgehend unabhängig von der optischen Trägerwellenlänge λ einen außerordentlich großen Signalfrequenzbereich und können deshalb für die Breitbandkommunikation der Zukunft praktisch jede erforderliche Übertragungskapazität zur Verfügung stellen. Dies gilt erst recht bei Mehrfachausnutzung durch verschiedene Trägerwellenlängen, d. h. bei Anwendung von Wellenlängenmultiplex.

B e m e r k u n g : Die Grundwelle in kreissymmetrischen Einwellenfasern ist genau genommen zweifach entartet, d. h. zu dem einen Eigenwert, der Ausbreitungskonstanten β, gehören zwei verschiedene, orthogonal polarisierte Eigenwellen. Dieser Umstand macht sich in praktischen Fasern häufig bemerkbar, sobald z. B. durch Fertigungsungenauigkeiten der Kern der Faser nicht mehr kreissymmetrisch, sondern z. B. elliptisch deformiert ist. Dann ist die Entartung der Grundwelle aufgehoben, d. h. zu den beiden Grundwellen, die in Richtung der Hauptachsen der Kernellipse polarisiert sind, gehören unterschiedliche Ausbreitungskonstanten β_x und β_y sowie unterschiedliche Laufzeiten τ_{gx} bzw. τ_{gy}. In diesem Falle hat man es also mit echten Zweiwellenfasern zu tun. Bei ihrer Verwendung zur Impulsübertragung kann deshalb die entsprechende Modenlaufzeitdispersion stören, die bei 5% Elliptizität etwa 50 ps/km betragen kann. Aus diesem Grunde sind die Faserhersteller bestrebt, die erwünschte Kreissymmetrie des Brechzahlprofils hinreichend genau einzuhalten. Andererseits besteht für manche Anwendungen (z. B. in Systemen mit sehr empfindlichen optischen Überlagerungsempfängern) der Wunsch nach Einwellenfasern im strengen Sinne mit Erhaltung des Polarisationszustandes der Welle. Für solche Fasern sind verschiedene Konzepte entwickelt worden. Gemeinsam ist diesen Fasern eine stark nichtrotationssymmetrische Struktur des Brechzahlprofils. Wenn in diesem Falle eine der beiden orthogonal polarisierten Grundwellen eine starke Dämpfung erfährt (z. B. durch „Leckwerden" im Sinne von Leckmoden nach Abschn. 4.7.5), bleibt eine eindeutig polarisierte Grundwelle übrig. Wegen unvermeidlicher Modenkonversion sind übliche rotationssymmetrische Einwellenfasern nicht polarisationserhaltend.

Literaturverzeichnis

[1] B a r n o w s k i , M. K., (Hg.): Fundamentals of Optical Fiber Communications. 2. Aufl. 1981. Academic Press, New York 1976

[2] CSELT (Centro Studi e Laboratori Telecommunicazioni, Torino): Optical Fibre Communication. Torino 1980

[3] F a ß h a u e r , P.: Optische Nachrichten-Systeme. Eigenschaften und Projektierung. Dr. Alfred Hüthig Verlag, Heidelberg 1983

[4] G e c k e l e r , S.: Lichtwellenleiter für die optische Nachrichtenübertragung. Springer-Verlag, Berlin 1985

[5] G r a u , G.: Optische Nachrichtentechnik. Springer-Verlag, Berlin 1981

[6] K e r s t e n , R. Th.: Einführung in die Optische Nachrichtentechnik. Springer-Verlag, Berlin 1983

[7] M a r c u s e , D.: Light Transmission Optics. Van Nostrand Reinhold Company, New York 1972

[8] M a r c u s e , D.: Theory of Dielectric Optical Waveguides. Academic Press, New York und London 1974

[9] M a r c u s e , D.: Principles of Optical Fiber Measurements. Academic Press, New York und London 1981

[10] M i d w i n t e r , J. E.: Optical Fibers for Transmission. John Wiley & Sons, New York 1979

[11] O k o s h i , T.: Optical Fibers. Academic Press, London 1982

[12] P e r s o n i c k , S. D.: Optical Fiber Transmission Systems. Plenum Publ. Corp., New York 1981

[13] R o s e n b e r g e r , D. (Hg.): Optische Informationsübertragung mit Lichtwellenleitern. VDE-Verlag, Berlin 1982

[14] S a n d b a n k , C. P.: Optical Fibre Communication Systems. John Wiley & Sons, New York 1980

[15] S h a r m a , A. B.; H a l m e , S. J.; B u t u s o v , M. M.: Optical Fiber Systems and Their Components. Springer-Verlag, Berlin 1981

[16] S n y d e r , A. W., L o v e , J. D.: Optical Waveguide Theory. Chapman and Hall, London 1983

[17] S u e m a t s u , Y., (Hg.): Optical Devices and Fibers. North-Holland, Amsterdam 1982

[18] T i m m e r m a n n , C.-Chr.: Lichtwellenleiter. Fr. Vieweg, Braunschweig 1981

[19] T i m m e r m a n n , C.-Chr.: Lichtwellenleiter-Komponenten und -systeme. Fr. Vieweg, Braunschweig 1984

[20] U n g e r , H. G.: Optische Nachrichtentechnik. Elitera-Verlag, Berlin 1976

[21] U n g e r , H. G.: Planar optical waveguides and fibres. Clarendon Press, Oxford 1977

[22] U n g e r , H. G.: Optische Nachrichtentechnik. Band I: Optische Wellenleiter; Band II: Komponenten, Systeme und Meßtechnik. Dr. Alfred Hüthig Verlag, Heidelberg 1984

[23] W i n s t e l , G.; W e y r i c h , C.: Optoelektronik (Lumineszenz- und Laserdioden). Springer-Verlag, Berlin 1980

Sachverzeichnis

Teubner Studienbücher Fortsetzung

Physik/Chemie Fortsetzung

Neuert: **Atomare Stoßprozesse.** DM 26,80

Primas/Müller-Herold: **Elementare Quantenchemie.** DM 39,–

Raeder u. a.: **Kontrollierte Kernfusion.** DM 36,–

Rohe: **Elektronik für Physiker.** 2. Aufl. DM 26,80

Walcher: **Praktikum der Physik.** 5. Aufl. DM 29,80

Wegener: **Physik für Hochschulanfänger**
Teil 1: DM 24,80
Teil 2: DM 24,80

Wiesemann: **Einführung in die Gaselektronik.** DM 28,–

Mathematik

Ahlswede/Wegener: **Suchprobleme.** DM 29,80

Aigner: **Graphentheorie.** DM 29,80

Ansorge: **Differenzenapproximationen partieller Anfangswertaufgaben.** DM 29,80 (LAMM)

Behnen/Neuhaus: **Grundkurs Stochastik.** DM 36,–

Bohl: **Finite Modelle gewöhnlicher Randwertaufgaben.** DM 29,80 (LAMM)

Böhmer: **Spline-Funktionen.** DM 32,–

Bröcker: **Analysis in mehreren Variablen.** DM 32,80

Bunse/Bunse-Gerstner: **Numerische Lineare Algebra** 314 Seiten. DM 34,–

Clegg: **Variationsrechnung.** DM 18,80

v. Collani: **Optimale Wareneingangskontrolle.** DM 29,80

Collatz: **Differentialgleichungen.** 6. Aufl. DM 32,– (LAMM)

Collatz/Krabs: **Approximationstheorie.** DM 28,–

Constantinescu: **Distributionen und ihre Anwendung in der Physik.** DM 21,80

Dinges/Rost: **Prinzipien der Stochastik.** DM 34,–

Fischer/Sacher: **Einführung in die Algebra.** 3. Aufl. DM 22,80

Floret: **Maß- und Integrationstheorie.** DM 32,–

Grigorieff: **Numerik gewöhnlicher Differentialgleichungen**
Band 1: DM 19,80
Band 2: DM 32,80

Hainzl: **Mathematik für Naturwissenschaftler.** 3. Aufl. DM 34,– (LAMM)

Hässig: **Graphentheoretische Methoden des Operations Research.** DM 26,80 (LAMM)

Hettich/Zencke: **Numerische Methoden der Approximation und semi-infinitiven Optimierung.** DM 24,80

Hilbert: **Grundlagen der Geometrie.** 12. Aufl. DM 26,80

Jeggle: **Nichtlineare Funktionalanalysis.** DM 26,80

Kall: **Analysis für Ökonomen.** DM 28,80 (LAMM)

Teubner Studienbücher Fortsetzung

Mathematik Fortsetzung

Kall: **Lineare Algebra für Ökonomen.** DM 24,80 (LAMM)

Kall: **Mathematische Methoden des Operations Research.** DM 25,80 (LAMM)

Kohlas: **Stochastische Methoden des Operations Research.** DM 25,80 (LAMM)

Krabs: **Optimierung und Approximation.** DM 26,80

Müller: **Darstellungstheorie von endlichen Gruppen.** DM 24,80

Rauhut/Schmitz/Zachow: **Spieltheorie.** DM 32,– (LAMM)

Schwarz: **FORTRAN-Programme zur Methode der finiten Elemente.** DM 24,80

Schwarz: **Methode der finiten Elemente.** 2. Aufl. DM 38,– (LAMM)

Stiefel: **Einführung in die numerische Mathematik.** 5. Aufl. DM 32,– (LAMM)

Stiefel/Fässler: **Gruppentheoretische Methoden und ihre Anwendung.** DM 29,80 (LAMM)

Stummel/Hainer: **Praktische Mathematik.** 2. Aufl. DM 36,–

Topsøe: **Informationstheorie.** DM 16,80

Uhlmann: **Statistische Qualitätskontrolle.** 2. Aufl. DM 38,– (LAMM)

Velte: **Direkte Methoden der Variationsrechnung.** DM 26,80 (LAMM)

Vogt: **Grundkurs Mathematik für Biologen.** DM 21,80

Walter: **Biomathematik für Mediziner.** 2. Aufl. DM 23,80

Winkler: **Vorlesungen zur Mathematischen Statistik.** DM 26,80

Witting: **Mathematische Statistik.** 3. Aufl. DM 26,80 (LAMM)

Mechanik

Becker: **Technische Strömungslehre.** 5. Aufl. DM 22,80

Becker: **Technische Thermodynamik.** DM 28,80

Becker/Bürger: **Kontinuumsmechanik.** DM 34,– (LAMM)

Becker/Piltz: **Übungen zur Technischen Strömungslehre.** 3. Aufl. DM 19,80

Bishop: **Schwingungen in Natur und Technik.** DM 23,80

Böhme: **Strömungsmechanik nicht-newtonscher Fluide.** DM 34,– (LAMM)

Hahn: **Bruchmechanik.** DM 34,– (LAMM)

Magnus: **Schwingungen.** 3. Aufl. DM 29,80 (LAMM)

Magnus/Müller: **Grundlagen der Technischen Mechanik.** 4. Aufl. DM 32,– (LAMM)

Müller/Magnus: **Übungen zur Technischen Mechanik.** 2. Aufl. DM 32,– (LAMM)

Wieghardt: **Theoretische Strömungslehre.** 2. Aufl. DM 28,80 (LAMM)